管理數學 第三版

Managerial Mathematics

陳耀茂 編著

序　言

商學院的課目中訂有「商用數學」，工學院訂有「工程數學」，管理學院也訂有「管理數學」，基於數學的領域涉及層面甚廣，加之管理數學的內容主要是以數學的方法解決管理上的問題爲主，然而管理上的問題大多是多元性的數據，涉及的變數甚多，因之管理數學的內容探討，主要是以三大構面爲主，亦即「矩陣方法」、以及「極值法、微分方程、差分方程」等方法爲主，學習了基礎的「矩陣方法」後，可銜接「多變量分析」及「AHP 分析」等方法，特別是對於「作業研究」中的「線性規劃」及「對局理論」等的學習更是有甚大的幫助。此外，「差分方程」、「極值法」、「微分方程」等方法，對學習「作業研究」中的「等候理論」、「決策理論」、「動態規劃」等也是非常有助益的，最後，列出一些「應用上的問題」，以加深讀者瞭解上述各方法的應用。

數量方法學得愈多，自然解決問題的分析能力就會提升，本書雖然是以一年的課程來撰寫，如果是一學期的課程時，則可斟酌其中的內容，視需要選擇相關部份講授即可。對數學不會排斥的同學，雖然因時間的關係有些部分老師並未講授，但仍可自行閱讀，充實自己的數理能力。

本書的規劃是理論與應用並重，因之內容中均附有對應的「例題」輔助以說明，而且每章的結尾也大多附有習題，並且視問題性質斟量提供解答，以幫助同學學習。學習數學的最佳途徑就是多做習題，如果只是課堂中了解卻未實際進行演算，事實上只是半知狀態而已，故建議同學務必要多做習題，才是求知的不二法門。

本書的內容規劃是以修完「微積分」作爲基礎，主要是想與「作業研究」、「多變量分析」、「APH 分析」、「迴歸分析」等相結合，如果內容仍有不足之處，亦可自行斟量追加講授內容，如果內容過多，亦可斟量刪減。編撰過程中雖力求周全卻仍有力猶未及之感，因之有不周或謬誤之處，尚請賢達指正，不勝感激。

最後，本書於校對期間，承蒙助教們不辭辛勞，逐字校對，由衷表示謝意。

謹誌於東海大學企管系研究室

陳耀茂

目 錄

第 3 篇　應用篇

第 1 篇

矩陣篇

第 1 章

矩陣簡介

定義 1-1

由 mn 個實數所構成的 m 列 (row)、n 行 (column) 長方形數列

$$A=\begin{bmatrix} a_{11} & a_{12} & \cdots & a_{1n} \\ a_{21} & a_{22} & \cdots & a_{2n} \\ \cdots & \cdots & \cdots & \cdots \\ a_{m1} & a_{m2} & \cdots & a_{mn} \end{bmatrix}$$

稱爲 $m\times n$ 階 (order) 矩陣 (Matrix) A。

【說明】

矩陣 A 可視爲

齊次線性方程組 (參第 10 章，容後述)：

$$\begin{cases} 2x+3y+7z=0 \\ x-y+5z=0 \end{cases}$$

之係數矩陣 (coefficient matrix)，或視作非齊次線性方程式組：

$$\begin{cases} 2x+3y=7 \\ x-y=5 \end{cases}$$

之擴大矩陣 (Augmented Matrix)。

於矩陣

$$\begin{bmatrix} a_{11} & a_{12} & a_{13} & \cdots & a_{1n} \\ a_{21} & a_{22} & a_{23} & \cdots & a_{2n} \\ \vdots & \vdots & \vdots & \cdots & \vdots \\ a_{m1} & a_{m2} & a_{m3} & \cdots & a_{mn} \end{bmatrix} \tag{1.1}$$

中，諸數或函數 a_{ij} 稱爲此矩陣之元素 (Elements)，於 2 個下標符號中，第一個下標表示此元素所在之列 (row)，第 2 個下標表示所在之行 (column)。一個 m 列與 n 行之矩陣其階 (order) 以 $m \times n$ 表示。

矩陣 (1.1) 常稱爲“ $m \times n$ 矩陣 $[a_{ij}]$ ”或“ $m \times n$ 矩陣 $A=[a_{ij}]$ ”。若其階已清楚，則簡寫爲“矩陣 A”。

定義 1-2

於矩陣 (1.1) 中如 $m=n$，則稱爲 n 階方陣 (square matrix)。

定義 1-3

兩矩陣 $A=[a_{ij}]$ 與 $B=[b_{ij}]$ 謂之相等 (equal)，其充要條件爲 A 與 B 有相同之階，且其中一矩陣之每一元素與另一矩陣之對應元素相等，亦即若且唯若

$$a_{ij}=b_{ij} \quad (i=1,2,\cdots,n;\ j=1,2,\cdots,n)$$

則稱 A 與 B 相等，記成 $A=B$。

定義 1-4

一矩陣若其每一元素均爲零，則稱 爲零矩陣 (Zero Matrix)。若 A 爲零矩陣，且其階不致發生混淆，則可寫成 $A=0$。

定義 1-5

若 $A=[a_{ij}]$ 與 $B=[b_{ij}]$ 與 $C=[C_{ij}]$均爲 $m\times n$ 矩陣，如 C 之每一元素均爲 A 與 B 之對應元素之和 (差)，則記成 $A\pm B=C$，亦即

$$[c_{ij}]=[a_{ij}\pm b_{ij}]$$

例題 1-1

若 $A=\begin{bmatrix}1 & 2 & 3\\ 0 & 1 & 4\end{bmatrix}$，$B=\begin{bmatrix}2 & 3 & 0\\ -1 & 2 & 5\end{bmatrix}$，則

$$A+B=\begin{bmatrix}1+2 & 2+3 & 3+0\\ 0+(-1) & 1+2 & 4+5\end{bmatrix}=\begin{bmatrix}3 & 5 & 3\\ -1 & 3 & 9\end{bmatrix}$$

及

$$A-B=\begin{bmatrix}1-2 & 2-3 & 3-0\\ 0-(-1) & 1-2 & 4-5\end{bmatrix}=\begin{bmatrix}-1 & -1 & 3\\ 1 & -1 & -1\end{bmatrix}$$

【註】兩同階矩陣謂之能適合 (conformable) 加法與減法，不同階之兩矩陣不能相加或相減。

定義 1-6

若 k 爲任意純量，A 爲 $m\times n$ 階矩陣，則 $kA=[ka_{ij}]$。

意即將 A 的每一元素乘以 k 所得之矩陣。

【註】

$$k\cdot\begin{bmatrix} a_{11} & a_{12} & \cdots & a_{1n} \\ a_{21} & a_{22} & \cdots & a_{2n} \\ \cdots & \cdots & \cdots & \cdots \\ a_{m1} & a_{m2} & \cdots & a_{mn} \end{bmatrix}_{m\times n} = \begin{bmatrix} ka_{11} & ka_{12} & \cdots & ka_{1n} \\ ka_{21} & ka_{22} & \cdots & ka_{2n} \\ \cdots & \cdots & \cdots & \cdots \\ ka_{m1} & ka_{m2} & \cdots & ka_{mn} \end{bmatrix}_{m\times n}$$

例題 1-2

若 $A=\begin{bmatrix} 1 & -2 \\ 2 & 3 \end{bmatrix}$，則

$$A+A+A=\begin{bmatrix} 1 & -2 \\ 2 & 3 \end{bmatrix}+\begin{bmatrix} 1 & -2 \\ 2 & 3 \end{bmatrix}+\begin{bmatrix} 1 & -2 \\ 2 & 3 \end{bmatrix}=\begin{bmatrix} 3 & -6 \\ 6 & 9 \end{bmatrix}=3A$$

因之，$\underbrace{A+A+\cdots+A}_{k}=kA$

亦即，$k[a_{ij}]=[ka_{ij}]$

【註】 $[k]$ 表 1×1 矩陣，k 則為純量，注意兩者之不同。

定理 1-1

假設矩陣 A, B, C 能適合於相加，則

1. $A+B=B+A$ （交換律）
2. $A+(B+C)=(A+B)+C$ （結合律）
3. $k(A+B)=kA+kB$ ，k 爲一純量
4. 有一矩陣 D 存在且 $A+D=B$

《證明略》

定義 1-7

1. $1\times m$ 矩陣 $A=\begin{bmatrix} a_{11} & a_{12} & \cdots & a_{1m} \end{bmatrix}$ 與

$m\times 1$ 矩陣 $B=\begin{bmatrix} b_{11} \\ b_{21} \\ \vdots \\ b_{m1} \end{bmatrix}$

之乘積 AB，即為 1×1 矩陣

$$C=\begin{bmatrix} a_{11}b_{11}+a_{12}b_{21}+\cdots+a_{1m}b_{m1} \end{bmatrix}$$

亦即，

$$\begin{bmatrix} a_{11} & a_{12} & \cdots & a_{1m} \end{bmatrix}\cdot\begin{bmatrix} b_{11} \\ b_{21} \\ \vdots \\ b_{m1} \end{bmatrix}=\begin{bmatrix} a_{11}b_{11}+a_{12}b_{21}+\cdots+a_{1m}b_{m1} \end{bmatrix}$$

$$=\begin{bmatrix} \sum_{k=1}^{m} a_{1k}b_{k1} \end{bmatrix}$$

【註】 1. 此乘法運算是列乘以行，列中的每一元素乘上行中的對應元素再求諸乘積之和。

2. 注意階的表示，$A_{1\times m}\cdot B_{m\times 1}=C_{1\times 1}$。

例題 1-3

試求以下之矩陣的乘積。

1. $\begin{bmatrix} 2 & 3 & 4 \end{bmatrix}\begin{bmatrix} 1 \\ -1 \\ 2 \end{bmatrix}$

2. $[3 \quad -1 \quad 4]\begin{bmatrix} -2 \\ 6 \\ 3 \end{bmatrix}$

【解】

1. $[2 \quad 3 \quad 4]\begin{bmatrix} 1 \\ -1 \\ 2 \end{bmatrix} = [2(1)+3(-1)+4(2)] = [7]$

2. $[3 \quad -1 \quad 4]\begin{bmatrix} -2 \\ 6 \\ 3 \end{bmatrix} = [-6-6+12] = [0]$

定義 1-8

2. $m \times p$ 矩陣 $A=[a_{ij}]$ 與 $p \times n$ 矩陣 $B=[b_{ij}]$ 之乘積 AB ，亦即爲 $m \times n$ 矩陣 $C=[c_{ij}]$ ，其中

$$c_{ij} = a_{i1}b_{1j} + a_{i2}b_{2j} + \cdots + a_{ip}b_{pj} = \sum_{k=1}^{p} a_{ik}b_{kj}$$

$$(i=1, 2, \cdots, m ; j=1, 2, \cdots, n)$$

例題 1-4

$$A = \begin{bmatrix} a_{11} & a_{12} \\ a_{21} & a_{22} \\ a_{31} & a_{32} \end{bmatrix}, B = \begin{bmatrix} b_{11} & b_{12} \\ b_{21} & b_{22} \end{bmatrix}$$

$$A \cdot B = \begin{bmatrix} a_{11}b_{11} + a_{12}b_{21} & a_{11}b_{12} + a_{12}b_{22} \\ a_{21}b_{11} + a_{22}b_{21} & a_{21}b_{12} + a_{22}b_{22} \\ a_{31}b_{11} + a_{32}b_{21} & a_{31}b_{12} + a_{32}b_{22} \end{bmatrix}$$

【註】

1. A 能適合乘於 B，僅當 A 之行數等於 B 的列數。
2. A 能適合乘於 B，B 不一定能適合乘於 A。

定理 1-2

假定 A, B, C 適合於下列所述之加法與乘法，則

1. $A(B+C)=AB+AC$　（第一分配律）
2. $(A+B)C=AC+BC$　（第二分配律）
3. $A(BC)=(AB)C$　（結合律）

《證明略》

【註】

1. 一般情況下，$AB \neq BA$
2. $AB=0$ 不一定表示 $A=0$ 或 $B=0$

　　【ex.】 $A=\begin{bmatrix} 1 & 0 \\ 0 & 0 \end{bmatrix}, B=\begin{bmatrix} 0 & 0 \\ 0 & 1 \end{bmatrix}$

　　$A \cdot B=0$，但 $A \neq 0, B \neq 0$

3. $A \cdot B=A \cdot C$ 不一定表示 $B=C$

　　【ex.】 $A=\begin{bmatrix} 2 & 0 \\ 0 & 0 \end{bmatrix}, B=\begin{bmatrix} 4 & 0 \\ 2 & 1 \end{bmatrix}, C=\begin{bmatrix} 4 & 0 \\ 0 & 7 \end{bmatrix}$

　　$A \cdot B=\begin{bmatrix} 8 & 0 \\ 0 & 0 \end{bmatrix}=AC$，但 $B \neq C$

矩陣之分割法

令 $A=[a_{ij}]$ 為 $m\times p$ 階，分割如下：

$$A=\left[\begin{array}{c:c:c}(m_1\times p_1) & (m_1\times p_2) & (m_1\times p_3)\\ \hdashline (m_2\times p_1) & (m_2\times p_2) & (m_2\times p_3)\end{array}\right] \text{ 或 } A=\begin{bmatrix}A_{11} & A_{12} & A_{13}\\ A_{21} & A_{22} & A_{23}\end{bmatrix}$$

$B=[b_{ij}]$ 為 $p\times n$ 階，分割如下：

$$B=\left[\begin{array}{c:c}(p_1\times n_1) & (p_1\times n_2)\\ \hdashline (p_2\times n_1) & (p_2\times n_2)\\ \hdashline (p_3\times n_1) & (p_3\times n_2)\end{array}\right] \text{ 或 } B=\begin{bmatrix}B_{11} & B_{12}\\ B_{21} & B_{22}\\ B_{31} & B_{32}\end{bmatrix}$$

則 $$A\cdot B=\left[\begin{array}{c:c}A_{11}B_{11}+A_{12}B_{21}+A_{13}B_{31} & A_{11}B_{12}+A_{12}B_{22}+A_{13}B_{32}\\ \hdashline A_{21}B_{11}+A_{22}B_{21}+A_{23}B_{31} & A_{21}B_{12}+A_{22}B_{22}+A_{23}B_{32}\end{array}\right]$$

$$=\begin{bmatrix}C_{11} & C_{12}\\ C_{21} & C_{22}\end{bmatrix}=C$$

【註】

1. 此法是利用分部法求積 (Products by partitioning)，對於可適合相乘之兩矩陣，其階甚大時，即可利用分部法計算。
2. 可適合相乘之兩矩陣 A, B，當 A 的行分割方式等於 B 的列分割方式時，即可利用分部法。

例題 1-5

已知 $A=\begin{bmatrix}2 & 1 & 0\\ 3 & 2 & 0\\ 1 & 0 & 1\end{bmatrix}$ 與 $B=\begin{bmatrix}1 & 1 & 1 & 0\\ 2 & 1 & 1 & 0\\ 2 & 3 & 1 & 2\end{bmatrix}$

利用分部法計算 AB。

【解】

$$A=\left[\begin{array}{cc:c}2&1&0\\3&2&0\\\hdashline 1&0&1\end{array}\right]=\begin{bmatrix}A_{11}&A_{12}\\A_{21}&A_{22}\end{bmatrix} \text{ 及 } B=\left[\begin{array}{ccc:c}1&1&1&0\\2&1&1&0\\\hdashline 2&3&1&2\end{array}\right]=\begin{bmatrix}B_{11}&B_{12}\\B_{21}&B_{22}\end{bmatrix}$$

$$A\cdot B=\begin{bmatrix}A_{11}B_{11}+A_{12}B_{21} & A_{11}B_{12}+A_{12}B_{22}\\A_{21}B_{11}+A_{22}B_{21} & A_{21}B_{12}+A_{22}B_{22}\end{bmatrix}$$

$$=\begin{bmatrix}\begin{bmatrix}2&1\\3&2\end{bmatrix}\begin{bmatrix}1&1&1\\2&1&1\end{bmatrix}+\begin{bmatrix}0\\0\end{bmatrix}[2\quad 3\quad 1] & \begin{bmatrix}2&1\\3&2\end{bmatrix}\begin{bmatrix}0\\0\end{bmatrix}+\begin{bmatrix}0\\0\end{bmatrix}[2]\\ [1\quad 0]\begin{bmatrix}1&1&1\\2&1&1\end{bmatrix}+[1][2\quad 3\quad 1] & [1\quad 0]\begin{bmatrix}0\\0\end{bmatrix}+[1][2]\end{bmatrix}$$

$$=\begin{bmatrix}\begin{bmatrix}4&3&3\\7&5&5\end{bmatrix}+\begin{bmatrix}0&0&0\\0&0&0\end{bmatrix} & \begin{bmatrix}0\\0\end{bmatrix}+\begin{bmatrix}0\\0\end{bmatrix}\\ [1\quad 1\quad 1]+[2\quad 3\quad 1] & [0]+[2]\end{bmatrix}=\begin{bmatrix}\begin{bmatrix}4&3&3\\7&5&3\end{bmatrix} & \begin{bmatrix}0\\0\end{bmatrix}\\ [2\quad 4\quad 2] & [2]\end{bmatrix}$$

$$=\begin{bmatrix}4&3&3&0\\7&5&5&0\\3&4&2&2\end{bmatrix}$$

【註】令 $A,B,C,\cdots$ 均為 n 的方陣，且以相同方式分割，則和、差與積均可利用矩陣 $A_{11},A_{12},\cdots;B_{11},B_{12},\cdots$ 形成之。

第 1 章 習題

1.1 令 $A=\begin{bmatrix}1 & 2 & -1 & 0\\ 4 & 0 & 2 & 1\\ 2 & -5 & 1 & 2\end{bmatrix}, B=\begin{bmatrix}3 & -4 & 1 & 2\\ 1 & 5 & 0 & 3\\ 2 & -2 & 3 & -1\end{bmatrix}$，求 $A+B$，$A-B$，$3A$，$-A$。

【解】

$$A+B=\begin{bmatrix}4 & -2 & 0 & 2\\ 5 & 5 & 2 & 4\\ 4 & -7 & 4 & 1\end{bmatrix}$$

$$A-B=\begin{bmatrix}-2 & 6 & -2 & -2\\ 3 & -5 & 2 & -2\\ 0 & -3 & -2 & 3\end{bmatrix}$$

$$3A=\begin{bmatrix}3 & 6 & -3 & 0\\ 12 & 0 & 6 & 3\\ 6 & -15 & 3 & 6\end{bmatrix}$$

$$-A=\begin{bmatrix}-1 & -2 & 1 & 0\\ -4 & 0 & -2 & -1\\ -2 & 5 & -1 & -2\end{bmatrix}$$

1.2 如 $A=\begin{bmatrix}1 & 2\\ 3 & 4\\ 5 & 6\end{bmatrix}$ 與 $B=\begin{bmatrix}-3 & -2\\ 1 & -5\\ 4 & 3\end{bmatrix}$，求 $D=\begin{bmatrix}p & q\\ r & s\\ t & u\end{bmatrix}$，以使 $A+B-D=0$。

【解】

$$A+B-D=\begin{bmatrix}1-3-p & 2-2-q\\ 3+1-r & 4-5-s\\ 5+4-t & 6+3-u\end{bmatrix}=\begin{bmatrix}-2-p & -q\\ 4-r & -1-s\\ 9-t & 9-u\end{bmatrix}=\begin{bmatrix}0 & 0\\ 0 & 0\\ 0 & 0\end{bmatrix}$$

$-2-p=0$，故 $p=-2, 4-r=0$，故 $r=4$

因而 $D=\begin{bmatrix}-2 & 0\\ 4 & -1\\ 9 & 9\end{bmatrix}$

1.3 令 $A=\begin{bmatrix}2 & -1 & 1\\ 0 & 1 & 2\\ 1 & 0 & 1\end{bmatrix}$，求 A^2, A^3。

【解】

$$A^2=\begin{bmatrix}2 & -1 & 1\\ 0 & 1 & 2\\ 1 & 1 & 1\end{bmatrix}\begin{bmatrix}2 & -1 & 1\\ 0 & 1 & 2\\ 1 & 1 & 1\end{bmatrix}=\begin{bmatrix}5 & -3 & 1\\ 2 & 1 & 4\\ 3 & -1 & 2\end{bmatrix}$$

$$A^3=A^2\cdot A=\begin{bmatrix}5 & -3 & 1\\ 2 & 1 & 4\\ 3 & -1 & 2\end{bmatrix}\begin{bmatrix}2 & -1 & 1\\ 0 & 1 & 2\\ 1 & 0 & 1\end{bmatrix}=\begin{bmatrix}11 & -8 & 0\\ 8 & -1 & 8\\ 8 & -4 & 3\end{bmatrix}$$

1.4 證明

1. $\sum_{k=1}^{2} a_{ik}(b_{kj}+c_{kj})=\sum_{k=1}^{2} a_{ik}b_{kj}+\sum_{k=1}^{2} a_{ik}c_{kj}$

2. $\sum_{i=1}^{2}\sum_{j=1}^{3} a_{ij}=\sum_{j=1}^{3}\sum_{i=1}^{2} a_{ij}$

3. $\sum_{k=1}^{2} a_{ik}(\sum_{h=1}^{3} b_{kh}c_{hj})=\sum_{h=1}^{3}(\sum_{k=1}^{2} a_{ik}b_{kh})\cdot c_{hj}$

【證】

1. $\sum_{k=1}^{2} a_{ik}(b_{kj}+c_{kj}) = a_{i1}(b_{1j}+c_{1j})+a_{i2}(b_{2j}+c_{2j})$

$=(a_{i1}b_{1j}+a_{i2}b_{2j})+(a_{i1}c_{1j}+a_{i2}c_{2j})$

$=\sum_{k=1}^{2} a_{ik}b_{kj}+\sum_{k=1}^{2} a_{ik}c_{kj}$

2. $\sum_{i=1}^{2}\sum_{j=1}^{3} a_{ij} = \sum_{i=1}^{2}(a_{i1}+a_{i2}+a_{i3})$

$=(a_{11}+a_{12}+a_{13})+(a_{21}+a_{22}+a_{23})$

$=(a_{11}+a_{21})+(a_{12}+a_{22})+(a_{13}+a_{23})$

$=\sum_{i=1}^{2} a_{i1}+\sum_{i=1}^{2} a_{i2}+\sum_{i=1}^{2} a_{i3}$

$=\sum_{j=1}^{3}\sum_{i=1}^{2} a_{ij}$

3. $\sum_{k=1}^{2} a_{ik}(\sum_{h=1}^{3} b_{kh}c_{hj}) = \sum_{k=1}^{2} a_{ik}(b_{k1}c_{1j}+b_{k2}c_{2j}+b_{k3}c_{3j})$

$=a_{i1}(b_{11}c_{1j}+b_{12}c_{2j}+b_{13}c_{3j})+a_{i2}(b_{21}c_{1j}+b_{22}c_{2j}+b_{23}c_{3j})$

$=(a_{i1}b_{11}+a_{i2}b_{21})c_{1j}+(a_{i1}b_{12}+a_{i2}b_{22})c_{2j}+(a_{i1}b_{13}+a_{i2}b_{23})c_{3j}$

$=(\sum_{k=1}^{2} a_{ik}b_{k1})c_{1j}+(\sum_{k=1}^{2} a_{ik}b_{k2})c_{2j}+(\sum_{k=1}^{2} a_{ik}b_{k3})c_{3j}$

$=\sum_{h=1}^{3}(\sum_{k=1}^{2} a_{ik}b_{kh})c_{hj}$

1.5 證明如 $A=[a_{ij}]$ 為 $m\times n$ 階及 $B=[b_{ij}]$ 與 $C=[c_{ij}]$ 為 $n\times p$ 階，則 $A(B+C)=AB+AC$

【證】

A 之第 i 列元素為 $a_{i1},a_{i2},\cdots,a_{in}$ ，$B+C$ 之第 j 行之元素為

$b_{1j}+c_{1j}, b_{2j}+c_{2j}, \cdots, b_{nj}+c_{nj}$，則 $A\cdot(B+C)$ 之第 i 列第 j 行之元素爲

$$a_{i1}(b_{1j}+c_{1j})+a_{i2}(b_{2j}+c_{2j})+\cdots+a_{in}(b_{nj}+c_{nj})$$

$$=\sum_{k=1}^{n}a_{ik}(b_{kj}+c_{kj})=\sum_{k=1}^{n}a_{ik}b_{kj}+\sum_{k=1}^{n}a_{ik}c_{kj}\text{，}$$

此即爲 AB 與 AC 之第 i 列第 j 行之元素和。因此

$A(B+C)=AB+AC$

1.6 若 $A=[a_{ij}]$ 爲 $m\times n$ 階，$B=[b_{ij}]$ 爲 $n\times p$ 階，$C=[c_{ij}]$ 爲 $p\times q$ 階，則 $A(BC)=(AB)C$

【證】

A 之第 i 列之元素爲 $a_{i1}, a_{i2}, \cdots, a_{in}$，$BC$ 之第 j 行之元素爲 $\sum_{h=1}^{p}b_{1h}c_{hj}, \sum_{h=1}^{p}b_{2h}c_{hj}, \cdots, \sum_{h=1}^{p}b_{nh}c_{hj}$，因此，$A(BC)$ 之第 i 列第 j 行之元素爲

$$a_{i1}\sum_{h=1}^{p}b_{1h}c_{hj}+a_{i2}\sum_{h=1}^{p}b_{2h}c_{hj}+\cdots+a_{in}\sum_{h=1}^{p}b_{nh}c_{hj}=\sum_{h=1}^{n}a_{ik}(\sum_{h=1}^{p}b_{hk}c_{hj})$$

$$=\sum_{h=1}^{p}(\sum_{k=1}^{n}a_{ik}b_{kh})c_{hj}$$

$$=(\sum_{k=1}^{n}a_{1k}b_{k1})c_{1j}+(\sum_{k=1}^{n}a_{2k}b_{k2})c_{2j}+\cdots+(\sum_{k=1}^{n}a_{pk}b_{kp})c_{pj}$$

此即爲 $(AB)C$ 之第 i 列第 j 行之元素，因此

$$A(BC)=(AB)C$$

1.7 利用分部法計算 $\begin{bmatrix} 1 & 0 & 0 & 1 \\ 0 & 1 & 0 & 2 \\ 0 & 0 & 1 & 3 \end{bmatrix}\begin{bmatrix} 1 & 0 & 0 \\ 0 & 1 & 0 \\ 0 & 0 & 1 \\ 3 & 1 & 2 \end{bmatrix}$

【解】

$$\begin{bmatrix} 1 & 0 & 0 & 1 \\ 0 & 1 & 0 & 2 \\ 0 & 0 & 1 & 3 \end{bmatrix}\begin{bmatrix} 1 & 0 & 0 \\ 0 & 1 & 0 \\ 0 & 0 & 1 \\ 3 & 1 & 2 \end{bmatrix} = \left[\begin{bmatrix} 1 & 0 & 0 \\ 0 & 1 & 0 \\ 0 & 0 & 1 \end{bmatrix}\begin{bmatrix} 1 & 0 & 0 \\ 0 & 1 & 0 \\ 0 & 0 & 1 \end{bmatrix} + \begin{bmatrix} 1 \\ 2 \\ 3 \end{bmatrix}[3 \quad 1 \quad 2]\right]$$

$$= \left[\begin{bmatrix} 1 & 0 & 0 \\ 0 & 1 & 0 \\ 0 & 0 & 1 \end{bmatrix} + \begin{bmatrix} 3 & 1 & 2 \\ 6 & 2 & 4 \\ 9 & 3 & 6 \end{bmatrix}\right]$$

$$= \begin{bmatrix} 4 & 1 & 2 \\ 6 & 3 & 4 \\ 9 & 3 & 7 \end{bmatrix}$$

1.8 已知 $A = \begin{bmatrix} 1 & -3 & 2 \\ 2 & 1 & 3 \\ 4 & -3 & -1 \end{bmatrix}, B = \begin{bmatrix} 1 & 4 & 1 & 0 \\ 2 & 1 & 1 & 1 \\ 1 & -2 & 1 & 2 \end{bmatrix}$ 及

$C = \begin{bmatrix} 2 & 1 & -1 & -2 \\ 3 & -2 & -1 & -1 \\ 2 & -5 & -1 & 0 \end{bmatrix}$，試證 $AB = AC$，因此 $AB = AC$ 並不一定暗示 $B = C$。

1.9 說明何以 $(A \pm B) \neq A^2 \pm 2AB + B^2$ 以及

$A^2 - B^2 \neq (A-B)(A+B)$

1.10 已知 $A=\begin{bmatrix} 2 & -3 & -5 \\ -1 & 4 & 5 \\ 1 & -3 & -4 \end{bmatrix}, B=\begin{bmatrix} 1 & 3 & 5 \\ 1 & -3 & -5 \\ 1 & 3 & 5 \end{bmatrix}$ 及

$$C=\begin{bmatrix} 2 & -2 & -4 \\ -1 & 3 & 4 \\ 1 & -2 & -3 \end{bmatrix}$$

1. 試證 $AB=BA=0$，$AC=A$，$CA=C$

2. 利用 1.之結果證明 $ACB=CBA$，$A^2-B^2=(A-B)(A+B)$，$(A\pm B)^2=A^2+B^2$。

1.11 如 $\begin{cases} x_1=y_1-2y_2+y_3 \\ x_2=2y_1+y_2-3y_3 \end{cases}$ 及 $\begin{cases} y_1=z_1+2z_2 \\ y_2=2z_1-z_2 \\ y_3=2z_1+3z_2 \end{cases}$，試證

$$\begin{bmatrix} x_1 \\ x_2 \end{bmatrix}=\begin{bmatrix} 1 & -2 & 1 \\ 2 & 1 & -3 \end{bmatrix}\begin{bmatrix} y_1 \\ y_2 \\ y_3 \end{bmatrix}=\begin{bmatrix} 1 & 2 \\ 2 & -1 \\ 2 & 3 \end{bmatrix}\begin{bmatrix} z_1 \\ z_2 \end{bmatrix}=\begin{bmatrix} -z_1+7z_2 \\ -2z_1-6z_2 \end{bmatrix}$$

1.12 如 $A=[a_{ij}]$，$B=[b_{ij}]$ 均爲 $m\times n$ 階，如 $C=[c_{ij}]$ 爲 $n\times p$ 階，試證 $(A+B)C=AC+BC$

矩陣類型

2.1 矩陣的一些形式

定義 2-1

一方陣 A，若其元素 $a_{ij} = 0\ (i > j)$，則稱為上三角矩陣 (upper triangular)；若一方陣 A，其元素 $a_{ij} = 0\ (i < j)$ 則稱下三角矩陣 (Lower triangular)。

譬如

$$A = \begin{bmatrix} a_{11} & a_{12} & a_{13} & \cdots & a_{1n} \\ 0 & a_{22} & a_{23} & \cdots & a_{2n} \\ 0 & 0 & a_{33} & \cdots & a_{3n} \\ \vdots & \vdots & \vdots & \cdots & \vdots \\ 0 & 0 & 0 & \cdots & a_{nn} \end{bmatrix}$$ ，稱為上三角矩陣

$$B=\begin{bmatrix} a_{11} & 0 & 0 & \cdots & 0 \\ a_{21} & a_{22} & 0 & \cdots & 0 \\ a_{31} & a_{32} & a_{33} & \cdots & 0 \\ \vdots & \vdots & \vdots & \cdots & \vdots \\ a_{n1} & a_{n2} & a_{n3} & \cdots & a_{nn} \end{bmatrix}$$

，稱爲下三角矩陣

定義 2-2

矩陣 $D=\begin{bmatrix} a_{11} & 0 & \cdots & 0 \\ 0 & a_{22} & \cdots & 0 \\ \vdots & \vdots & \ddots & 0 \\ 0 & 0 & \cdots & a_{nn} \end{bmatrix}$，爲上三角矩與下三角矩陣

時，則稱 D 爲對角矩陣 (Diagonal Matrix)，記成

$$D=diag(a_{11},a_{22},\cdots,a_{nn})$$

若上述對角矩陣　D 中，$a_{11}=a_{22}=\cdots=a_{nn}=k$，則 D 稱爲一純量矩陣 (Scalar Matrix)，此外，若 $k=1$，則稱爲單位矩陣 (Identity Matrix)，以 I_n 表之。譬如

$$I_1=\begin{bmatrix}1\end{bmatrix}，I_2=\begin{bmatrix}1 & 0 \\ 0 & 1\end{bmatrix} 及 I_3=\begin{bmatrix}1 & 0 & 0 \\ 0 & 1 & 0 \\ 0 & 0 & 1\end{bmatrix}$$

☞ **【I_n 之性質】**

1. $\underbrace{I_n+I_n+\cdots+I_n}_{p}=diag(p,p,\cdots,p)$
2. $\underbrace{I_n\cdot I_n\cdot\cdots\cdot I_n}_{p}=I_n^p=I_n$
3. $A_{m\times n}\cdot I_n=I_m\cdot A_{m\times n}=A_{m\times n}$

定義 2-3

若 A 與 B 爲方陣以致 $AB = BA$，則稱 A 與 B 爲可交換矩陣 (Commutative)。

顯然，若 A 爲任何方陣，則 A 與其本身可以換，亦與 I_n 可交換。

定義 2-4

矩陣 A 若有 $A^{k+1} = A$，其中 k 爲一正整數，稱爲週期矩陣 (periodic)。若 k 爲最小的正整數，而有 $A^{k+1} = A$，則 A 謂之有週期 k 之矩陣。

若 $k=1$，以致 $A^2 = A$ 時，則 A 稱爲等冪矩陣 (Idempotent)。

例題 2-1

設 $A = \begin{bmatrix} 2 & -2 & -4 \\ -1 & 3 & 4 \\ 1 & -2 & -3 \end{bmatrix}$

則 $A^2 = \begin{bmatrix} 2 & -2 & -4 \\ -1 & 3 & 4 \\ 1 & -2 & -3 \end{bmatrix} \begin{bmatrix} 2 & -2 & -4 \\ -1 & 3 & 4 \\ 1 & -2 & -3 \end{bmatrix} = \begin{bmatrix} 2 & -2 & -4 \\ -1 & 3 & 4 \\ 1 & -2 & -3 \end{bmatrix}$

因之 A 爲等冪矩陣。

定義 2-5

一矩陣 A 而有 $A^P = 0$，P 爲一正整數，則 A 稱爲零冪矩陣 (Nilpotent)。若 P 爲最小的正整數而有 $A^P = 0$，則 A 謂之爲指數 P 之零冪矩陣。

例題 2-2

設 $A=\begin{bmatrix} 1 & 1 & 3 \\ 5 & 2 & 6 \\ -2 & -1 & -3 \end{bmatrix}$，試證明 A 爲零冪矩陣。

【解】

則 $A^2=\begin{bmatrix} 1 & 1 & 3 \\ 5 & 2 & 6 \\ -2 & -1 & -3 \end{bmatrix}\begin{bmatrix} 1 & 1 & 3 \\ 5 & 2 & 6 \\ -2 & -1 & -3 \end{bmatrix}=\begin{bmatrix} 0 & 0 & 0 \\ 3 & 3 & 9 \\ -1 & -1 & -3 \end{bmatrix}$

$$A^3=A^2\cdot A=\begin{bmatrix} 0 & 0 & 0 \\ 3 & 3 & 9 \\ -1 & -1 & -3 \end{bmatrix}\begin{bmatrix} 1 & 1 & 3 \\ 5 & 2 & 6 \\ -2 & -1 & -3 \end{bmatrix}=0$$

所以 A 爲指數 3 之零冪矩陣。

定義 2-6

若 A 與 B 爲方陣，以使 $AB=BA=I_n$，則 B 稱爲 A 的逆矩陣，寫作 $B=A^{-1}$，又矩陣 A 亦爲 B 的逆矩陣；可寫作 $A=B^{-1}$。

例題 2-3

$$A=\begin{bmatrix} 1 & 2 & 3 \\ 1 & 3 & 3 \\ 1 & 2 & 4 \end{bmatrix}, B=\begin{bmatrix} 6 & -2 & -3 \\ -1 & 1 & 0 \\ -1 & 0 & 1 \end{bmatrix},$$

試說明 A, B 互爲逆矩陣。

【解】

因為 $A \cdot B = B \cdot A = I_3$

因之 $A^{-1} = B$ 或 $B^{-1} = A$

定理 2-1

若 A 的逆矩陣存在，則其逆矩陣為唯一。

【證】

設 B, C 為 A 的逆矩陣，由定義知，

$A \cdot B = I_n$ 及 $C \cdot A = I_n$，則 $(CA) \cdot B = C \cdot (AB)$

$\therefore B = C$，故 $B = C = A^{-1}$，即 A 的逆矩陣為唯一。

定理 2-2

若 A 與 B 為同階之方陣，且分別有逆矩陣 A^{-1}, B^{-1}，則 $(AB)^{-1} = B^{-1} \cdot A^{-1}$

【證】

由定義知 $(AB)^{-1} \cdot (AB) = (AB) \cdot (AB)^{-1} = I_n$，又

$(B^{-1} \cdot A^{-1}) A \cdot B = B^{-1}(A^{-1} \cdot A) \cdot B = B^{-1} \cdot I_n \cdot B = B^{-1} \cdot B = I_n$

以及 $A \cdot B(B^{-1} \cdot A^{-1}) = A(B \cdot B^{-1}) \cdot A^{-1} = A \cdot A^{-1} = I_n$

因 $(AB)^{-1}$ 為唯一，所以 $(AB)^{-1} = B^{-1} \cdot A^{-1}$

定義 2-7

矩陣 A 以使 $A^2 = I_n$，則稱 A 為對合矩陣 (Involuntary)。

例題 2-4

$$I_2 = \begin{bmatrix} 1 & 0 \\ 0 & 1 \end{bmatrix}$$

$$I_2^{\,2} = \begin{bmatrix} 1 & 0 \\ 0 & 1 \end{bmatrix}\begin{bmatrix} 1 & 0 \\ 0 & 1 \end{bmatrix} = \begin{bmatrix} 1 & 0 \\ 0 & 1 \end{bmatrix} = I_2$$

所以 I_2 爲對合矩陣。

定理 2-3

矩陣 A 爲對合之充要條件爲 $(I-A)(I+A)=0$

【證】

假設 $(I-A)(I+A)=I-A^2=0$，則 $A^2=I$，$\therefore A$ 爲對合。

假設 A 爲對合，則 $A^2=I$，$\therefore (I-A)(I+A)=I-A^2=I-I=0$

定義 2-8

稱一個 $m\times n$ 矩陣 A 之行與列交換所得之 $n\times m$ 矩陣，稱爲 A 的轉置矩陣 (transpose)，而以 A' 表示。

例題 2-5

$$A = \begin{bmatrix} 1 & 2 & 3 \\ 4 & 5 & 6 \end{bmatrix} \text{ 之轉置爲 } A' = \begin{bmatrix} 1 & 4 \\ 2 & 5 \\ 3 & 6 \end{bmatrix}$$

☞【性質】

若 A', B' 分別為 A 與 B 的轉置，k 為一純量，則

1. $(A')' = A$

2. $(kA)' = kA'$

定理 2-4

若 A', B' 分別為 A 與 B 的轉置，則

1. $(A+B)' = A' + B'$

2. $(A \cdot B)' = B' \cdot A'$

3. $(A \cdot B \cdot C)' = C' \cdot B' \cdot A'$

【證】

1. 令 $A = [a_{ij}], B = [b_{ij}]$，則 $A + B = [a_{ij} + b_{ij}]$

A' 的第 i 列第 j 行之元素為 a_{ji}，

B' 的第 i 列第 j 行之元素為 b_{ji}

$A' + B'$ 的第 i 列第 j 行之元素為 $a_{ji} + b_{ji}$

$(A+B)'$ 的第 i 列第 j 行的元素為 $a_{ji} + b_{ji}$

所以 $(A+B)' = A' + B'$

2. 令 $A = [a_{ij}]_{m\times n}$, $B = [b_{ij}]_{n\times p}$，則 $C = A \cdot B = [c_{ij}]_{m\times p}$

位於 AB 之第 i 列第 j 行之元素為 $c_{ij} = \sum_{k=1}^{n} a_{ik} b_{kj}$，

但此亦為 $(AB)'$ 的第 j 到第 i 行的元素。

又，B' 之第 j 列之元素 $b_{1j}, b_{2j}, \cdots, b_{nj}$，

A' 之第 i 行元素為 $a_{1j}, a_{2j}, \cdots, a_{nj}$。

則 $B' \cdot A'$ 之第 j 列第 i 行之元素爲

$$\sum_{k=1}^{n} b_{kj} a_{ik} = \sum_{k=1}^{n} a_{ik} b_{kj} \text{ ，}$$

因之，$(AB)' = B' \cdot A'$

3. $(ABC)' = \{(AB) \cdot C\}'$

$= C' \cdot (AB)'$

$= C' \cdot B' \cdot A'$

定義 2-9

一方陣 A 以使 $A' = A$，則 A 稱爲對稱 (Symmetric)。亦即，方陣 $A = [a_{ij}]$，對所有的 i 與 j 來說，如 $a_{ij} = a_{ji}$，則 A 即爲對稱。

例題 2-6

$$A = \begin{bmatrix} 1 & 2 & 3 \\ 2 & 4 & -5 \\ 3 & -5 & 6 \end{bmatrix}$$

$a_{11} = 1, a_{12} = a_{21} = 2, \cdots, a_{33} = 6$，

所以 A 爲對稱。

【註】

1. 若 A 爲對稱，k 爲純量，則 kA 亦爲對稱。

2. 一方陣 A 以使 $A' = -A$，則 A 稱爲反對稱 (Skew Symmetric)。因此，一方陣 A 爲反對稱，即對所有的 i 與 j，假設 $a_{ij} = -a_{ji}$。

【問】

1. A,B 均爲對稱，則 $A+B$ 爲對稱否？

2. A,B 均爲對稱，則 $A\cdot B$ 爲對稱否？

3. A 爲對稱，則 A^n 爲對稱否？

定理 2-5

若 A 爲 n 階方陣，則 $A+A'$ 爲對稱。

【證】

A 之第 i 列第 j 行之元素爲 a_{ij}，A' 之第 i 列第 j 行之元素爲 a_{ji}，因此 $A+A'$ 第 i 列第 j 行之元素爲 $a_{ij}+a_{ji}$。A 之第 j 列第 i 行之元素爲 a_{ji}，A' 之對應元素爲 a_{ij}，因此，$A+A'$ 之第 j 列第 i 列之元素爲 $a_{ji}+a_{ij}$，亦即 $A+A'$ 之第 i 列第 j 行之元素 $=(A+A')$ 之第 j 列第 i 行之元素，所以 $A+A'$ 爲對稱。

定義 2-10

令 $A_1,A_2,\cdots,A_n$ 係分別爲 $m_1,m_2,\cdots,m_n$ 階之方陣，對角矩陣 A

$$A=\begin{bmatrix} A_1 & 0 & \cdots & 0 \\ 0 & A_2 & \cdots & \cdots \\ \cdots & \cdots & \cdots & \cdots \\ 0 & \cdots & \cdots & A_n \end{bmatrix}=diag(A_1,A_2,\cdots,A_n)$$

稱爲諸 A_i 之直和 (Direct Sum)。

例題 2-7

令 $A_1=[2], A_2=\begin{bmatrix}1 & 2\\ 3 & 4\end{bmatrix}, A_3=\begin{bmatrix}1 & 2 & -1\\ 2 & 0 & 3\\ 4 & 1 & -2\end{bmatrix}$

A_1 , A_2 , A_3 之直和爲 $diag(A_1 , A_2 , A_3)$

$$=\begin{bmatrix}2 & 0 & 0 & 0 & 0 & 0\\ 0 & 1 & 2 & 0 & 0 & 0\\ 0 & 3 & 4 & 0 & 0 & 0\\ 0 & 0 & 0 & 1 & 2 & -1\\ 0 & 0 & 0 & 2 & 0 & 3\\ 0 & 0 & 0 & 4 & 1 & -2\end{bmatrix}$$

定理 2-6

若 $A=diag(A_1 , A_2 , \cdots, A_s)$ 與 $B=diag(B_1 , B_2 , \cdots, B_s)$，其中 A_i 與 B_i 爲同階 $(i=1, 2, \cdots, s)$，則 $AB=diag(A_1B_1 , A_2B_2 , \cdots, A_sB_s)$。

《證明略》

【說明】

$$A=\left[\begin{array}{cc|cc}2 & 3 & 0 & 0\\ 1 & 3 & 0 & 0\\ \hline 0 & 0 & 4 & 1\\ 0 & 0 & 2 & 3\end{array}\right]，B=\left[\begin{array}{cc|cc}4 & 1 & 0 & 0\\ 2 & 3 & 0 & 0\\ \hline 0 & 0 & 5 & 6\\ 0 & 0 & 7 & 8\end{array}\right]$$

$$\therefore A\cdot B=\left[\begin{array}{c|c}\begin{bmatrix}2 & 3\\ 1 & 3\end{bmatrix}\begin{bmatrix}4 & 1\\ 2 & 3\end{bmatrix} & 0\\ \hline 0 & \begin{bmatrix}4 & 1\\ 2 & 3\end{bmatrix}\begin{bmatrix}5 & 6\\ 7 & 8\end{bmatrix}\end{array}\right]$$

例題 2-8

$$A = diag\left(\begin{bmatrix}1 & 0\\0 & 2\end{bmatrix}, \begin{bmatrix}3 & 0\\0 & 4\end{bmatrix}, \begin{bmatrix}5 & 0\\0 & 6\end{bmatrix}\right) = \left[\begin{array}{cc:cc:cc}1 & 0 & 0 & 0 & 0 & 0\\0 & 2 & 0 & 0 & 0 & 0\\ \hdashline 0 & 0 & 3 & 0 & 0 & 0\\0 & 0 & 0 & 4 & 0 & 0\\ \hdashline 0 & 0 & 0 & 0 & 5 & 0\\0 & 0 & 0 & 0 & 0 & 6\end{array}\right]$$

$$B = diag\left(\begin{bmatrix}1 & 0\\0 & 1\end{bmatrix}, \begin{bmatrix}1 & 0\\0 & 3\end{bmatrix}, \begin{bmatrix}2 & 0\\0 & 3\end{bmatrix}\right) = \left[\begin{array}{cc:cc:cc}1 & 0 & 0 & 0 & 0 & 0\\0 & 1 & 0 & 0 & 0 & 0\\ \hdashline 0 & 0 & 1 & 0 & 0 & 0\\0 & 0 & 0 & 3 & 0 & 0\\ \hdashline 0 & 0 & 0 & 0 & 2 & 0\\0 & 0 & 0 & 0 & 0 & 3\end{array}\right]$$

$$A \cdot B = \left[\begin{array}{c:c:c}\begin{bmatrix}1 & 0\\0 & 2\end{bmatrix}\begin{bmatrix}1 & 0\\0 & 1\end{bmatrix} & 0 & 0\\ \hdashline 0 & \begin{bmatrix}3 & 0\\0 & 4\end{bmatrix}\begin{bmatrix}1 & 0\\0 & 3\end{bmatrix} & 0\\ \hdashline 0 & 0 & \begin{bmatrix}5 & 0\\0 & 6\end{bmatrix}\begin{bmatrix}2 & 0\\0 & 3\end{bmatrix}\end{array}\right]$$

$$= \begin{bmatrix}1 & 0 & 0 & 0 & 0 & 0\\0 & 2 & 0 & 0 & 0 & 0\\0 & 0 & 3 & 0 & 0 & 0\\0 & 0 & 0 & 12 & 0 & 0\\0 & 0 & 0 & 0 & 10 & 0\\0 & 0 & 0 & 0 & 0 & 18\end{bmatrix}$$

定義 2-11

m 階方陣的對角成分之和 $\sum_{i=1}^{m} a_{ii}$ 稱爲 A 的跡 (trace)，讀成 $trace\ A$，記成 TrA。亦即 $TrA = \sum_{i=1}^{m} a_{ii}$。

定理 2-7

若 A, B 爲可適合加法及乘法的矩陣，則

1. $Tr(A+B) = TrA + TrB$

2. $Tr(AB) = Tr(BA)$

3. $Tr(B^{-1} \cdot A \cdot B) = Tr\,A = Tr(B \cdot A \cdot B^{-1})$

【說明】

1. $Tr(A+B) = \sum_{i=1}^{m}(a_{ii} + b_{ii}) = \sum_{i=1}^{m} a_{ii} + \sum_{i=1}^{m} b_{ii} = TrA + TrB$

2. $Tr(AB) = \sum_{i=1}^{m}\left(\sum_{j=1}^{m} a_{ij} b_{ji}\right) = \sum_{j=1}^{m}\left(\sum_{i=1}^{m} b_{ji} a_{ij}\right) = Tr(BA)$

3. 於 ***2.*** 中以 $B^{-1}A$ 換成 A，則 $Tr(B^{-1}A \cdot B) = Tr(B \cdot B^{-1}A) = TrA$

【註】 $Tr(A \cdot B) \neq TrA \cdot TrB$

【問 1】 $TraA = ATrA$ 成立否？

【問 2】 $Tra(A+B) = TraA + TraB$ 成立否？

例題 2-9

若 $A=\begin{bmatrix} a_{11} & a_{12} & a_{13} \\ a_{21} & a_{22} & a_{23} \\ a_{31} & a_{32} & a_{33} \end{bmatrix}$，則 $Tr(A)=a_{11}+a_{22}+a_{33}$，如 $A=I_3$，則 $Tr(I_3)=3$

第 2 章 習題

2.1 若 $A=diag\,(a_{11}\,,a_{22}\,,\cdots,a_{nn})$，$B=[b_{ij}]_{n\times n}$，試求 AB。

【解】

$$A\cdot B=\begin{bmatrix} a_{11} & 0 & \cdots & 0 \\ 0 & a_{22} & \cdots & 0 \\ \cdots & \cdots & \cdots & \cdots \\ 0 & 0 & \cdots & a_{nn} \end{bmatrix}\cdot\begin{bmatrix} b_{11} & b_{12} & \cdots & b_{1n} \\ b_{21} & b_{22} & \cdots & b_{2n} \\ \cdots & \cdots & \cdots & \cdots \\ b_{n1} & b_{n2} & \cdots & b_{nn} \end{bmatrix}$$

$$=\begin{bmatrix} a_{11}b_{11} & a_{11}b_{12} & \cdots & a_{11}b_{1n} \\ a_{22}b_{21} & a_{22}b_{22} & \cdots & a_{22}b_{2n} \\ \cdots & \cdots & \cdots & \cdots \\ a_{nn}b_{n1} & a_{nn}b_{n2} & \cdots & a_{nn}b_{nn} \end{bmatrix}$$

亦即以 a_{11} 乘 B 之第 1 列，以 a_{22} 乘 B 之第 2 列……等等而得。

2.2 若 A 爲指數 2 之零冪，證明 $A(I\pm A)^n=A$ (n 爲任意正整數)。

【證】

因 $A^2=0\,,A^3=A^4=\cdots=A^n=0$，則

$$A(I\pm A)^n=A(I\pm nA)=A\pm nA^2=A$$

2.3 若 A 與 B 爲 n 階對稱矩陣，則 AB 爲對稱之充要條件爲 A 與 B 可交換。

【證】

假設 A 與 B 可交換，則 $AB=BA$，

$$(AB)'=B'\cdot A'=B\cdot A=AB$$

故 AB 爲對稱

假設 AB 爲對稱，則 $(AB)' = AB$ ，

$(AB)' = B' \cdot A' = BA$ ，因而 $AB = BA$

故矩陣 A 與 B 可交換。

2.4 如 A 爲 n 階方陣，證 AA' 或 $A' \cdot A$ 爲對稱。

【證】

$(AA')' = (A')'A' = A \cdot A'$

$\therefore AA'$ 爲對稱

同理 $A'A$ 亦爲對稱。

2.5 試證如 A 爲對稱，則 $A \cdot A' = A' \cdot A$ 且 A^2 爲對稱。

【證】

$(A \cdot A')' = A \cdot A' = A' \cdot A$

$(A' \cdot A)' = A' \cdot A$

$\therefore\ A \cdot A' = A' \cdot A$ ，所以 $A \cdot A'$ 爲對稱

又 $A^2 = A \cdot A = A \cdot A'$ ，所以 A^2 爲對稱

2.6 已知方程式組 $Y = XB + e$ ，式中

$$Y = \begin{bmatrix} y_1 \\ y_2 \\ \vdots \\ y_n \end{bmatrix},\quad X = \begin{bmatrix} x_1 & 1 \\ x_2 & 1 \\ \vdots & \vdots \\ x_n & 1 \end{bmatrix},\quad B = \begin{bmatrix} a \\ b \end{bmatrix},\quad e = \begin{bmatrix} e_1 \\ e_2 \\ \vdots \\ e_n \end{bmatrix}$$

試驗證下式成立。即

$Y'XB = B'X'Y$

證明省略

2.7 證明矩陣 $\begin{bmatrix} a & b \\ b & a \end{bmatrix}$ 與 $\begin{bmatrix} c & d \\ d & c \end{bmatrix}$ 對所有 a,b,c,d 之值均可交換。

【證】

$$\begin{bmatrix} a & b \\ b & a \end{bmatrix}\begin{bmatrix} c & d \\ d & c \end{bmatrix}=\begin{bmatrix} ac+bd & ad+bc \\ bc+ad & bd+ac \end{bmatrix}=\begin{bmatrix} c & d \\ d & c \end{bmatrix}\begin{bmatrix} a & b \\ b & a \end{bmatrix}$$

2.8 方陣 A 的 n 個積記爲 A^n，證明 $(A^n)'=(A')^n$。

【證】

$$(A^n)=(A\cdots A)'=A'\cdot A'\cdots A'=(A')^n$$

2.9 當 $AB=BA$ 成立時，試證

1. $(A+B)^2=A^2+2AB+B^2$

2. $(A+B)(A-B)=A^2-B^2$

3. $(AB)^2=A^2B^2$

【證】

1. $(A+B)^2=(A+B)(A+B)$

$$=A^2+B\cdot A+A\cdot B+B^2$$

$$=A^2+A\cdot B+A\cdot B+B^2$$

$$=A^2+2AB+B^2$$

2.，*3.* 證明省略

【註】 當 $AB\neq BA$ 時 *1.*，*2.*，*3.* 均不成立。

2.10 證明下式，

1. $Tr((A+B)^2)=Tr(A^2)+2Tr(AB)+Tr(B^2)$

2. $Tr((A+B)^3)=Tr(A^3)+3Tr(A^2B)+3Tr(AB^2)+Tr(B^3)$

【證】

1. $Tr((A+B)^2)=Tr((A+B)(A+B))=Tr(A^2+AB+BA+B^2))$

$$=Tr(A^2)+Tr(AB)+Tr(BA)+Tr(B^2)$$

$$=Tr(A^2)+2Tr(AB)+Tr(B^2)$$

2. 證明省略

2.11 設 A 爲 n 階對稱矩陣，證明下式。

$$T_r(A^2)=\sum_{j=1}^{n}\sum_{i=1}^{n}a_{ij}^2$$

【證】

設 $A=[a_{ij}]_{n\times n}$ 爲對稱，$\therefore a_{ij}=a_{ji}$

$A^2=A\cdot A$ 的第 i 列第 j 行的元素爲 $\sum_{k=1}^{n}a_{ik}a_{ki}$

又因 A 之對稱，即 $a_{ik}=a_{ki}$

$\therefore \sum_{k=1}^{n}a_{ik}a_{ki}=\sum_{k=1}^{n}a_{ik}^2$

因之 $Tr(A^2)=\sum_{i=1}^{n}\sum_{k=1}^{n}a_{ik}^2$

2.12 設 A 爲 n 階對稱矩陣，證明下式。

$$T_r(A'A)=\sum_{j=1}^{n}\sum_{i=1}^{n}a_{ij}^2$$

《證明省略》

2.13

令$J_n = \begin{bmatrix} \frac{1}{n} & \cdots & \frac{1}{n} \\ \vdots & \cdots & \vdots \\ \frac{1}{n} & \cdots & \frac{1}{n} \end{bmatrix}$，$I_n = \begin{bmatrix} 1 & 0 & \cdots & 0 \\ 0 & 1 & \cdots & 0 \\ \vdots & \vdots & \ddots & \vdots \\ 0 & 0 & \cdots & 1 \end{bmatrix}$，$Y = \begin{bmatrix} y_1 \\ y_2 \\ \vdots \\ y_n \end{bmatrix}$

則

（1）$J_n' = J_n$

（2）$J_n \cdot J_n = J_n$

（3）$(I_n - J_n)' = I_n - J_n$

（4）$J_n \cdot Y = (\bar{y}, \bar{y}, \cdots, \bar{y})'$

（5）$(I_n - J_n)Y = (y_1 - \bar{y}, y_2 - \bar{y}, \cdots, y_n - \bar{y})'$

（6）$[(I_n - J_n)Y]' [(I_n - J_n)Y] = \sum_{i=1}^{n} (y_i - \bar{y})^2$

第 3 章

方陣之行列式

定義 3-1

在一個已知排列中，如一較大的整數位於一較小者之前，則謂之有一反演變換 (Inversion)。如在已知排列中，反演變換的數目為偶數 (奇數)，則稱此排列為偶 (奇) 排列。

【說明】

考慮整數 $1,2,3$ 之 $3!=6$ 個排列 (permutation) 分別為

123　132　213　231　312　321

其中奇排列為　132　213　321

　　偶排列為 123　231　312

例題 3-1

1. 排列 123 爲偶排列，因無反演變換（0 視爲偶數）。
2. 排列 312 爲偶排列，因其中 3 在 1 之前及 3 在 2 之前，有 2 個反演變換。
3. 排列 132 爲奇排列，因其中 3 在 2 之前，有 1 個反演變數。

定義 3-2

$\in_{j_1 j_2 \cdots j_n}$ 爲+，如排列 $j_1\, j_2 \cdots j_n$ 爲偶排列。

$\in_{j_1 j_2 \cdots j_n}$ 爲–，如排列 $j_1\, j_2 \cdots j_n$ 爲奇排列。

例題 3-2

1. $\in_{132} = -$，因排列 132 爲奇排列。
2. $\in_{312} = +$，因排列 312 爲偶排列。
3. $\in_{123} = +$，因排列 123 爲偶排列。

定義 3-3

$A = [a_{ij}]_{n \times n}$ 的行列式 (Determinant) 以 $|A|$ 表示，亦即

$$|A| = \sum_{\rho = n!} \in_{j_1 j_2 \cdots j_n} a_{1 j_1} a_{2 j_2} \cdots a_{n j_n}$$

例題 3-2

試利用定義求下列行式。

1. $\begin{vmatrix} a_{11} & a_{12} \\ a_{21} & a_{22} \end{vmatrix}$

2. $\begin{vmatrix} a_{11} & a_{12} & a_{13} \\ a_{21} & a_{22} & a_{23} \\ a_{31} & a_{32} & a_{33} \end{vmatrix}$

3. $\begin{vmatrix} 2 & -3 & -4 \\ 1 & 0 & -2 \\ 0 & -5 & -6 \end{vmatrix}$

【解】

1. $\begin{vmatrix} a_{11} & a_{12} \\ a_{21} & a_{22} \end{vmatrix} = \in_{12} a_{12}a_{22} + \in_{21} a_{12}a_{21} = a_{11}a_{12} - a_{12}a_{21}$

2. $\begin{vmatrix} a_{11} & a_{12} & a_{13} \\ a_{21} & a_{22} & a_{23} \\ a_{31} & a_{32} & a_{33} \end{vmatrix}$

$= \in_{123} a_{11}a_{22}a_{33} + \in_{132} a_{11}a_{23}a_{32} + \in_{213} a_{12}a_{21}a_{33} + \in_{231} a_{12}a_{23}a_{31} +$

$\in_{312} a_{13}a_{21}a_{32} + \in_{321} a_{13}a_{22}a_{31}$

$= a_{11}a_{22}a_{33} - a_{11}a_{23}a_{32} - a_{12}a_{21}a_{33} + a_{12}a_{23}a_{31} + a_{13}a_{21}a_{32} -$

$a_{13}a_{22}a_{31}$

$= a_{11}(a_{22}a_{33} - a_{23}a_{32}) - a_{12}(a_{21}a_{33} - a_{23}a_{31}) + a_{13}(a_{21}a_{32} - a_{23}a_{31})$

$= a_{11}\begin{vmatrix} a_{22} & a_{23} \\ a_{32} & a_{33} \end{vmatrix} - a_{12}\begin{vmatrix} a_{21} & a_{23} \\ a_{31} & a_{33} \end{vmatrix} + a_{13}\begin{vmatrix} a_{21} & a_{22} \\ a_{31} & a_{32} \end{vmatrix}$

3. $\begin{vmatrix} 2 & -3 & -4 \\ 1 & 0 & -2 \\ 0 & -5 & -6 \end{vmatrix}$

$=2\{0(-6)-(-2)(-5)\}-(-3)\{1(-6)-(-2)0\}+(-4)\{1(-5)-0\}$

$=-20-18+20=-18$

☞ **【行列式的性質】**

1. 若方陣 A 的一列 (行) 之每一元素階為零，則 $|A|=0$

2. 如 A 為方陣，則 $|A'|=|A|$

3. 如將行列式 $|A|$ 之一列 (行) 之每一元素乘一純量 k，即等於行列式乘以 k。

4. 如 B 為從 A 交換相鄰兩列 (行) 而得時，則 $|B|=-|A|$

5. 如 B 為從 A 交換任意兩列 (行) 而得時，則 $|B|=-|A|$

6. 如 B 為從 A 將第 i 列 (行) 移動 p 列 (行) 而得時，則 $|B|=(-1)^p\cdot|A|$

7. 若 A 之兩列 (行) 相同，則 $|A|=0$

8. 若 A 第 i 列 (行) 之每一元素為 p 項之和，則 $|A|$ 可表示為 p 個行列式之和。

9. 若 B 為從 A 將第 i 列 (行) 諸元素加上另一列 (行) 之對應元素的純量倍數而得時，則 $|B|=|A|$。

【解說】

以下以 3 階行列式為例，解說上述性質。

1. $\begin{vmatrix} 0 & 0 & 0 \\ a_{21} & a_{22} & a_{23} \\ a_{31} & a_{32} & a_{33} \end{vmatrix} = 0 \cdot a_{22}a_{33} - 0 \cdot a_{23}a_{32} + 0 \cdot a_{23}a_{31} - 0 \cdot a_{21}a_{33} +$

$0 \cdot a_{21}a_{32} - 0 \cdot a_{22}a_{31} = 0$

2. $|A| = \begin{vmatrix} a_{11} & a_{12} & a_{13} \\ a_{21} & a_{22} & a_{23} \\ a_{31} & a_{32} & a_{33} \end{vmatrix} = a_{11}a_{22}a_{33} - a_{11}a_{23}a_{32} + a_{12}a_{23}a_{31} - a_{12}a_{21}a_{33}$

$+ a_{13}a_{21}a_{32} - a_{13}a_{22}a_{31}$

$|A'| = \begin{vmatrix} a_{11} & a_{21} & a_{31} \\ a_{12} & a_{22} & a_{32} \\ a_{13} & a_{23} & a_{33} \end{vmatrix} = a_{11}a_{22}a_{33} - a_{11}a_{32}a_{23} + a_{21}a_{32}a_{13} - a_{21}a_{12}a_{33}$

$+ a_{31}a_{12}a_{23} - a_{31}a_{22}a_{13}$

$\therefore |A| = |A'|$

3. $\begin{vmatrix} ka_{11} & ka_{12} & ka_{13} \\ a_{21} & a_{22} & a_{23} \\ a_{31} & a_{32} & a_{33} \end{vmatrix} = k \begin{vmatrix} a_{11} & a_{12} & a_{13} \\ a_{21} & a_{22} & a_{23} \\ a_{31} & a_{32} & a_{33} \end{vmatrix}$

4. $\begin{vmatrix} a_{21} & a_{22} & a_{23} \\ a_{11} & a_{12} & a_{13} \\ a_{31} & a_{32} & a_{33} \end{vmatrix} = -\begin{vmatrix} a_{11} & a_{12} & a_{13} \\ a_{21} & a_{22} & a_{23} \\ a_{31} & a_{32} & a_{33} \end{vmatrix}$

5. $\begin{vmatrix} a_{31} & a_{32} & a_{33} \\ a_{21} & a_{22} & a_{23} \\ a_{11} & a_{12} & a_{13} \end{vmatrix} = -\begin{vmatrix} a_{11} & a_{12} & a_{13} \\ a_{21} & a_{22} & a_{23} \\ a_{31} & a_{32} & a_{33} \end{vmatrix}$

6. $\begin{vmatrix} a_{31} & a_{32} & a_{33} \\ a_{11} & a_{12} & a_{13} \\ a_{21} & a_{22} & a_{23} \end{vmatrix} = (-1)^2 \cdot \begin{vmatrix} a_{11} & a_{12} & a_{13} \\ a_{21} & a_{22} & a_{23} \\ a_{31} & a_{32} & a_{33} \end{vmatrix}$

7. $\begin{vmatrix} a_{11} & a_{12} & a_{13} \\ a_{11} & a_{12} & a_{13} \\ a_{31} & a_{32} & a_{33} \end{vmatrix} = 0$

8. $\begin{vmatrix} a_{11}+b_{11} & a_{12}+b_{12} & a_{13}+b_{13} \\ a_{21} & a_{22} & a_{23} \\ a_{31} & a_{32} & a_{33} \end{vmatrix} = \begin{vmatrix} a_{11} & a_{12} & a_{13} \\ a_{21} & a_{22} & a_{23} \\ a_{31} & a_{32} & a_{33} \end{vmatrix} + \begin{vmatrix} b_{11} & b_{12} & b_{13} \\ a_{21} & a_{22} & a_{23} \\ a_{31} & a_{32} & a_{33} \end{vmatrix}$

9. $\begin{vmatrix} a_{11}+ka_{13} & a_{12} & a_{13} \\ a_{21}+ka_{23} & a_{22} & a_{23} \\ a_{31}+ka_{33} & a_{32} & a_{33} \end{vmatrix} = \begin{vmatrix} a_{11} & a_{12} & a_{13} \\ a_{21} & a_{22} & a_{23} \\ a_{31} & a_{32} & a_{33} \end{vmatrix}$

例題 3-3

試計算下列行列式。

1. $\begin{vmatrix} a_{11}+b_{11} & a_{12}+b_{12} & a_{13}+b_{13} \\ a_{21}+b_{21} & a_{22}+b_{22} & a_{23}+b_{23} \\ a_{31}+b_{31} & a_{32}+b_{32} & a_{33}+b_{33} \end{vmatrix}$

2. $\begin{vmatrix} a_{11}+ka_{12}+la_{13} & a_{12} & a_{13} \\ a_{21}+ka_{22}+la_{23} & a_{22} & a_{23} \\ a_{31}+ka_{32}+la_{33} & a_{32} & a_{33} \end{vmatrix}$

3. $\begin{vmatrix} a_{11}+ka_{12} & a_{12} & la_{13} \\ a_{21}+ka_{22} & a_{22} & la_{23} \\ a_{31}+ka_{32} & a_{32} & la_{33} \end{vmatrix}$

【解】

1. $\begin{vmatrix} a_{11}+b_{11} & a_{12}+b_{12} & a_{13}+b_{13} \\ a_{21}+b_{21} & a_{22}+b_{22} & a_{23}+b_{23} \\ a_{31}+b_{31} & a_{32}+b_{32} & a_{33}+b_{33} \end{vmatrix} = \begin{vmatrix} a_{11} & a_{12} & a_{13} \\ a_{21} & a_{22} & a_{23} \\ a_{31} & a_{32} & a_{33} \end{vmatrix} +$

$$\begin{vmatrix} a_{11} & a_{12} & b_{13} \\ a_{21} & a_{22} & b_{23} \\ a_{31} & a_{32} & b_{33} \end{vmatrix} + \begin{vmatrix} a_{11} & b_{12} & a_{13} \\ a_{21} & b_{22} & a_{23} \\ a_{31} & b_{32} & a_{33} \end{vmatrix} + \begin{vmatrix} a_{11} & b_{12} & b_{13} \\ a_{21} & b_{22} & b_{23} \\ a_{31} & b_{32} & b_{33} \end{vmatrix} +$$

$$\begin{vmatrix} b_{11} & a_{12} & a_{13} \\ b_{21} & a_{22} & a_{23} \\ b_{31} & a_{32} & a_{33} \end{vmatrix} + \begin{vmatrix} b_{11} & a_{12} & b_{13} \\ b_{21} & a_{22} & b_{23} \\ b_{31} & a_{32} & b_{33} \end{vmatrix} + \begin{vmatrix} b_{11} & b_{12} & a_{13} \\ b_{21} & b_{22} & a_{23} \\ b_{31} & b_{32} & a_{33} \end{vmatrix} + \begin{vmatrix} b_{11} & b_{12} & b_{13} \\ b_{21} & b_{22} & b_{23} \\ b_{31} & b_{32} & b_{33} \end{vmatrix}$$

2. $\begin{vmatrix} a_{11}+ka_{12}+la_{13} & a_{12} & a_{13} \\ a_{21}+ka_{22}+la_{23} & a_{22} & a_{23} \\ a_{31}+ka_{32}+la_{33} & a_{32} & a_{33} \end{vmatrix} = \begin{vmatrix} a_{11} & a_{12} & a_{13} \\ a_{21} & a_{22} & a_{23} \\ a_{31} & a_{32} & a_{33} \end{vmatrix}$

3. $\begin{vmatrix} a_{11}+ka_{12} & a_{12} & la_{13} \\ a_{21}+ka_{22} & a_{22} & la_{23} \\ a_{31}+ka_{32} & a_{32} & la_{33} \end{vmatrix} = l \cdot \begin{vmatrix} a_{11} & a_{12} & a_{13} \\ a_{21} & a_{22} & a_{23} \\ a_{31} & a_{32} & a_{33} \end{vmatrix}$

定義 3-4

當從 n 階方陣 A 移去到 i 列第 j 行之元素時，則剩下的 $(n-1)$ 階方陣之行列式稱爲 A 或 $|A|$ 之第一子式 (First Minor)，而以 $|M_{ij}|$ 表示。而 $(-1)^{i+j}|M_{ij}|$ 稱爲 a_{ij} 的餘因式 (cofactor)，而以 α_{ij} 表示。

例題 3-4

若 $|A| = \begin{vmatrix} a_{11} & a_{12} & a_{13} \\ a_{21} & a_{22} & a_{23} \\ a_{31} & a_{32} & a_{33} \end{vmatrix}$，

試以餘因式來表示 $|A|$。

【解】

$$|M_{11}|=\begin{vmatrix} a_{22} & a_{23} \\ a_{32} & a_{33} \end{vmatrix},|M_{12}|=\begin{vmatrix} a_{21} & a_{23} \\ a_{31} & a_{33} \end{vmatrix},|M_{13}|=\begin{vmatrix} a_{21} & a_{22} \\ a_{31} & a_{32} \end{vmatrix}$$

$$\alpha_{11}=(-1)^{1+1}|M_{11}|=|M_{11}|,\alpha_{12}=(-1)^{1+2}|M_{12}|=-|M_{12}|,$$

$$\alpha_{13}=(-1)^{1+3}|M_{13}|=|M_{13}|$$

由例 3.2 知，$|\ A\ |=a_{11}|M_{11}|-a_{12}|M_{12}|+a_{13}|M_{13}|$

$\therefore |\ A\ |=a_{11}\alpha_{11}+a_{12}\alpha_{12}+a_{13}\alpha_{13}$

定理 3-1

若 A 爲 n 階方陣，則

1. $|\ A\ |=\sum_{k=1}^{n}a_{ik}\alpha_{ik}\ ,(i=1,2,\cdots,n)$

2. $\sum_{k=1}^{n}a_{ik}\alpha_{jk}=0,(i\neq j)$

《證明略》

例題 3-5

$$|\ A\ |=\begin{vmatrix} a_{11} & a_{12} & a_{13} \\ a_{21} & a_{22} & a_{23} \\ a_{31} & a_{32} & a_{33} \end{vmatrix},$$

說明 $\sum_{k=1}^{n}a_{ik}\alpha_{jk}=0\ (i\neq j)$

【解】

$a_{31}\alpha_{21}+a_{32}\alpha_{22}+a_{33}\alpha_{23}$

$$= a_{31}(-1)^{2+1}\begin{vmatrix} a_{12} & a_{13} \\ a_{32} & a_{33} \end{vmatrix} + a_{32}(-1)^{2+2}\begin{vmatrix} a_{11} & a_{13} \\ a_{31} & a_{33} \end{vmatrix} + a_{33}(-1)^{2+3}\begin{vmatrix} a_{11} & a_{12} \\ a_{31} & a_{32} \end{vmatrix}$$

$$= a_{31}(-a_{12}a_{33} + a_{13}a_{32}) + a_{32}(a_{11}a_{33} - a_{13}a_{31}) + a_{33}(-a_{11}a_{32} + a_{31}a_{12})$$

$$= -a_{12}a_{31}a_{33} + a_{31}a_{13}a_{32} + a_{11}a_{32}a_{33} - a_{13}a_{32}a_{31} - a_{11}a_{32}a_{33} + a_{31}a_{12}a_{33}$$

$$= 0$$

$$a_{12}\alpha_{13} + a_{22}\alpha_{23} + a_{32}\alpha_{33}$$

$$= a_{12}(-1)^{1+3}\begin{vmatrix} a_{21} & a_{22} \\ a_{31} & a_{32} \end{vmatrix} + a_{22}(-1)^{2+3}\begin{vmatrix} a_{11} & a_{12} \\ a_{31} & a_{32} \end{vmatrix} + a_{32}(-1)^{3+3}\begin{vmatrix} a_{11} & a_{12} \\ a_{21} & a_{22} \end{vmatrix}$$

$$= a_{12}(a_{21}a_{32} - a_{31}a_{22}) - a_{22}(a_{11}a_{32} - a_{12}a_{31}) + a_{32}(a_{11}a_{22} - a_{12}a_{21})$$

$$= a_{12}a_{21}a_{32} - a_{12}a_{31}a_{22} - a_{11}a_{22}a_{32} + a_{12}a_{22}a_{31} + a_{11}a_{22}a_{32} - a_{12}a_{21}a_{32}$$

$$= 0$$

因之 $\sum_{k=1}^{3} a_{ik}\alpha_{jk} = 0 = \sum_{k=1}^{3} a_{ki}\alpha_{kj} \quad (i \neq j)$

定義 3-5

令 $i_1, i_2, \cdots, i_m$ 依大小順序排列，其爲 n 個列指標 $1, 2, \cdots, n$ 中之 m 個 $(1 \le m < n)$， $j_1, j_2, \cdots, j_m$ 依大小順序排列其爲 n 個行指標 $1, 2, \cdots, n$ 中之 m 個。令其剩餘的列與行指標依大小順序排列分別爲 $i_{m+1}, i_{m+2}, \cdots, i_n$；$j_{m+1}, j_{m+2}, \cdots, j_n$。如此之分割，唯一決定兩矩陣，即

$$A_{i_1 i_2 \cdots i_m}^{j_1 j_2 \cdots j_m} = \begin{bmatrix} a_{i_1 j_1} & a_{i_1 j_2} & \cdots & a_{i_1 j_m} \\ a_{i_2 j_1} & a_{i_2 j_2} & \cdots & a_{i_2 j_m} \\ \cdots & \cdots & \cdots & \cdots \\ a_{i_m j_1} & a_{i_m j_2} & \cdots & a_{i_m j_m} \end{bmatrix}$$

及

$$A_{i_{m+1}\,i_{m+2}\cdots i_n}^{j_{m+1}\,j_{m+2}\cdots j_n}=\begin{bmatrix} a_{i_{m+1}\,j_{m+1}} & a_{i_{m+1}\,j_{m+2}} & \cdots & a_{i_{m+1}\,j_n} \\ a_{i_{m+2}\,j_{m+1}} & a_{i_{m+2}\,j_{m+2}} & \cdots & a_{i_{m+2}\,j_n} \\ \cdots & \cdots & \cdots & \cdots \\ a_{i_n\,j_{m+1}} & a_{i_n\,j_{m+2}} & \cdots & a_{i_n\,j_n} \end{bmatrix}$$，稱為 A 的子矩陣(Submatrix)。

每一子矩陣之行列式稱為 A 的一個子式，又一對子式，$\left|A_{i_1\,i_2\cdots i_m}^{j_1\,j_2\cdots j_m}\right|$ 及 $\left|A_{i_{m+1}\,i_{m+2}\cdots i_n}^{j_{m+1}\,j_{m+2}\cdots j_n}\right|$，稱為互餘，其一為另一的餘子式。

例題 3-6

$$|A|=\begin{vmatrix} a_{11} & a_{12} & a_{13} & a_{14} & a_{15} \\ a_{21} & a_{22} & a_{23} & a_{24} & a_{25} \\ a_{31} & a_{32} & a_{33} & a_{34} & a_{35} \\ a_{41} & a_{42} & a_{43} & a_{44} & a_{45} \\ a_{51} & a_{52} & a_{53} & a_{54} & a_{55} \end{vmatrix}=\begin{vmatrix} 1 & 2 & 3 & 4 & 5 \\ 2 & 3 & 4 & 5 & 1 \\ 3 & 4 & 5 & 1 & 2 \\ 4 & 5 & 1 & 2 & 3 \\ 5 & 1 & 2 & 3 & 4 \end{vmatrix}$$

試求 $\left|A_{25}^{13}\right|$，$\left|A_{134}^{245}\right|$。

【解】

$$\left|A_{25}^{13}\right|=\begin{vmatrix} a_{21} & a_{23} \\ a_{51} & a_{53} \end{vmatrix}=\begin{vmatrix} 2 & 4 \\ 5 & 2 \end{vmatrix}$$

$$\left|A_{134}^{245}\right|=\begin{vmatrix} a_{12} & a_{14} & a_{15} \\ a_{32} & a_{34} & a_{35} \\ a_{42} & a_{44} & a_{45} \end{vmatrix}=\begin{vmatrix} 2 & 4 & 5 \\ 4 & 1 & 2 \\ 5 & 2 & 3 \end{vmatrix}$$

為一對餘子式。

定義 3-5

帶符號之子式 $(-1)^{p}\left|A_{i_1 i_2 \cdots i_m}^{j_1 j_2 \cdots j_m}\right|$ 稱為 $\left|A_{i_{m+1} i_{m+2} \cdots i_n}^{j_{m+1} j_{m+2} \cdots j_n}\right|$ 的代數餘因式 (algebraic complement)。同理，$(-1)^{q}\left|A_{i_{m+1} i_{m+2} \cdots i_n}^{j_{m+1} j_{m+2} \cdots j_n}\right|$，稱為 $\left|A_{i_1 i_2 \cdots i_m}^{j_1 j_2 \cdots j_m}\right|$ 的代數餘因式，式中 $p = i_1 + \cdots + i_m + j_1 + \cdots + j_m$，$q = i_{m+1} + i_{m+2} + \cdots + i_n + j_{m+1} + j_{m+2} + \cdots + j_n$。

例題 3-7

$$|A| = \begin{vmatrix} a_{11} & a_{12} & a_{13} & a_{14} & a_{15} \\ a_{21} & a_{22} & a_{23} & a_{24} & a_{25} \\ a_{31} & a_{32} & a_{33} & a_{34} & a_{35} \\ a_{41} & a_{42} & a_{43} & a_{44} & a_{45} \\ a_{51} & a_{52} & a_{53} & a_{54} & a_{55} \end{vmatrix},$$

試求 $\left|A_{134}^{245}\right|, \left|A_{25}^{13}\right|$ 的代數餘因式。

【解】

$\left|A_{134}^{245}\right|$ 的代數餘因式 $=(-1)^{2+5+1+3}\left|A_{25}^{13}\right| = -\left|A_{25}^{13}\right|$

$\left|A_{25}^{13}\right|$ 的代數餘因式 $=(-1)^{2+4+5+1+3+4}\left|A_{134}^{245}\right| = -\left|A_{134}^{245}\right|$

【註】

1. $A_3^2 = [a_{32}], \left|A_3^2\right| = \left|a_{32}\right| = a_{32}$
2. 注意 $|-5|$ 非 -5 的絕對值，而是 -5 的行列式，行列式是一個數值，所以其值為 -5。
3. $\left|A_2^1\right|$ 的代數餘因式 $=(-1)^{\substack{2+3+4+5+\\1+3+4+5}}\left|A_{1345}^{2345}\right| =$

$$(-1)^{\substack{2+3+4+5+\\1+3+4+5}}\begin{vmatrix} a_{12} & a_{13} & a_{14} & a_{15} \\ a_{32} & a_{33} & a_{34} & a_{35} \\ a_{42} & a_{43} & a_{44} & a_{45} \\ a_{52} & a_{53} & a_{54} & a_{55} \end{vmatrix} = \alpha_{12}$$，此即 a_{12} 的代數餘因式

即爲 a_{12} 的餘因式 α_{12}

4. 一對餘子式其代數餘因式的符號相同。

例題 3-8

設矩陣　A 爲

$$A=\begin{bmatrix} 1 & 2 & 3 & 4 & 5 \\ 6 & 7 & 8 & 9 & 10 \\ 11 & 12 & 13 & 14 & 15 \\ 16 & 17 & 18 & 19 & 20 \\ 21 & 22 & 23 & 24 & 25 \end{bmatrix}$$

試求 $\left|A_{23}^{24}\right|, \left|A_{145}^{135}\right|$ 的代數餘因式。

【解】

$\left|A_{23}^{24}\right|$ 的代數餘因式爲

$$(-1)^{1+3+5+1+4+5}\cdot\left|A_{145}^{135}\right| = -\begin{vmatrix} 1 & 3 & 5 \\ 16 & 18 & 20 \\ 21 & 23 & 25 \end{vmatrix}$$

$\left|A_{145}^{135}\right|$ 的代數餘因式爲

$$(-1)^{2+4+2+3}\cdot\left|A_{23}^{24}\right| = -\begin{vmatrix} 7 & 9 \\ 12 & 14 \end{vmatrix}$$

第 3 章 習題

3.1 試計算下列行列式之值。

1.
$$\begin{vmatrix} 1 & 0 & 2 \\ 3 & 4 & 5 \\ 5 & 6 & 7 \end{vmatrix} = (1)\begin{vmatrix} 4 & 5 \\ 6 & 7 \end{vmatrix} - 0\begin{vmatrix} 3 & 5 \\ 5 & 7 \end{vmatrix} + 2\begin{vmatrix} 3 & 4 \\ 5 & 6 \end{vmatrix}$$

$$= (1)(4\times 7 - 5\times 6) - 0 + 2(3\times 6 - 4\times 5)$$

$$= -2 - 4$$

$$= -6$$

2.
$$\begin{vmatrix} 1 & 0 & 0 \\ 2 & 3 & 5 \\ 4 & 1 & 3 \end{vmatrix} = 1\cdot(3\times 3 - 5\times 1) = 4$$

3.2 計算下列行列式之值。

$$\begin{vmatrix} a_{11}+ka_{12} & a_{12}+la_{13} & a_{13}+ma_{11} \\ a_{21}+ka_{22} & a_{22}+la_{23} & a_{23}+ma_{21} \\ a_{31}+ka_{32} & a_{32}+la_{33} & a_{33}+ma_{31} \end{vmatrix} = (kl+m+1)\begin{vmatrix} a_{11} & a_{12} & a_{13} \\ a_{21} & a_{22} & a_{23} \\ a_{31} & a_{32} & a_{33} \end{vmatrix}$$

3.3 計算下列行列式之值。

$$\begin{vmatrix} 1 & a & b+c \\ 1 & b & c+a \\ 1 & c & a+b \end{vmatrix} = \begin{vmatrix} 1 & a & a+b+c \\ 1 & b & a+b+c \\ 1 & c & a+b+c \end{vmatrix} = (a+b+c)\begin{vmatrix} 1 & a & 1 \\ 1 & b & 1 \\ 1 & c & 1 \end{vmatrix} = 0$$

3.4 當 α_{ij} 為 a_{ij} 於 n 階方陣 $A=[a_{ij}]$ 中之餘因式時，則

$$k_1\alpha_{ij} + k_2\alpha_{ij} + \cdots + k_n\alpha_{nj} = \begin{vmatrix} a_{11} & a_{12} & \cdots & a_{1j-1} & k_1 & a_{1j+1} & \cdots & a_{1n} \\ a_{21} & a_{22} & \cdots & a_{2j-1} & k_2 & a_{2j+1} & \cdots & a_{2n} \\ \cdots & \cdots & \cdots & \cdots & \cdots & \cdots & \cdots & \cdots \\ a_{n1} & a_{n2} & \cdots & a_{nj-1} & k_n & a_{nj+1} & \cdots & a_{nn} \end{vmatrix}$$

【解】

$$a_{1j}\alpha_{1j}+a_{2j}\alpha_{2j}+\cdots+a_{nj}\alpha_{nj}=\begin{vmatrix} a_{11} & a_{12} & \cdots & a_{1j-1} & a_{1j} & a_{1j+1} & \cdots & a_{1n} \\ a_{21} & a_{22} & \cdots & a_{2j-1} & a_{2j} & a_{2j+1} & \cdots & a_{2n} \\ \cdots & \cdots & \cdots & \cdots & \cdots & \cdots & \cdots & \cdots \\ a_{n1} & a_{n2} & \cdots & a_{nj-1} & a_{nj} & a_{nj+1} & \cdots & a_{nn} \end{vmatrix}$$

因之以 k_1 取代 a_{1j}，k_2 取代 a_{2j} $\cdots$，k_n 取代 a_{nj}，即可得證。

3.5

$$\begin{vmatrix} a_{1n} & a_{1n-1} & \cdots & a_{12} & a_{11} \\ a_{2n} & a_{2n-1} & \cdots & a_{22} & a_{21} \\ \cdots & \cdots & \cdots & \cdots & \cdots \\ a_{nn} & a_{nn-1} & \cdots & a_{n2} & a_{n1} \end{vmatrix}=(-1)^s\cdot\begin{vmatrix} a_{11} & a_{12} & \cdots & a_{1n-1} & a_{1n} \\ a_{21} & a_{22} & \cdots & a_{2n-1} & a_{2n} \\ \cdots & \cdots & \cdots & \cdots & \cdots \\ a_{n1} & a_{n2} & \cdots & a_{nn-1} & a_{nn} \end{vmatrix}$$

，式中，$s=(n-1)+(n-2)+\cdots+1=\dfrac{n(n-1)}{2}$

3.6 於矩陣 $A=[a_{ij}]=\begin{vmatrix} 1 & 2 & 3 & 4 & 5 \\ 6 & 7 & 8 & 9 & 10 \\ 11 & 12 & 13 & 14 & 15 \\ 16 & 17 & 18 & 19 & 20 \\ 21 & 22 & 23 & 24 & 25 \end{vmatrix}$ 中，試求 $\left|A_{23}^{24}\right|$，$\left|A_{145}^{135}\right|$ 的代數餘因式。

【解】

$\left|A_{23}^{24}\right|$ 的代數餘因式 $=(-1)^{1+3+5+1+4+5}\left|A_{145}^{135}\right|$

$$= -\begin{vmatrix} 1 & 3 & 5 \\ 16 & 18 & 10 \\ 21 & 23 & 25 \end{vmatrix}$$

$\left| A_{145}^{135} \right|$ 的代數餘因式 $= (-1)^{2+4+2+3} \left| A_{23}^{24} \right|$

$$= -\begin{vmatrix} 7 & 9 \\ 12 & 14 \end{vmatrix}$$

3.7 如 A 為 n 階方陣，試證 $\left| kA \right| = k^n \cdot \left| A \right|$

3.8 計算 $\left| A \right| = \begin{vmatrix} a & b & 0 & 0 \\ c & d & 0 & 0 \\ 0 & 0 & e & f \\ 0 & 0 & g & h \end{vmatrix}$，然後驗算 $\left| A \right| = \begin{vmatrix} a & b \\ c & d \end{vmatrix} \cdot$

$\begin{vmatrix} e & f \\ g & h \end{vmatrix}$，因而若 $A = diag\,(A_1, A_2)$，此處 A_1, A_2 為 2 階方陣，則 $\left| A \right| = \left| A_1 \right| \cdot \left| A_2 \right|$

3.9 求證

1. A 為 n 階對稱，則 $\alpha_{ij} = \alpha_{ji}\ (i \neq j)$

2. A 為 n 階反對稱，則 $\alpha_{ij} = (-1)^{n-1} \alpha_{ji}\ (i \neq j)$

3.10 求證

$$\begin{vmatrix} a_1^{n-1} & a_1^{n-2} & \cdots & a_1 & 1 \\ a_2^{n-1} & a_2^{n-2} & \cdots & a_2 & 1 \\ \cdots & \cdots & \cdots & \cdots & \cdots \\ a_n^{n-1} & a_n^{n-2} & \cdots & a_n & 1 \end{vmatrix} = \{(a_1 - a_2)(a_1 - a_3)\cdots(a_1 - a_n)\} \cdot$$

$$\{(a_2 - a_3)(a_2 - a_4)\cdots(a_2 - a_n)\}\cdots\{(a_{n-1} - a_n)\}$$

3.11 不用展開試證 $\begin{vmatrix} 0 & x-a & x-b \\ x+a & 0 & x-c \\ x+b & x+c & 0 \end{vmatrix}$ 有0爲根。

3.12 已知

$$|A|=\begin{vmatrix} a_{11} & a_{12} & \cdots & a_{1n} \\ a_{21} & a_{22} & \cdots & a_{2n} \\ \cdots & \cdots & \cdots & \cdots \\ a_{n1} & a_{n2} & \cdots & a_{nn} \end{vmatrix}$$

將 $i_1,\cdots,i_m$ 列的移至首 m 列，又將 $j_1,j_2,\cdots,j_m$ 移至首 m 行時，試證

$$\begin{vmatrix} a_{i_1 j_1} & a_{i_2 j_2} & \cdots & a_{i_1 j_n} \\ a_{i_1 j_1} & a_{i_2 j_2} & \cdots & a_{i_2 j_n} \\ \cdots & \cdots & \cdots & \cdots \\ a_{i_n j_1} & a_{i_n j_2} & \cdots & a_{i_n j_n} \end{vmatrix}=(-1)^s\cdot|A|$$

式中 $s=(i_1+i_2+\cdots+i_m)+(j_1+j_2+\cdots+j_m)$

【解】

設 $i_1,i_2,\cdots,i_n\in\{1,2,\cdots,n\}$，且 $i_1<i_2<\cdots<i_n$

$j_1,j_2,\cdots,j_n\in\{1,2,\cdots,n\}$，且 $j_1<j_2<\cdots<j_n$

今將 $i_1,\cdots,i_m$ 列的移至首 m 列，又將 $j_1,j_2,\cdots,j_m$ 移至首 m 行時，則

$$\begin{vmatrix} a_{i_1 j_1} & a_{i_1 j_2} & \cdots & a_{i_1 j_n} \\ a_{i_2 j_1} & a_{i_2 j_2} & \cdots & a_{i_2 j_n} \\ \cdots & \cdots & \cdots & \cdots \\ a_{i_n j_1} & a_{i_n j_2} & \cdots & a_{i_n j_n} \end{vmatrix}=(-1)^s\cdot|A|$$

式中 $s=(i_1+i_2+\cdots+i_m)+(j_1+j_2+\cdots+j_m)$。

行列式之計算

定理 4-1

$$\left| A \right| = \sum_{\rho = nCm} (-1)^s \cdot \left| A^{j_1 \, j_2 \, \cdots \, j_m}_{i_1 \, i_2 \, \cdots \, i_m} \right| \cdot \left| A^{j_{m+1} \, j_{m+2} \, \cdots \, j_n}_{i_{m+1} \, i_{m+2} \, \cdots \, i_n} \right|$$

其中 $s = i_1 + i_2 + \cdots + i_m + j_1 + j_2 + \cdots + j_m$

此定理稱 爲拉普拉斯 (Laplace) 展開法。

【解說】

計算行列式除了利用

$$\left| A \right| = \sum_{k=1}^{n} a_{ik} \alpha_{ik} \qquad (i = 1 , 2 , \cdots , n)$$

之外，亦可利用拉普拉斯展開式 (Laplace expansion) 來計算更爲方便。

【證】

考察 $|A|$ 之 m 階子式 $\left|A_{i_1\,i_2\cdots i_m}^{j_1\,j_2\cdots j_m}\right|$，其中列與行指標依大小順序排列，現 $|A|$ 的第 i_1 列經過 i_1-1 次交換後可移至第 1 列，第 i_2 列經 i_2-2 次交換後可移至第 2 列，⋯，第 i_m 列經 i_m-m 次交換後可移至第 m 列，因此經 $(i_1-1)+(i_2-2)+\cdots+(i_m-m)$ $=(i_1+i_2+\cdots+i_m)-\dfrac{1}{2}m(m+1)$ 次交換後，原 $i_1, i_2, \cdots i_m$ 之列即變成首 m 列之位置。同樣，第 $j_1, j_2, \cdots, j_m$ 行經 $j_1+j_2+\cdots$ $+j_m-\dfrac{1}{2}m(m+1)$ 次交換後，原 $j_1, j_2, \cdots, j_m$ 之行即變成首 m 行之位置。經如此列與行之交換後，上述所選取之子式即位於此 $|A|$ 的左上角，餘因式則位於左下角。然而 $|A|$ 已變符號共 $\sigma=i_1+i_2+\cdots+i_m+j_1+\cdots+j_m-m(m+1)$ 次，相當於 $S=i_1+\cdots$ $+i_m+j_1+\cdots+j_m$ 次變化 $(\because (-1)^{\sigma}=(-1)^{s})$。因此，

$$(-1)^{s}\cdot\left|A_{i_1\,i_2\cdots i_m}^{j_1\,j_2\cdots j_m}\right|\cdot\left|A_{i_{m+1}\,i_{m+2}\cdots i_n}^{j_{m+1}\,j_{m+2}\cdots j_n}\right|$$

產生 $|A|$ 之 $m!(n-m)!$ 項。

令 $i_1, i_2, \cdots i_m$ 保持固定，由 $1, 2, \cdots, n$ 行中可選取 ρ 個，即 $\rho=nCm=\dfrac{n!}{m!(n-m)!}$ 個不同之 m 階子式。每一個子式乘以其代數餘因式時，可產生 $m!(n-m)!$ 之項。因之

$$|A|=\sum_{\rho}(-1)^{s}\cdot\left|A_{i_1\,i_2\cdots i_m}^{j_1\,j_2\cdots j_m}\right|\cdot\left|A_{i_{m+1}\,i_{m+2}\cdots i_n}^{j_{m+1}\,j_{m+2}\cdots j_n}\right|$$

例題 4-1

計算 $|A| = \begin{vmatrix} a_{11} & a_{12} & a_{13} & a_{14} \\ a_{21} & a_{22} & a_{23} & a_{24} \\ a_{31} & a_{32} & a_{33} & a_{34} \\ a_{41} & a_{42} & a_{43} & a_{44} \end{vmatrix}$，使用首 2 列之子式。

【解】

$$|A| = (-1)^{1+2+1+2}|A_{12}^{12}|\cdot|A_{34}^{34}| + (-1)^{1+3+1+2}\cdot|A_{12}^{13}|\cdot|A_{34}^{24}|$$
$$+(-1)^{1+4+1+2+}|A_{12}^{14}|\cdot|A_{34}^{23}| + (-1)^{1+2+2+3}\cdot|A_{12}^{23}|\cdot|A_{34}^{14}|$$
$$+(-1)^{1+2+2+4}\cdot|A_{12}^{24}|\cdot|A_{34}^{13}| + (-1)^{1+2+3+4}\cdot|A_{12}^{34}|\cdot|A_{34}^{12}|$$

例題 4-2

計算 $|A| = \begin{vmatrix} 2 & 3 & -2 & 4 \\ 3 & -2 & 1 & 2 \\ 3 & 2 & 3 & 4 \\ -2 & 4 & 0 & 5 \end{vmatrix}$，使用首 2 列之子式。

【解】

代入例 4.1 的展開中，得

$$|A| = \begin{vmatrix} 2 & 3 \\ 3 & -2 \end{vmatrix}\cdot\begin{vmatrix} 3 & 4 \\ 0 & 5 \end{vmatrix} - \begin{vmatrix} 2 & -2 \\ 3 & 1 \end{vmatrix}\cdot\begin{vmatrix} 2 & 4 \\ 4 & 5 \end{vmatrix} + \begin{vmatrix} 2 & 4 \\ 3 & 2 \end{vmatrix}\cdot\begin{vmatrix} 2 & 3 \\ 4 & 0 \end{vmatrix}$$
$$+\begin{vmatrix} 3 & -2 \\ -2 & 1 \end{vmatrix}\cdot\begin{vmatrix} 3 & 4 \\ -2 & 5 \end{vmatrix} - \begin{vmatrix} 3 & 4 \\ -2 & 2 \end{vmatrix}\cdot\begin{vmatrix} 3 & 3 \\ -2 & 0 \end{vmatrix} + \begin{vmatrix} -2 & 4 \\ 1 & 2 \end{vmatrix}\cdot$$

$$\begin{vmatrix} 3 & 3 \\ -2 & 4 \end{vmatrix}$$

$= (-13)(15) - (8)(-6) + (-8)(-12) + (-1)(23) - (14)(6) + (-8)(16)$

$= -286$

定理 4-2

若 A 與 B 為 n 階方陣，則 $|A \cdot B| = |A| \cdot |B|$

【證】

假設 $A=[a_{ij}]$ 與 $B=[b_{ij}]$ 為 n 階方陣，令 $C=[c_{ij}]=AB$

$$|P| = \left|\begin{array}{cccc:cccc} a_{11} & a_{12} & \cdots & a_{1n} & 0 & 0 & \cdots & 0 \\ a_{21} & a_{22} & \cdots & a_{2n} & 0 & 0 & \cdots & \cdots \\ \cdots & \cdots & \cdots & \cdots & \cdots & \cdots & \cdots & \cdots \\ a_{n1} & a_{n2} & \cdots & a_{nn} & 0 & 0 & \cdots & 0 \\ \hdashline -1 & 0 & \cdots & 0 & b_{11} & b_{12} & \cdots & b_{1n} \\ 0 & -1 & \cdots & 0 & b_{21} & b_{22} & \cdots & b_{2n} \\ \cdots & \cdots & \cdots & \cdots & \cdots & \cdots & \cdots & \cdots \\ 0 & \cdots & \cdots & -1 & b_{n1} & b_{n2} & \cdots & b_{nn} \end{array}\right|$$

固定第 $1, 2, \cdots, n$ 列，利用拉氏展開可得 $=|A| \cdot |B|$

今將 $|P|$ 之第 1 行乘上 b_{11}，第 2 行乘上 b_{21}，…，第 n 行乘上 b_{n1}，再全部加到第 $n+1$ 行，則得

$$|P|=\left|\begin{array}{cccc:cccc} a_{11} & a_{12} & \cdots & a_{1n} & c_{11} & 0 & \cdots & 0 \\ a_{21} & a_{22} & \cdots & a_{2n} & c_{21} & 0 & \cdots & \cdots \\ \cdots & \cdots & \cdots & \cdots & \cdots & \cdots & \cdots & \cdots \\ a_{n1} & a_{n2} & \cdots & a_{nn} & c_{n1} & 0 & \cdots & 0 \\ \hdashline -1 & 0 & \cdots & 0 & 0 & b_{12} & \cdots & b_{1n} \\ 0 & -1 & \cdots & 0 & 0 & b_{22} & \cdots & b_{2n} \\ \cdots & \cdots & \cdots & \cdots & \cdots & \cdots & \cdots & \cdots \\ 0 & \cdots & \cdots & -1 & 0 & b_{n2} & \cdots & b_{nn} \end{array}\right|$$

接著將 $|P|$ 之第 1 行乘上 b_{12}，第 2 行乘上 b_{22}，⋯，第 n 行乘上 b_{n2} 再全部加到第 $n+2$ 行，則得

$$|P|=\left|\begin{array}{cccc:ccccc} a_{11} & a_{12} & \cdots & a_{1n} & c_{11} & c_{12} & 0 & \cdots & 0 \\ a_{21} & a_{22} & \cdots & a_{2n} & c_{21} & c_{22} & 0 & \cdots & 0 \\ \cdots & \cdots & \cdots & \cdots & \cdots & \cdots & \cdots & \cdots & \cdots \\ a_{n1} & a_{n2} & \cdots & a_{nn} & c_{n1} & c_{n2} & 0 & \cdots & 0 \\ \hdashline -1 & 0 & \cdots & 0 & 0 & 0 & b_{13} & \cdots & b_{1n} \\ 0 & -1 & \cdots & 0 & 0 & 0 & b_{23} & \cdots & b_{2n} \\ 0 & \ddots & \cdots & \cdots & \cdots & \cdots & \ddots & \cdots & \cdots \\ \cdots & \cdots & \ddots & \cdots & \cdots & \cdots & \cdots & \ddots & \cdots \\ 0 & 0 & \cdots & -1 & 0 & 0 & b_{n3} & \cdots & b_{nn} \end{array}\right|$$

繼續此程序，最後可得

$$|P|=\begin{vmatrix} A & C \\ -I_n & 0 \end{vmatrix}$$

固定 $|P|$ 之最後 n 列，利用拉氏展開可得

$$\begin{aligned}|P| &= (-1)^{1+2+\cdots+n+(n-1)+\cdots+2n}\cdot|-I_n|\cdot|C| \\ &= (-1)^{n(2n+1)}\cdot(-1)^n\cdot|C| \\ &= |C| = |AB|\end{aligned}$$

因此，$|A|\cdot|B| = |AB|$

例題 4-3

證明下列爲真。

1. $|ABC| = |A|\cdot|B|\cdot|C|$

2. $|A^n| = |A|^n$

【證】

1. $|ABC| = |(AB)C| = |AB|\cdot|C| = |A|\cdot|B|\cdot|C|$

2. $|A^n| = |A\cdot A\cdots A| = |A|\cdot|A|\cdots|A| = |A|^n$

【問】 已知 n 階方陣 A, B, C 滿足 $AB = C$ 則 $|A|\cdot|B| = |C|$，成立否。

第 4 章 習題

4.1 用首 2 行之方式計算 $|A|=\begin{vmatrix} 1 & 2 & 3 & 4 \\ 2 & 1 & 2 & 1 \\ 0 & 0 & 1 & 1 \\ 3 & 4 & 1 & 2 \end{vmatrix}$

【解】

$$
\begin{aligned}
|A| &= (-1)^{1+2+1+2}\cdot|A_{12}^{12}|\cdot|A_{34}^{34}|+(-1)^{1+2+1+3}|A_{13}^{12}|\cdot|A_{24}^{34}| \\
&+(-1)^{1+2+1+4}|A_{14}^{12}|\cdot|A_{23}^{34}|+(-1)^{1+2+2+3}|A_{23}^{12}|\cdot|A_{14}^{34}| \\
&+(-1)^{1+2+2+4}|A_{24}^{12}|\cdot|A_{13}^{34}|+(-1)^{1+2+3+4}|A_{34}^{12}|\cdot|A_{12}^{34}| \\
&=(-1)^{1+2+1+2}\begin{vmatrix} 1 & 2 \\ 2 & 1 \end{vmatrix}\cdot\begin{vmatrix} 1 & 1 \\ 1 & 2 \end{vmatrix}+(-1)^{1+4+1+2}\begin{vmatrix} 1 & 2 \\ 3 & 4 \end{vmatrix}\cdot\begin{vmatrix} 2 & 1 \\ 1 & 1 \end{vmatrix} \\
&+(-1)^{2+4+1+2}\begin{vmatrix} 2 & 1 \\ 3 & 4 \end{vmatrix}\cdot\begin{vmatrix} 3 & 4 \\ 1 & 1 \end{vmatrix} \\
&=(-3)(1)+(-2)(1)-(5)(-1)=0
\end{aligned}
$$

4.2 若 A,B,C 爲 n 階方陣，證

（1）$|P|=\begin{vmatrix} A & 0 \\ C & B \end{vmatrix}=|A|\cdot|B|$

（2）$|P|=\begin{vmatrix} O & A \\ B & C \end{vmatrix}=(-1)^{n(2n+1)}|A||B|$

【證】

（1）固定 $|P|$ 之首 n 列進行拉氏展開，可得

$$
\begin{aligned}
|P| &= (-1)^{2(1+2+\cdots+n)} \cdot |A| \cdot |B| + 0 \\
&= |A| \cdot |B|
\end{aligned}
$$

（2）固定$|P|$之 n+1 , n+2 , ⋯ , 2n 列進行拉氏展開即可得出

$$
\begin{aligned}
|P| &= (-1)^{(1+2+\cdots+2n)} \cdot |A| \cdot |B| + 0 \\
&= (-1)^{n(2n+1)} |A| \cdot |B|
\end{aligned}
$$

4.3 設 A, B 為 n 階方陣，證以下式子。

1. $\begin{vmatrix} A & B \\ B & A \end{vmatrix} = \begin{vmatrix} A+B & 0 \\ B & A-B \end{vmatrix}$

2. $\begin{vmatrix} A & B \\ B & A \end{vmatrix} = |A+B| \cdot |A-B|$

【證】

1. $\begin{bmatrix} A+B & 0 \\ B & A-B \end{bmatrix} = \begin{bmatrix} I_n & I_n \\ 0 & I_n \end{bmatrix} \cdot \begin{bmatrix} A & B-A \\ B & A-B \end{bmatrix}$

$$
\begin{aligned}
\therefore \begin{vmatrix} A+B & 0 \\ B & A-B \end{vmatrix} &= \begin{vmatrix} I_n & I_n \\ 0 & I_n \end{vmatrix} \cdot \begin{vmatrix} A & B-A \\ B & A-B \end{vmatrix} \\
&= 1 \cdot \begin{vmatrix} A & B-A+A \\ B & A-B+B \end{vmatrix} \\
&= \begin{vmatrix} A & B \\ B & A \end{vmatrix}
\end{aligned}
$$

2. 利用 1.及問題 4.2 知，$\begin{vmatrix} A & B \\ B & A \end{vmatrix} = |A+B| \cdot |A-B|$

4.4 使用首 2 列的子式展開 $\begin{vmatrix} a_1 & a_2 & a_3 & a_4 \\ b_1 & b_2 & b_3 & b_4 \\ a_1 & a_2 & a_3 & a_4 \\ b_1 & b_2 & b_3 & b_4 \end{vmatrix}$，並證明

$$\begin{vmatrix} a_1 & a_2 \\ b_1 & b_2 \end{vmatrix} \cdot \begin{vmatrix} a_3 & a_4 \\ b_3 & b_4 \end{vmatrix} - \begin{vmatrix} a_1 & a_3 \\ b_1 & b_3 \end{vmatrix} \cdot \begin{vmatrix} a_2 & a_4 \\ b_2 & b_4 \end{vmatrix} + \begin{vmatrix} a_1 & a_4 \\ b_1 & b_4 \end{vmatrix} \cdot \begin{vmatrix} a_2 & a_3 \\ b_2 & b_3 \end{vmatrix} = 0$$

4.5 $n \times l$ 階矩陣 A 以行向量 A_i 表示為 $A = [A_1, A_2, \cdots, A_n]'$，$l \times n$ 階矩陣 B 以列向量 B_i 表示為 $B = [B_1, B_2, \cdots, B_n]$

時，則 $|AB| = \begin{vmatrix} A_1B_1 & A_1B_2 & \cdots & A_1B_n \\ A_2B_1 & A_2B_2 & \cdots & A_2B_n \\ \cdots & \cdots & \cdots & \cdots \\ A_nB_1 & A_nB_2 & \cdots & A_nB_n \end{vmatrix}$。

4.6 A, B, C, D 均為 n 階方陣，試證

$$\begin{vmatrix} AB & AD \\ CB & CD \end{vmatrix} = 0$$

【證】

$$\begin{bmatrix} A & 0 \\ C & 0 \end{bmatrix} \begin{bmatrix} B & D \\ 0 & 0 \end{bmatrix} = \begin{bmatrix} AB & AD \\ CB & CD \end{bmatrix}$$

$$\begin{vmatrix} A & 0 \\ C & 0 \end{vmatrix} \cdot \begin{vmatrix} B & D \\ 0 & 0 \end{vmatrix} = \begin{vmatrix} AB & AD \\ CB & CD \end{vmatrix} = 0$$

矩陣及行列式之微分

定義 5-1

$m \times n$ 矩陣 $A=[a_{ij}]$ 的各元素爲 x 的函數時，定義 A 對 x 的微分如下：

$$\frac{dA}{dx}=\begin{bmatrix} \frac{da_{11}}{dx} & \frac{da_{12}}{dx} & \cdots & \frac{da_{1n}}{dx} \\ \frac{da_{21}}{dx} & \frac{da_{22}}{dx} & \cdots & \frac{da_{2n}}{dx} \\ \vdots & \vdots & \cdots & \vdots \\ \frac{da_{m1}}{dx} & \frac{da_{m2}}{dx} & \cdots & \frac{da_{mn}}{dx} \end{bmatrix}$$

定理 5-1

A,B 爲同階矩陣則

1. $\frac{d}{dx}(A+B)=\frac{dA}{dx}+\frac{dB}{dx}$　　***2.*** $\frac{d}{dx}(AB)=\frac{dA}{dx}\cdot B+A\cdot\frac{dB}{dx}$

【證】

1. 設 $A=[a_{ij}(x)]$, $B=[b_{ij}(x)]$ 均爲 $m\times n$ 矩陣。

$$\frac{d(A+B)}{dx}=\left[\frac{d}{dx}(a_{ij}(x)+b_{ij}(x))\right]=\left[\frac{da_{ij}(x)}{dx}+\frac{db_{ij}(x)}{dx}\right]$$
$$=\left[\frac{da_{ij}(x)}{dx}\right]+\left[\frac{db_{ij}(x)}{dx}\right]$$
$$=\frac{dA}{dx}+\frac{dB}{dx}$$

2. 設 $A=[a_{ij}(x)]$ 爲 $m\times p$ 矩陣，$B=[b_{ij}(x)]$ 爲 $p\times n$ 矩陣

令 $A\cdot B=C$，C 爲 $m\times p$ 矩陣其 $c_{ij}(x)$ 爲

$$c_{ij}(x)=\sum_{k=1}^{p}a_{ik}(x)\cdot b_{kj}(x)$$
$$\frac{dc_{ij}(x)}{dx}=\sum_{k=1}^{p}\left[\frac{da_{ij}(x)}{dx}b_{kj}(x)+a_{ik}(x)\frac{db_{ij}(x)}{dx}\right]$$
$$=\sum_{k=1}^{p}\cdot\frac{da_{ij}(x)}{dx}b_{kj}(x)+\sum_{k=1}^{p}a_{ik}(x)\cdot\frac{db_{ij}(x)}{dx}$$

$$\therefore\frac{d(AB)}{dx}=\frac{dA}{dx}\cdot B+A\cdot\frac{dB}{dx}$$

定理 5-2

已知 A^{-1} 爲 A 的逆矩陣，A' 爲 A 的轉置矩陣，則

1. $\dfrac{dA^{-1}}{dx}=-A^{-1}\dfrac{dA}{dx}A^{-1}$

2. $\dfrac{d(A')}{dx}=\left(\dfrac{dA}{dx}\right)'$

【證】

1. $\because \quad A \cdot A^{-1} = I_n$

$$\therefore \quad \frac{d}{dx}(A \cdot A^{-1}) = \frac{dA}{dx} \cdot A^{-1} + A \cdot \frac{dA^{-1}}{dx}$$

$$\frac{dI_n}{dx} = 0$$

$$\therefore \quad A\frac{dA^{-1}}{dx} = -\frac{dA}{dx} \cdot A^{-1}$$

於兩邊的左方乘 A^{-1}，則

$$\frac{dA^{-1}}{dx} = -A^{-1} \cdot \frac{dA}{dx} \cdot A^{-1}$$

2. $\because \quad A = [a_{ij}]_{n \times p}$，$\therefore A' = [a_{ji}]_{p \times n}$

$$\frac{dA'}{dx} = \left[\frac{da_{ji}}{dx}\right]_{p \times n} = \left[\frac{da_{ij}}{dx}\right]'_{n \times p}$$

$$= \left(\frac{dA}{dx}\right)'$$

例題 5-1

試證下列爲真。

1. $\dfrac{dA}{da_{ij}} = J_{ij}$，如 A 爲對稱則 $\dfrac{dA}{da_{ij}} = J_{ij} + J_{ji}$

2. $\dfrac{dA^{-1}}{da_{ij}} = -A^{-1} \cdot J_{ij} \cdot A^{-1}$

【證】

1. $$\frac{dA}{da_{ij}}=\begin{bmatrix}\frac{da_{11}}{da_{ij}} & \cdots & \cdots & \cdots & \frac{da_{1n}}{da_{ij}}\\ \vdots & \vdots & \vdots & \vdots & \vdots\\ \frac{da_{i1}}{da_{ij}} & \cdots & \frac{da_{ij}}{da_{ij}} & \cdots & \frac{da_{in}}{da_{ij}}\\ \vdots & \vdots & \vdots & \vdots & \vdots\\ \frac{da_{n1}}{da_{ij}} & \cdots & \cdots & \cdots & \frac{da_{nn}}{da_{ij}}\end{bmatrix}=\begin{bmatrix}0 & \cdots & \cdots & \cdots & 0\\ \vdots & \vdots & \vdots & \vdots & \vdots\\ 0 & \cdots & 1 & \cdots & 0\\ \vdots & \vdots & \vdots & \vdots & \vdots\\ 0 & \cdots & \cdots & \cdots & 0\end{bmatrix}=J_{ij}$$

如 A 爲對稱

則 $$\frac{dA}{da_{ij}}=\begin{bmatrix}0 & \cdots & \cdots & \cdots & \cdots & \cdots & 0\\ 0 & \cdots & \cdots & \cdots & 1 & \cdots & 0\\ \vdots & \vdots & \vdots & \vdots & \vdots & \vdots & \vdots\\ 0 & \cdots & 1 & \cdots & \cdots & \cdots & 0\\ \vdots & \vdots & \vdots & \vdots & \vdots & \vdots & \vdots\\ 0 & \cdots & \cdots & \cdots & \cdots & \cdots & 0\end{bmatrix}=J_{ij}+J_{ji}$$

2. $$\frac{dA^{-1}}{da_{ij}}=-A^{-1}\frac{dA}{da_{ij}}A^{-1}=-A^{-1}J_{ij}A^{-1}$$

【問】如 A 為對稱，$\frac{dA^{-1}}{da_{ij}}=-A^{-1}(J_{ij}+J_{ji})\cdot A^{-1}$ 是否為真。

定義 5-2

設 $f(X)$ 爲向量

$$X=\begin{bmatrix}x_1\\ x_2\\ \vdots\\ x_n\end{bmatrix}$$

的函數，定義 $f(X)$ 對 X 的微分為

$$\frac{\partial f(X)}{\partial X}=\begin{bmatrix}\dfrac{\partial f(X)}{\partial x_1}\\ \dfrac{\partial f(X)}{\partial x_2}\\ \vdots \\ \dfrac{\partial f(X)}{\partial x_n}\end{bmatrix}$$

又此定義可擴張為 $m\times n$ 矩陣 Y 的函數 $g(Y)$。

定義 5-3

設 $g(Y)$ 為矩陣 Y 的函數，則

$$\frac{\partial g(Y)}{\partial Y}=\begin{bmatrix}\dfrac{\partial g(Y)}{\partial y_{11}} & \cdots & \dfrac{\partial g(Y)}{\partial y_{1n}}\\ \vdots & \cdots & \vdots \\ \dfrac{\partial g(Y)}{\partial y_{m1}} & \cdots & \dfrac{\partial g(Y)}{\partial y_{mn}}\end{bmatrix}$$，其中 $Y=[\ y_{ij}\ ]_{m\times n}$。

例題 5-2

n 階矩陣 A 的2次形式 $A(X\ ,\ X)=X'\cdot A\cdot X$，可視為 X 的函數，試證下列為真。

1. $\dfrac{\partial(X'\cdot A\cdot X)}{\partial X}=AX+A'X$，如 A 為對稱則為 $2AX$

2. $\dfrac{\partial(X'\cdot A\cdot X)}{\partial A}=X\cdot X'$

【證】

1. 設 $A=\begin{bmatrix} a_{11} & a_{12} \\ a_{21} & a_{22} \end{bmatrix}, X=\begin{bmatrix} x_1 \\ x_2 \end{bmatrix}$

則 $X \cdot A \cdot X = [x_1 \quad x_2]\begin{bmatrix} a_{11} & a_{12} \\ a_{21} & a_{22} \end{bmatrix}\begin{bmatrix} x_1 \\ x_2 \end{bmatrix}$

$$=[a_{11}x_1^2 + a_{12}x_1x_2 + a_{21}x_1x_2 + a_{22}x_2^2]$$

$$\frac{\partial(X' \cdot A \cdot X)}{\partial X} = \begin{bmatrix} \dfrac{\partial X' \cdot AX}{\partial x_1} \\ \dfrac{\partial X' \cdot AX}{\partial x_2} \end{bmatrix} = \begin{bmatrix} 2a_{11}x_1 + a_{12}x_2 + a_{21}x_2 \\ a_{12}x_1 + a_{21}x_1 + 2a_{22}x_2 \end{bmatrix}$$

$$=\begin{bmatrix} a_{11}x_1 + a_{12}x_2 \\ a_{21}x_1 + a_{22}x_2 \end{bmatrix} + \begin{bmatrix} a_{11}x_1 + a_{21}x_2 \\ a_{12}x_1 + a_{22}x_2 \end{bmatrix}$$

$$=\begin{bmatrix} a_{11} & a_{12} \\ a_{21} & a_{22} \end{bmatrix}\begin{bmatrix} x_1 \\ x_2 \end{bmatrix} + \begin{bmatrix} a_{11} & a_{21} \\ a_{12} & a_{22} \end{bmatrix}\begin{bmatrix} x_1 \\ x_2 \end{bmatrix}$$

$$= AX + A'X$$

如 A 爲對稱，則 $A = A'$ ，$\therefore \dfrac{\partial X'AX}{\partial X} = 2AX$

2. $$\frac{\partial(X' \cdot A \cdot X)}{\partial A} = \begin{bmatrix} \dfrac{\partial X'AX}{\partial a_{11}} & \dfrac{\partial X'AX}{\partial a_{12}} \\ \dfrac{\partial X'AX}{\partial a_{21}} & \dfrac{\partial X'AX}{\partial a_{22}} \end{bmatrix}$$

$$=\begin{bmatrix} x_1^2 & x_1x_2 \\ x_1x_2 & x_2^2 \end{bmatrix} = \begin{bmatrix} x_1 \\ x_2 \end{bmatrix}[x_1 \quad x_2] = X \cdot X'$$

定理 5-3

設 n 階方陣 $A=[a_{ij}]$ 其成分 a_{ij} 對 x 爲可微分，則

$$\frac{d}{dx}|A(x)|=\begin{vmatrix} \frac{da_{11}}{dx} & \dots & \frac{da_{1n}}{dx} \\ a_{21} & \cdots & a_{22} \\ \vdots & \cdots & \vdots \\ a_{n1} & \cdots & a_{nn} \end{vmatrix}+\begin{vmatrix} a_{11} & \cdots & a_{1n} \\ \frac{da_{21}}{dx} & \cdots & \frac{da_{2n}}{dx} \\ \vdots & \cdots & \vdots \\ a_{n1} & \cdots & a_{nn} \end{vmatrix}+\cdots+\begin{vmatrix} a_{11} & \cdots & a_{1n} \\ a_{21} & \cdots & a_{2n} \\ \vdots & \cdots & \vdots \\ \frac{da_{n1}}{dx} & \cdots & \frac{da_{nn}}{dx} \end{vmatrix}$$

【證】

由定義知

$$\frac{d|A|}{dx}=\sum_{n!}\in_{j_1j_2\cdots j_n}\left(\frac{da_{1j_1}}{dx}\right)a_{2j_2}\cdots a_{nj_n}+\sum_{n!}\in_{j_1j_2\cdots j_n}a_{1j_1}\left(\frac{da_{2j_2}}{dx}\right)\cdots a_{nj_n}$$

$$+\cdots+\sum_{n!}\in_{j_1j_2\cdots j_n}a_{1j_1}a_{2j_2}\cdots\left(\frac{da_{nj_n}}{dx}\right)$$

$$=\begin{vmatrix} \frac{da_{11}}{ax} & \dots & \frac{da_{1n}}{ax} \\ a_{21} & \cdots & a_{2n} \\ \vdots & \cdots & \vdots \\ a_{n1} & \cdots & a_{nn} \end{vmatrix}+\cdots+\begin{vmatrix} a_{11} & \cdots & a_{1n} \\ a_{21} & \cdots & a_{2n} \\ \vdots & \cdots & \vdots \\ \frac{da_{n1}}{dx} & \cdots & \frac{da_{nn}}{dx} \end{vmatrix}$$

例題 5-3

試證 $\frac{\partial|A|}{\partial a_{ij}}=\alpha_{ij}$

【證】

由行列式之定義知，$|A|=a_{i1}\alpha_{i1}+a_{i2}+\alpha_{i2}+\cdots+a_{ij}\alpha_{ij}+\cdots+a_{in}\alpha_{in}$

其中 α_{ij} 爲 a_{ij} 的餘因式，

$$\therefore \frac{\partial |A|}{\partial a_{ij}} = \alpha_{ij}$$

例題 5-4

設 $|A| = \begin{vmatrix} x^n & e^x \\ \ln x & x^x \end{vmatrix}$，試求 $\dfrac{d|A|}{dx}$。

【解】

$$\frac{d}{dx}\begin{vmatrix} x^n & e^x \\ \ln x & x^x \end{vmatrix} = \begin{vmatrix} nx^{n-1} & e^x \\ \ln x & x^x \end{vmatrix} + \begin{vmatrix} x^n & e^x \\ \dfrac{1}{x} & x^x(1+\ln x) \end{vmatrix}$$

【註】 $x^x = e^{\ln x^x} = e^{x\ln x}$，$\therefore \dfrac{dx^x}{dx} = e^{x\ln x}(1+\ln x)$

定義 5-4

一個 $m \times n$ 階的矩陣 $A=[a_{ij}]$，其中 a_{ij} 均爲 x 的函數，定義 A 的積分元素是 A 的元素之積分。

即，$$\int A dt = \begin{bmatrix} \int a_{11}dt & \int a_{12}dt & \cdots & \int a_{1n}dt \\ \vdots & \vdots & \cdots & \vdots \\ \int a_{n1}dt & \int a_{n2}dt & \cdots & \int a_{nn}dt \end{bmatrix} + C$$

【註】 由於矩陣的積分較少應用，故本書省略。

例題 5-5

$$A=\begin{bmatrix}1 & e^t \\ t & t^3\end{bmatrix}$$

試求 $\int A dt$

【解】

則 $\int A dt=\begin{bmatrix}\int 1 dt & \int e^t dt \\ \int t dt & \int t^3 dt\end{bmatrix}$

$$=\begin{bmatrix}t & e^t \\ \dfrac{t^2}{2} & \dfrac{t^4}{4}\end{bmatrix}+C$$

其中 C 爲未定常數矩陣，而階同 A。

【問】

1. $\int (A+B)dt=\int A dt+\int B dt$，可否成立？

2. $\int (A\cdot B)dt=[\int A dt]\cdot B+A\cdot[\int B dt]$，可否成立？

第 5 章 習題

5.1 已知 $|A|=\begin{vmatrix} 3 & 2+x \\ x^2+1 & 1+x+2x^2 \end{vmatrix}$，試求 $\dfrac{d|A|}{dx}$ 之值

5.2 知 $A=[a_{ij}], B=[b_{ij}]$ 為同階且 a_{ij}, b_{ij} 均對 x 為可微分，則證 $\dfrac{d}{dx}(\lambda A+\mu B)=\lambda\dfrac{dA}{dx}+\mu\dfrac{dB}{dx}$

5.3 已知 $A=[a_{ij}], B=[b_{ij}]$ 均為 n 階方陣且 a_{ij}, b_{ij} 均對 x 可微分，說明下式成立否。

$$\frac{d}{dx}|AB|=\frac{d|A|}{dx}\cdot|B|+|A|\cdot\frac{d|B|}{dx}$$

5.4 已知 $A=[a_{ij}], B=[b_{ij}]$ 均為 n 階方陣，A', B' 為 A, B 的轉置矩陣，且 a_{ij}, b_{ij} 均對 x 可微分，說明下式成立否。

1. $\dfrac{d(A+B)'}{dx}=\dfrac{dA'}{dx}+\dfrac{dB'}{dx}$
2. $\dfrac{d(AB)'}{dx}=\dfrac{dB'}{dx}\cdot A'+B'\cdot\dfrac{dA'}{dx}$
3. $\dfrac{dA^{-1}}{dx}=(\dfrac{dA}{dx})^{-1}$
4. $\dfrac{d(A^{-1}\cdot B^{-1})}{dx}=\dfrac{dA^{-1}}{dx}\cdot B^{-1}+A^{-1}\cdot\dfrac{dB^{-1}}{dx}$
5. $\dfrac{dT_rA}{dx}=\sum_{i=1}^{n}\dfrac{da_{ii}}{dx}$
6. $\dfrac{dT_r(A+B)}{dx}=\sum_{i=1}^{n}\dfrac{d}{dx}(a_{ii}+b_{ii})$

5.5 設 $A=[a_{ij}]$ 爲 n 階方陣且 a_{ij} 對 x 可微分，令 $A^0=1$，證

$$\frac{dA^n}{dx}=\sum_{i=1}^{n}A^{i-1}\frac{dA}{dx}A^{n-i}$$

(注意：$\frac{dA^n}{dx}=nA^{n-1}\frac{dA}{dx}$ 是不正確的。)

5.6 設 $A=[a_{ij}]$ 爲 n 階方陣且 a_{ij} 對 x 可微分，λ 爲純量，證

$$\frac{d(\lambda A)}{dx}=\lambda\cdot\frac{dA}{dx}$$

5.7 試證 $\frac{d\,|A^{-1}|}{dx}=-\frac{1}{|A|^2}\frac{d\,|A|}{dx}$

【解】

利用 $\frac{d}{x}(\frac{u}{v})=\frac{1}{v^2}(\frac{du}{dx}\cdot v-u\frac{dv}{dx})$，求解即可。

5.8 已知 $A=\begin{bmatrix}1 & 0\\ 0 & 2\end{bmatrix}$，則 $e^A=\begin{bmatrix}e & 0\\ 0 & e^2\end{bmatrix}$

5.9 試證：

1. $\frac{\partial Y'AX}{\partial Y}=AX$

2. $\frac{\partial Y'AX}{\partial X}=A'Y$

5.10 已知迴歸方程式的 n 組數據如下：

$$y_1=\beta_0+\beta_1x_{11}+\beta_2x_{12}+\cdots+\beta_px_{1p}+e_1$$
$$\vdots$$
$$y_n=\beta_0+\beta_1x_{n1}+\beta_2x_{n2}+\cdots+\beta_px_{np}+e_n$$

令$Y=\begin{bmatrix} y_1 \\ y_2 \\ \vdots \\ y_n \end{bmatrix}$，$X=\begin{bmatrix} 1 & x_{11} & \cdots & x_{1p} \\ 1 & x_{21} & \cdots & x_{2p} \\ \vdots & \vdots & \vdots & \vdots \\ x_{n1} & x_{n2} & \cdots & x_{np} \end{bmatrix}$，$\beta=\begin{bmatrix} \beta_0 \\ \beta_1 \\ \vdots \\ \beta_p \end{bmatrix}$，$e=\begin{bmatrix} e_1 \\ e_2 \\ \vdots \\ e_n \end{bmatrix}$

則以矩陣表示如下：

$Y = X\beta + e$

今誤差平方和$e'e = (Y - X\beta)'(Y - X\beta) = J$

試求$\frac{dJ}{d\beta} = (X'X)^{-1}X'Y$。

對　等

定義 6-1

一非零矩陣 A 之秩 (Rank) 爲 r，如其中至少有一個 r 階方子式不爲零，而每一個 $(r+1)$ 及以上階的方子式如有則爲零。一零矩陣之秩即爲 0。

【問】1.對於 $A_{m\times n}$ 的非零矩陣來說，$RankA \le \min(m,n)$ 成立否？

2. $Rank(A+B) \le RankA + RankB$ 成立否？

例題 6-1

$A=\begin{bmatrix}1&2&3\\2&3&4\\3&5&7\end{bmatrix}$ 之秩爲 2，因爲 $\begin{vmatrix}1&2\\2&3\end{vmatrix}=-1\neq 0$，而 $|A|=0$

定義 6-2

一 n 階方陣 A 如其秩 $r=n$，亦即 $|A|\neq 0$，則 A 稱爲非奇異 (nonsingular)。否則，A 稱爲奇異 (singular)。

例題 6-2

$$A=\begin{bmatrix}1 & 2 & 3\\ 2 & 3 & 4\\ 3 & 5 & 7\end{bmatrix}$$ 爲奇異矩陣，因 $|A|=0$。

$$B=\begin{bmatrix}1 & 2 & 4\\ 4 & 5 & 6\\ 7 & 8 & 9\end{bmatrix}$$，因 $|B|\neq 0$，故爲非奇異矩陣。

☞【性質】

兩個或較多之非奇異 n 階方陣之乘積仍爲非奇異；如其中最少有一矩陣爲奇異，則其乘積爲奇異。

【說明】

由 $|AB|=|A|\cdot|B|$ 知

如 A,B 爲非奇異，即 $|A|\neq 0,|B|\neq 0$

所以 $|AB|\neq 0$，$\therefore AB$ 爲非奇異。

【問】

矩陣 A 之轉置矩陣設爲 A' 時，則

$$rank(A)=rank(A'A)=rank(AA')$$

是否成立？

定義 6-3

下列對一矩陣之運算不會改變其階或秩，稱 爲初等變換 (Elementary transformations)。

1. 第 i 列與第 j 列變換，以 H_{ij} 表示。

第 i 行與第 j 行變換，以 K_{ij} 表示。

2. 以一非零純量 k 乘第 i 列之每一元素，以 $H_i(k)$ 表示。

以一非零純量 k 乘第 i 行之每一元素，以 $K_i(k)$ 表示。

3. 以純量 k 乘第 j 列之諸元素再與第 i 列之諸對應元素相加，以 $H_{ij}(k)$ 表示。

以純量 k 乘第 j 行之諸元素再與第 i 行之諸對應元素相加，以 $K_{ij}(k)$ 表示。

定義 6-4

初等變換之逆變換爲一種使初等變換之效果解除之運算，亦即一矩陣 A 經一初等變換後所得之矩陣，再經此初等變換之逆變換，則最後之結果仍爲矩陣 A。

例題 6-3

1. $A=\begin{bmatrix}1&2&3\\4&5&6\\7&8&9\end{bmatrix}\xrightarrow{H_{12}}\begin{bmatrix}4&5&6\\1&2&3\\7&8&9\end{bmatrix}\xrightarrow{H_{12}^{-1}=H_{12}}\begin{bmatrix}1&2&3\\4&5&6\\7&8&9\end{bmatrix}$

2. $A=\begin{bmatrix}1&2&3\\4&5&6\\7&8&9\end{bmatrix}\xrightarrow{H_{21}(2)}\begin{bmatrix}1&2&3\\6&9&12\\7&8&9\end{bmatrix}\xrightarrow{H_{21}^{-1}(2)=H_{21}(-2)}\begin{bmatrix}1&2&3\\4&5&6\\7&8&9\end{bmatrix}$

3. $A=\begin{bmatrix}1&2&3\\4&5&6\\7&8&9\end{bmatrix}\xrightarrow{H_2(2)}\begin{bmatrix}1&2&3\\8&10&12\\7&8&9\end{bmatrix}\xrightarrow{H_2^{-1}(2)=H_2\left(\frac{1}{2}\right)}\begin{bmatrix}1&2&3\\4&5&6\\7&8&9\end{bmatrix}$

☞ **【性質】**

一初等變換之逆變換為同形式之初等變換。即

1. $H_{ij}^{-1}=H_{ij} \qquad K_{ij}^{-1}=K_{ij}$

2. $H_i^{-1}(k)=H_i\left(\dfrac{1}{k}\right) \qquad K_i^{-1}(k)=K_i\left(\dfrac{1}{k}\right)$

3. $H_{ij}^{-1}(k)=H_{ij}(-k) \qquad K_{ij}^{-1}(k)=K_{ij}(-k)$

定義 6-5

兩矩陣 A 與 B，如其中之一能由另一矩陣經一序列的初等變換而得，則稱兩矩陣為對等 (Equivalent)，記成 $A\sim B$。因之諸對等矩陣為同階且同秩。

例題 6-4

$$A=\begin{bmatrix}1 & 2 & -1 & 4\\ 2 & 4 & 3 & 5\\ -1 & -2 & 6 & -7\end{bmatrix}\overset{H_{21}(-2)}{\sim}\begin{bmatrix}1 & 2 & -1 & 4\\ 0 & 0 & 3 & -3\\ -1 & -2 & 6 & -7\end{bmatrix}$$

$$\overset{H_{31}(1)}{\sim}\begin{bmatrix}1 & 2 & -1 & 4\\ 0 & 0 & 3 & -3\\ 0 & 0 & 5 & -3\end{bmatrix}\overset{H_{31}(-1)}{\sim}\begin{bmatrix}1 & 2 & -1 & 4\\ 0 & 0 & 5 & -3\\ 0 & 0 & 0 & 0\end{bmatrix}=B$$

【說明】

因 B 所有的 3 階方子式均爲零，而 $\begin{vmatrix}-1 & 4\\ 5 & -3\end{vmatrix}\neq 0$，故 B 之秩爲 2，因之 A 秩爲 2。

定義 6-6

任一 r 秩之非零矩陣 A 與另一矩陣 C 對等時，如 C 滿足以下 4 條件，則 C 稱爲典型矩陣 (Canonical Matrix)。

1. 首 r 列中每列有一個或較多個元素爲不爲零，而其他列如有，只有零元素。
2. 第 i 列 $(i=1,\cdots,r)$ 第一個非零元素爲 1，今此元素所在之行號以 j_i 表示。
3. $j_1<j_2<\cdots j_r$
4. 第 j_i 行 $(i=1,2,\cdots,r)$ 中唯非零元素即爲第 i 列之元素 1。

例題 6-5

$$A=\begin{bmatrix}1&2&-1&4\\2&4&3&5\\-1&-2&6&-7\end{bmatrix}\overset{H_{21}(-2)}{\sim}\begin{bmatrix}1&2&-1&4\\0&0&5&-3\\-1&-2&6&-7\end{bmatrix}\overset{H_{31}(1)}{\sim}\begin{bmatrix}1&2&-1&4\\0&0&5&-3\\0&0&5&-3\end{bmatrix}$$

$$\overset{H_{21}\left(\frac{1}{5}\right)}{\sim}\begin{bmatrix}1&2&-1&4\\0&0&1&\frac{-3}{5}\\0&0&5&-3\end{bmatrix}\overset{H_{12}(1)}{\sim}\begin{bmatrix}1&2&0&\frac{17}{5}\\0&0&1&\frac{-3}{5}\\0&0&5&-3\end{bmatrix}\overset{H_{32}(-5)}{\sim}\begin{bmatrix}1&2&0&\frac{17}{5}\\0&0&1&\frac{-3}{5}\\0&0&0&0\end{bmatrix}$$

，此時 $\begin{bmatrix}1&2&0&\frac{17}{5}\\0&0&1&\frac{-3}{5}\\0&0&0&0\end{bmatrix}$ 即為典型矩陣 C。

例題 6-6

判斷下列矩陣是否爲典型矩陣。

1. $\begin{bmatrix} 1 & 0 & 0 & 3 \\ 0 & 0 & 1 & 0 \\ 0 & 0 & 0 & 1 \end{bmatrix}$，不是典型矩陣 (爲什麼？)

2. $\begin{bmatrix} 1 & 0 & 0 & 3 \\ 0 & 0 & 1 & 0 \\ 0 & 0 & 0 & 0 \end{bmatrix}$，是典型矩陣。

3. $\begin{bmatrix} 1 & 0 & 0 & 0 & 3 \\ 0 & 0 & 0 & 1 & 2 \\ 0 & 1 & 0 & 0 & 4 \end{bmatrix}$，不是典型矩陣 (爲什麼？)

4. $\begin{bmatrix} 1 & 0 & 0 & 0 & 3 \\ 0 & 1 & 0 & 0 & 4 \\ 0 & 0 & 0 & 1 & 2 \end{bmatrix}$，是典型矩陣。

定義 6-7

任一 $r\,(>0)$ 秩之矩陣 A 經初等變換，能化成下列諸式之一，稱爲 A 的正規式 (Normal form)。

$$I_r\,,\begin{bmatrix} I_r & 0 \\ 0 & 0 \end{bmatrix},[I_r\,,0],\begin{bmatrix} I_r \\ 0 \end{bmatrix}$$

而此等諸矩陣稱爲正規矩陣。

例題 6-7

設矩陣 A 的階爲 $m\times n$，其秩爲 r，其正規式爲何？

【解】

1. 如 $m<n$

$$A\sim\begin{bmatrix}I_r & 0\end{bmatrix},\begin{bmatrix}I_r & 0\\ 0 & 0\end{bmatrix}$$

2. 如 $m=n$

$$A\sim I_r\,,\begin{bmatrix}I_r & 0\\ 0 & 0\end{bmatrix}$$

3. 如 $m>n$

$$A\sim\begin{bmatrix}I_r\\ 0\end{bmatrix},\begin{bmatrix}I_r & 0\\ 0 & 0\end{bmatrix}$$

例題 6-8

1. 設矩陣 A 的階為 3×5，其正規式為何？

$$A\sim\begin{bmatrix}I_3\,,0\end{bmatrix}\begin{bmatrix}I_3 & 0\\ 0 & 0\end{bmatrix}$$

2. 設矩陣 A 的階為 3×5，其秩為 2，其正規式為何？

$$A\sim\begin{bmatrix}I_2 & 0\\ 0 & 0\end{bmatrix}$$

3. 設矩陣 A 的階為 3×5，其秩為 3，其正規式為何？

$$A\sim\begin{bmatrix}I_3 & 0\end{bmatrix}$$

4. 設矩陣 A 的階為 3×5，其秩為 1，其正規式為何？

$$A\sim\begin{bmatrix}I_1 & 0\\ 0 & 0\end{bmatrix}$$

定義 6-8

當一初等列 (行) 變換應用於單位矩陣 (Identity matrix) I_n 中所產生之矩陣稱爲初等矩陣 (Elementary Matrix)。對於此初等矩陣，使用產生此矩陣之初等變換的記號來表示。

例題 6-9

由 $I_3=\begin{bmatrix}1&0&0\\0&1&0\\0&0&1\end{bmatrix}$ 所得之初等矩陣，譬如

$$I_3=\begin{bmatrix}1&0&0\\0&1&0\\0&0&1\end{bmatrix}\underset{K_{12}}{\overset{H_{12}}{\sim}}\begin{bmatrix}0&1&0\\1&0&0\\0&0&1\end{bmatrix}=H_{12}=K_{12}$$

$$I_3=\begin{bmatrix}1&0&0\\0&1&0\\0&0&1\end{bmatrix}\underset{K_3(k)}{\overset{H_3(k)}{\sim}}\begin{bmatrix}1&0&0\\0&1&0\\0&0&k\end{bmatrix}=H_3(k)=K_3(k)$$

$$I_3=\begin{bmatrix}1&0&0\\0&1&0\\0&0&1\end{bmatrix}\underset{K_{32}(k)}{\overset{H_{23}(k)}{\sim}}\begin{bmatrix}1&0&0\\0&1&k\\0&0&1\end{bmatrix}=H_{23}(k)=K_{32}(k)$$

【問】每一初等矩陣為非奇異 (為什麼？)

例題 6-10

$$A=\begin{bmatrix}1&2&3\\4&5&6\\7&8&9\end{bmatrix}\overset{H_{12}}{\sim}\begin{bmatrix}4&5&6\\1&2&3\\7&8&9\end{bmatrix}=B$$

如以初等矩陣表示時，由於

$$H_{12}\cdot A=\begin{bmatrix}0&1&0\\1&0&0\\0&0&1\end{bmatrix}\begin{bmatrix}1&2&3\\4&5&6\\7&8&9\end{bmatrix}=\begin{bmatrix}4&5&6\\1&2&3\\7&8&9\end{bmatrix}=B$$

$$A\cdot H_{12}=\begin{bmatrix}1&2&3\\4&5&6\\7&8&9\end{bmatrix}\begin{bmatrix}0&1&0\\1&0&0\\0&0&1\end{bmatrix}=\begin{bmatrix}2&1&3\\5&4&6\\8&7&9\end{bmatrix}\neq B$$

因之 $A\overset{H_{12}}{\sim}B\Leftrightarrow H_{12}\cdot A=B$。同理，如 $A\overset{K_{12}}{\sim}C\Leftrightarrow AK_{12}=C$。

☞【性質】

1. $A\overset{H_1H_2\cdots H_S}{\sim}B\Leftrightarrow H_S\cdots H_2H_1A=B$，式中 $H_i\ (i=1,2,\cdots,s)$ 爲三種列變換之任一種。

2. $A\overset{K_1K_2\cdots K_t}{\sim}B\Leftrightarrow A\cdot K_1K_2\cdots K_t=B$，式中 $K_i\ (i=1,2,\cdots,t)$ 爲三種行變換之任一種。

3. $A\overset{H_1H_2\cdots H_S}{\sim}B\overset{K_1K_2\cdots K_t}{\sim}C\Leftrightarrow H_S\cdots H_2H_1A\,K_1K_2\cdots K_t=C$。

例題 6-11

當 $A=\begin{bmatrix}1&2&-1&2\\2&5&-2&3\\1&2&1&2\end{bmatrix}\overset{H_{31}(-1)}{\sim}\begin{bmatrix}1&2&-1&2\\2&5&-2&3\\0&0&2&0\end{bmatrix}\overset{H_{21}(-2)}{\sim}\begin{bmatrix}1&2&-1&-2\\0&1&0&-1\\0&0&2&0\end{bmatrix}$

$\overset{K_{21}(-2)}{\sim}\begin{bmatrix}1&0&-1&-2\\0&1&0&-1\\0&0&2&0\end{bmatrix}\overset{K_{31}(1)}{\sim}\begin{bmatrix}1&0&0&-2\\0&1&0&-1\\0&0&2&0\end{bmatrix}\overset{K_{41}(-2)}{\sim}\begin{bmatrix}1&0&0&0\\0&1&0&-1\\0&0&2&0\end{bmatrix}$

$$\overset{K_{42}(1)}{\sim}\begin{bmatrix}1&0&0&0\\0&1&0&0\\0&0&2&0\end{bmatrix}\overset{K_3\left(\frac{1}{2}\right)}{\sim}\begin{bmatrix}1&0&0&0\\0&1&0&0\\0&0&1&0\\&&&\end{bmatrix}=B$$

$\therefore H_{31}(-1)\cdot H_{21}(-2)\cdot A\cdot K_{21}(-2)\cdot K_{31}(1)\cdot K_{41}(-2)\cdot K_{42}(1)\cdot K_3\left(\frac{1}{2}\right)$

$=B$

$\therefore P\cdot A\cdot Q=B$

☞【性質】

1.兩矩陣 A 與 B 爲對等之主要條件爲存在有非奇異矩陣 P 與 Q 使得 $P\cdot A\cdot Q=B$

2.如 A 爲一 n 階非奇異矩陣，則存在有非奇異矩陣 P 與 Q 使得 $P\cdot A\cdot Q=I_n$

3. .如 A 爲任一 n 階矩陣，則存在有非奇異矩陣 P 與 Q 使得 $P\cdot A\cdot Q=N$

例題 6-12

化 $A=\begin{bmatrix}1&2&3&-2\\2&-2&1&3\\3&0&4&1\end{bmatrix}$ 爲正規式，試求 P 、Q 以使 $P\cdot A\cdot Q=N$ 。

【解】

$$\begin{array}{cccc:ccc} 1&0&0&0&&&\\ 0&1&0&0&&&\\ 0&0&1&0&&&\\ 0&0&0&1&&&\\ \hdashline 1&2&3&-2&1&0&0\\ 2&-2&4&3&0&1&0\\ 3&0&4&1&0&0&1 \end{array} \rightarrow \begin{array}{cccc:ccc} 1&0&0&0&&&\\ 0&1&0&0&&&\\ 0&0&1&0&&&\\ 0&0&0&0&&&\\ \hdashline 1&2&3&-2&1&0&0\\ 0&-6&-5&7&-2&1&0\\ 0&-6&-5&7&-3&0&1 \end{array}$$

$$\rightarrow \begin{array}{cccc:ccc} 1&-2&-3&2&&&\\ 0&1&0&0&&&\\ 0&0&1&0&&&\\ 0&0&0&1&&&\\ \hdashline 1&0&0&0&1&0&0\\ 0&-6&-5&7&-2&1&0\\ 0&-6&-5&7&-3&0&1 \end{array} \rightarrow \begin{array}{cccc:ccc} 1&-2&-3&2&&&\\ 0&1&0&0&&&\\ 0&0&0&1&&&\\ 0&0&0&1&&&\\ \hdashline 1&0&0&0&1&0&0\\ 0&-6&-5&7&-2&1&0\\ 0&0&0&0&-1&-1&1 \end{array}$$

$$\rightarrow \begin{array}{cccc:ccc} 1&1/3&-3&2&&&\\ 0&-1/6&0&0&&&\\ 0&0&1&0&&&\\ 0&0&0&1&&&\\ \hdashline 1&0&0&0&1&0&0\\ 0&1&-5&7&-2&1&0\\ 0&0&0&0&-1&-1&1 \end{array} \rightarrow \begin{array}{cccc:ccc} 1&1/3&-4/3&-1/3&&&\\ 0&-1/6&-5/6&7/6&&&\\ 0&0&1&0&&&\\ 0&0&0&1&&&\\ \hdashline 1&0&0&0&1&0&0\\ 0&1&0&0&-2&1&0\\ 0&0&0&0&-1&-1&1 \end{array}$$

因而 $P=\begin{bmatrix} 1&0&0\\ -2&1&0\\ -1&-1&1 \end{bmatrix}$，$Q=\begin{bmatrix} 1&1/3&-4/3&-1/3\\ 0&-1/6&-5/6&7/6\\ 0&0&1&0\\ 0&0&0&1 \end{bmatrix}$

使得 $P\cdot A\cdot Q=N$

☞【性質】

每一非奇異矩陣可用初等矩陣之乘積表示。

【說明】

$\because PAQ = I_n$

其中 $P = H_S H_{S-1} \cdots H_2 H_1 , Q = K_1 K_2 \cdots K_t$，

因而，$P^{-1} = H_1^{-1} H_2^{-1} \cdots H_{s-1}^{-1} H_s^1$，$Q = K_t^{-1} K_{t-1}^{-1} \cdots K_1^{-1}$

則 $A = P^{-1}(P \cdot A \cdot Q) \cdot Q^{-1} = P^{-1} \cdot I_n \cdot Q^{-1} = P^{-1} \cdot Q^{-1}$

$= H_1^{-1} H_2^{-1} \cdots H_S^{-1} \cdot K_t^{-1} \cdots K_2^{-1} \cdot K_1^{-1}$

例題 6-13

試以初等矩陣表示 $A = \begin{bmatrix} 1 & 3 & 3 \\ 1 & 4 & 3 \\ 1 & 3 & 4 \end{bmatrix}$

【解】

$$A = \begin{bmatrix} 1 & 3 & 3 \\ 1 & 4 & 3 \\ 1 & 3 & 4 \end{bmatrix} \overset{H_{21}(-1)}{\sim} \begin{bmatrix} 1 & 3 & 3 \\ 0 & 1 & 0 \\ 1 & 3 & 4 \end{bmatrix} \overset{H_{31}(-1)}{\sim} \begin{bmatrix} 1 & 3 & 3 \\ 0 & 1 & 0 \\ 0 & 0 & 1 \end{bmatrix} \overset{K_{21}(-3)}{\sim} \begin{bmatrix} 1 & 0 & 3 \\ 0 & 1 & 0 \\ 0 & 0 & 1 \end{bmatrix}$$

$$\overset{K_{31}(-3)}{\sim} \begin{bmatrix} 1 & 0 & 0 \\ 0 & 1 & 0 \\ 0 & 0 & 1 \end{bmatrix} = I_3$$

$\therefore H_{31}(-1) \cdot H_{21}(-1) A \cdot K_{21}(-3) \cdot K_{31}(-3) = I_3$

$\therefore A = H_{21}^{-1}(-1) \cdot H_{31}^{-1}(-1) \cdot K_{31}^{-1}(-3) \cdot K_{21}^{-1}(-3)$

$= H_{21}(1) \cdot H_{31}(1) \cdot K_{31}(3) \cdot K_{21}(3)$

$$= \begin{bmatrix} 1 & 0 & 0 \\ 1 & 1 & 0 \\ 0 & 0 & 1 \end{bmatrix} \begin{bmatrix} 1 & 0 & 0 \\ 0 & 1 & 0 \\ 1 & 0 & 1 \end{bmatrix} \begin{bmatrix} 1 & 0 & 3 \\ 0 & 1 & 0 \\ 0 & 0 & 1 \end{bmatrix} \begin{bmatrix} 1 & 3 & 0 \\ 0 & 1 & 0 \\ 0 & 0 & 1 \end{bmatrix}$$

$$= \begin{bmatrix} 1 & 3 & 3 \\ 1 & 4 & 3 \\ 1 & 3 & 4 \end{bmatrix}$$

☞【性質】

1. 如 A 爲非奇異則 $A \cdot B$（或 BA）之秩即爲 B 之秩，記成 $rank\,(AB) = rank\,B$。
2. 如 P 及 Q 爲非奇異則 $P \cdot A \cdot Q$ 之秩即爲 A 之秩，記成 $rank\,(PAQ) = rank\,A$。

【說明】

1. $\because A$ 非奇異 $\therefore A = P^{-1} \cdot Q^{-1}$

   因之，$AB = P^{-1} \cdot Q^{-1} \cdot B \sim B$

   $\therefore rank\,(AB) = rank\,B$

2. P, Q 爲非奇異，因之令

   $P = H_S\, H_{S-1} \cdots H_1 ,\, Q = K_1\, K_2 \cdots K_t$

   $\therefore PA \cdot Q = H_S\, H_{S-1} \cdots H_1 \cdot A \cdot K_1\, K_2 \cdots K_E \sim A$

   $\therefore rank\,(P \cdot A \cdot Q) = rank\,A$

定理 6-1

兩 $m \times n$ 矩陣 A 及 B 爲對等之充要條件爲此兩矩陣有同秩。

【證】

如 A 與 B 有同秩，則兩者均與正規矩陣 N 對等，因之相互對等。反之，如 A 及 B 爲對等，則存在有非奇異矩陣 P 及 Q 以使 $PAQ = B$，由前一性質 2. 知，A 與 B 爲同秩。

定理 6-2

兩矩陣乘積之秩不會超過其中任一矩陣之秩，亦即 $rank\,(AB) \le rank\,A$ 或 $rank\,B$

【證】

令 A 爲 $m \times p$ 之矩陣其秩爲 r，因之存在非奇異矩陣 P, Q 以使 $P \cdot A \cdot Q = N$，即

$$P \cdot A \cdot Q = N = \begin{bmatrix} I_r & 0 \\ 0 & 0 \end{bmatrix}_{m \times p}$$

則 $A = P^{-1} \cdot N \cdot Q^{-1}$，設 B 爲一 $p \times n$ 矩陣，因之

$$AB = P^{-1} \cdot N \cdot Q^{-1} B \sim N \cdot Q^{-1} \cdot B$$

令 $Q^{-1}B = \begin{bmatrix} c_{11} & c_{12} & \cdots & c_{1n} \\ c_{21} & c_{22} & \cdots & c_{2n} \\ \cdots & \cdots & \cdots & \cdots \\ c_{p1} & c_{p2} & \cdots & c_{pn} \end{bmatrix}_{p \times n}$

$$N\cdot Q^{-1}B=\left[\begin{array}{cccc:cccc}1&0&\cdots&0&0&\cdots&\cdots&0\\0&1&\cdots&0&\cdots&\cdots&\cdots&0\\\cdots&\cdots&\cdots&\cdots&\cdots&\cdots&\cdots&\cdots\\0&\cdots&\cdots&1&0&\cdots&\cdots&0\\\hdashline 0&\cdots&\cdots&0&0&\cdots&\cdots&0\\\cdots&\cdots&\cdots&\cdots&\cdots&\cdots&\cdots&\cdots\\0&\cdots&\cdots&0&0&\cdots&\cdots&0\end{array}\right]\begin{bmatrix}c_{11}&c_{12}&\cdots&c_{1n}\\c_{21}&c_{22}&\cdots&c_{2n}\\\cdots&\cdots&\cdots&\cdots\\c_{p1}&c_{p2}&\cdots&c_{pn}\end{bmatrix}$$

$$=\left[\begin{array}{cccc}c_{11}&c_{12}&\cdots&c_{1n}\\c_{21}&c_{22}&\cdots&c_{2n}\\\cdots&\cdots&\cdots&\cdots\\c_{r1}&c_{r2}&\cdots&c_{rn}\\\hdashline 0&0&\cdots&0\\\cdots&\cdots&\cdots&\cdots\\0&\cdots&\cdots&0\end{array}\right]_{m\times n}$$

$rank\ (NQ^{-1}B)\le r=rank\ A$

$\therefore rank\ (AB)\le r=rank\ A$

同理可證，

$rank\ (AB)\le rank\ B$

【問】$rank(A_1+A_2)\le rankA_1+rankA_2$ 成立否？

【問】$rank\left(\sum A_i\right)\le\sum rankA_i$ 成立否？

定理 6-3

如 $m\times p$ 矩陣 A 的秩為 r 且 $p\times n$ 矩陣 B 以使 $AB=0$，則 B 之秩不會超過 $p-r$，亦即 $rankB\le p-r$

【證】

$\because A$ 爲 $m\times p$ 矩陣其秩爲 r，因之存在有非奇異矩陣 P,Q 以使

$$P\cdot A\cdot Q=N$$

$$\therefore A=P^{-1}\cdot N\cdot Q^{-1}$$

$$AB=P^{-1}\cdot N\cdot Q^{-1}B$$

$$O=P^{-1}\cdot N\cdot Q^{-1}\cdot B$$

$$\therefore O=NQ^{-1}\cdot B$$

$$NQ^{-1}B=\begin{bmatrix} c_{11} & c_{12} & \cdots & c_{1n} \\ c_{21} & c_{22} & \cdots & c_{2n} \\ \cdots & \cdots & \cdots & \cdots \\ c_{r1} & c_{r2} & \cdots & c_{rn} \\ \hdashline 0 & 0 & \cdots & 0 \\ \cdots & \cdots & \cdots & \cdots \\ 0 & \cdots & \cdots & 0 \end{bmatrix}_{m\times n}=\begin{bmatrix} 0 & \cdots & \cdots & 0 \\ \cdots & \cdots & \cdots & \cdots \\ \cdots & \cdots & \cdots & \cdots \\ 0 & \cdots & \cdots & 0 \\ \hdashline 0 & 0 & \cdots & 0 \\ \cdots & \cdots & \cdots & \cdots \\ 0 & \cdots & \cdots & 0 \end{bmatrix}_{m\times n}$$

由比較知 $\begin{bmatrix} c_{11} & c_{12} & \cdots & c_{1n} \\ c_{21} & c_{22} & \cdots & c_{2n} \\ \cdots & \cdots & \cdots & \cdots \\ c_{r1} & c_{r2} & \cdots & c_{rn} \end{bmatrix}=0$

所以 $Q^{-1}\cdot B=\begin{bmatrix} 0 & \cdots & 0 \\ \cdots & & \cdots \\ 0 & \cdots & 0 \\ \hdashline c_{r+11} & \cdots & c_{r+1n} \\ \cdots & \cdots & \cdots \\ c_{p1} & \cdots & c_{pn} \end{bmatrix}_{p\times n}$

$\therefore rank(Q^{-1}B)\le p-r$，又$\because Q^{-1}B\sim B$

$\therefore rank B \le p - r$

例題 6-14

1. $A = \begin{bmatrix} 1 & 3 & 3 \\ 1 & 4 & 3 \\ 1 & 3 & 4 \end{bmatrix}$ 之秩爲 3

$B = \begin{bmatrix} 1 & 2 & 3 \\ 1 & 2 & 5 \\ 2 & 4 & 8 \end{bmatrix}$ 之秩爲 2

$AB = \begin{bmatrix} 9 & 20 & 42 \\ 10 & 22 & 47 \\ 11 & 23 & 50 \end{bmatrix}$ 之秩爲 2

$\therefore rank(AB) \le rank A$ 或 $rank B$

2. $A = \begin{bmatrix} 1 & 0 \\ 0 & 0 \end{bmatrix}, B = \begin{bmatrix} 0 & 0 \\ 0 & 1 \end{bmatrix}$

$rank A = 1, rank B = 1$

$\therefore rank B \le p - r = 2 - 1 = 1$

定義 6-9

兩個 n 階矩陣 A 與 B 均在實數 $\Re$ 內，如果存在有一非奇異矩陣 P，滿足

$$B = P' \cdot A \cdot P$$

則 A 與 B 稱爲相符 (congruent)，記成 $\underset{\sim}{C}$。

【註】顯然對等是相符的特例。

☞【性質】

實數 $\Re$ 內任一對稱矩陣 A 其秩爲 r，與 $\Re$ 內之一對角矩陣相符，則此對角矩陣之首 r 個元素不爲零，而其他元素均爲 0。

例題 6-15

$A=\begin{bmatrix}1&2&3&2\\2&3&5&8\\3&5&8&10\\2&8&10&-8\end{bmatrix}$ 爲對稱矩陣，試求 P 使 $D=P'\cdot A\cdot P$ 爲對角矩陣。

【解】

$$[A\quad H]=$$

$$\left[\begin{array}{cccc|cccc}1&2&3&2&1&0&0&0\\2&3&5&8&0&1&0&0\\3&5&8&10&0&0&1&0\\2&8&10&-8&0&0&01&\end{array}\right]\underset{\sim}{C}\left[\begin{array}{cccc|cccc}1&0&0&0&1&0&0&0\\0&-1&-1&4&-2&1&0&0\\0&-1&-1&4&-3&0&1&0\\0&4&4&-12&-2&0&0&1\end{array}\right]$$

$$\underset{\sim}{C}\left[\begin{array}{cccc|cccc}1&0&0&0&1&0&0&0\\0&-1&0&0&-2&1&0&0\\0&0&0&0&-1&-1&1&0\\0&0&0&4&-10&4&0&1\end{array}\right]\underset{\sim}{C}\left[\begin{array}{cccc|cccc}1&0&0&0&1&0&0&0\\0&-1&0&0&-2&1&0&0\\0&0&4&0&-10&4&0&1\\0&0&0&0&-1&-1&1&0\end{array}\right]$$

$$=[D\quad P']$$

其中

第 1 次 $\underset{\sim}{C}=H_{21}(-2)$ 與 $K_{21}(-2)$

第 2 次 $\underset{\sim}{C} = H_{31}(-3)$ 與 $K_{31}(-3)$

第 3 次 $\underset{\sim}{C} = H_{41}(-2)$ 與 $K_{41}(-2)$

$$\therefore P = \begin{bmatrix} 1 & -2 & -10 & -1 \\ 0 & 1 & 4 & -1 \\ 0 & 0 & 0 & 1 \\ 0 & 0 & 1 & 0 \end{bmatrix}$$

如經第 4 次 $\underset{\sim}{C} = H_3\left(\dfrac{1}{2}\right)$ 與 $K_3\left(\dfrac{1}{2}\right)$，則 $D = \begin{bmatrix} 1 & 0 & 0 & 0 \\ 0 & -1 & 0 & 0 \\ 0 & 0 & 1 & 0 \\ 0 & 0 & 0 & 0 \end{bmatrix}$

如經第 5 次 $\underset{\sim}{C} = H_2(3)$ 與 $K_2(3)$，則 $D = \begin{bmatrix} 1 & 0 & 0 & 0 \\ 0 & -9 & 0 & 0 \\ 0 & 0 & 4 & 0 \\ 0 & 0 & 0 & 0 \end{bmatrix}$

所以 D 並非唯一。

第 6 章 習題

6.1 試求 $A=\begin{bmatrix} a & b & c \\ c & a & b \\ b & c & a \end{bmatrix}$ 的秩。

【解】

1. 當 $a+b+c\neq 0$ 且 $a\neq b\neq c$ 時，

$$\left| A \right| = a^3+b^3+c^3-3abc$$
$$=(a+b+c)(a^2+b^2+c^2-ab-bc-ba)$$
$$=\frac{1}{2}(a+b+c)\{(a-b)^2+(b-c)^2+(c-a)^2\}\neq 0$$

$\therefore rank A=3$

2. $a+b+c\neq 0$ 且 $a=b=c$ 時由於 $a\neq 0$

$$A\to\begin{bmatrix} 1 & 1 & 1 \\ 1 & 1 & 1 \\ 1 & 1 & 1 \end{bmatrix}\to\begin{bmatrix} 1 & 1 & 1 \\ 0 & 0 & 0 \\ 0 & 0 & 0 \end{bmatrix}$$

$\therefore rank A=1$

3. 當 $a+b+c=0$ 時

$$A\to\begin{bmatrix} a & b & c \\ c & a & b \\ 0 & 0 & 0 \end{bmatrix}\to\begin{bmatrix} a & b & 0 \\ c & a & 0 \\ 0 & 0 & 0 \end{bmatrix}$$

如 a,b,c 不全爲 0 時，

$\therefore rank A=2$

如 a,b,c 全爲 0 時，由於 $A=0$ ， $rank A=0$

6.2 試求以下矩陣的秩。

1. $\begin{bmatrix} 1 & a & \cdots & \cdots & a \\ a & 1 & \cdots & \cdots & a \\ a & a & 1 & \cdots & a \\ a & a & \cdots & \cdots & 1 \end{bmatrix}_{n\times n}$

2. $\begin{bmatrix} a & b & b & b \\ b & a & b & b \\ b & b & a & b \\ b & b & b & a \end{bmatrix}$

6.3 如由一個 r_A 秩 n 階方陣 A 中，選出一個由 A 之 s 列(行) 所組成之子矩陣 B，則 B 之秩 r_B 等於或大於 r_A+s-n。

【證】

A 之正規式有 $n-r_A$ 列其元素爲 0，B 之正規式有 $s-r_s$ 列其元素爲 0，顯然地，$n-r_A \equiv s-r_B$，由此可得 $r_s \equiv r_A+s-n$。

6.4 化 $B=\begin{bmatrix} 1 & 3 & 6 & -1 \\ 1 & 4 & 5 & 1 \\ 1 & 5 & 4 & 3 \end{bmatrix}$ 爲正規式並計算 P,Q，以使 $P\cdot B\cdot Q=N$。

6.5 ***1.***若 A 與 B 爲非奇異 n 階方陣則 AB 與 BA 爲非奇異。

2.若 n 階方陣 A 與 B 中至少有一爲奇異，則 AB 與 BA 爲奇異。

6.6 若 P,Q 爲非奇異，試證 PA, AQ, PAQ 爲同秩。

6.7 若 $m\times n$ 矩陣 A 與 B 其秩分別爲 r_A 及 r_B，證明 $A+B$ 之秩不會超過 r_A+r_B。

方陣之伴隨矩陣

定義 7-1

令 $A=[a_{ij}]$ 爲 n 階方陣，α_{ij} 爲 a_{ij} 的餘因式，則定義

$$adj\,A=\begin{bmatrix}\alpha_{11} & \alpha_{21} & \cdots & \alpha_{n1}\\ \alpha_{12} & \alpha_{22} & \cdots & \alpha_{n2}\\ \vdots & \vdots & \ddots & \vdots\\ \alpha_{1n} & \alpha_{2n} & \cdots & \alpha_{nn}\end{bmatrix}$$

稱爲 A 的伴隨矩陣 (adjoint of A)。

《注意》 A 之第 i 列 (行) 第 j 行(列)之元素的餘因式為 $adj\,A$ 之第 i 行 (列) 第 j 列 (行) 之元素。A 與 $adj\,A$ 的寫法是不同的。

例題 7-1

$A=\begin{bmatrix}1&2&3\\2&3&2\\3&3&4\end{bmatrix}$，試求 $adj\ A$。

【解】

$\alpha_{11}=6$，$\alpha_{12}=-2$，$\alpha_{13}=-3$

$\alpha_{21}=1$，$\alpha_{22}=-5$，$\alpha_{23}=3$

$\alpha_{31}=-5$，$\alpha_{32}=4$，$\alpha_{33}=-1$

$$\therefore adj\,A=\begin{bmatrix}6&1&-5\\-2&-5&4\\-3&3&-1\end{bmatrix}$$

☞【性質】

$A=[a_{ij}]$ 為 n 階方陣，則 $A\cdot adj\,A=adj\,A\cdot A=|A|\cdot I_n$

$$=diag(|A|,\cdots\cdots,|A|)$$

【說明】

$$A\cdot adj\,A=\begin{bmatrix}a_{11}&a_{12}&\cdots&a_{1n}\\a_{21}&a_{22}&\cdots&a_{2n}\\\vdots&\vdots&\ddots&\vdots\\a_{n1}&a_{n2}&\cdots&a_{nn}\end{bmatrix}\begin{bmatrix}\alpha_{11}&\alpha_{12}&\cdots&\alpha_{1n}\\\alpha_{21}&\alpha_{22}&\cdots&\alpha_{2n}\\\vdots&\vdots&\ddots&\vdots\\\alpha_{n1}&\alpha_{n2}&\cdots&\alpha_{nn}\end{bmatrix}$$

$$=\begin{bmatrix}|A|&0&\cdots&0\\0&|A|&\cdots&0\\\vdots&&\ddots&\vdots\\0&&\cdots&|A|\end{bmatrix}=|A|\cdot I_n$$

定理 7-1

如 A 爲 n 階方陣且爲非奇異，則

$$|adj\,A| = |A|^{n-1}$$

【證】

$\because A \cdot adj\,A = adj\,A \cdot A = |A| \cdot I_n$

兩邊取行列式

$|A \cdot adj\,A| = \big||A| \cdot I_n\big|$

$\therefore |A| \cdot |adj\,A| = |A|^n$

$\because A$ 爲非奇異 $\therefore |A| \neq 0$

$\therefore |adj\,A| = |A|^{n-1}$

☞ **【性質】**

如 A 爲 n 階方陣且爲奇異，則 $A \cdot (adj\,A) = (adj\,A) \cdot A = 0$

【說明】

$$A \cdot adj\,A = adj\,A \cdot A = \begin{vmatrix} |A| & 0 & \cdots & 0 \\ 0 & |A| & \cdots & 0 \\ \cdots & \cdots & \cdots & \cdots \\ 0 & 0 & \cdots & |A| \end{vmatrix}$$

$\because A$ 爲奇異。

$\therefore A \cdot adj\,A = adj\,A \cdot A = 0$

☞ **【性質】**

如 A 爲 n 階方陣其秩 $< n-1$，則 $adj\,A = 0$

【說明】

$\because A$ 爲 n 階方陣其秩 $< n-1$，

所以 $n-1$、n 階的方子式階皆爲 0，α_{ij} 爲 $n-1$ 階，亦即所有的 $\alpha_{ij}=0$。

$\therefore adj\,A=0$

☞【性質】

如 A 爲 n 階方陣且秩爲 $n-1$，則 $adj\,A$ 的秩爲 1。

【說明】

A 爲 n 階方陣其秩爲 $n-1$，$\therefore A$ 爲奇異。

因之，$A\cdot adj\,A=0$，利用定理 6-3

$\therefore Rank\,(adj\,A)\le n-(n-1)=1 \quad (1)$

又 $adj\,A=\begin{bmatrix}\alpha_{11} & \alpha_{21} & \cdots & \alpha_{n1}\\ \alpha_{12} & \alpha_{22} & \cdots & \alpha_{n2}\\ \cdots & \cdots & \cdots & \cdots\\ \alpha_{1n} & \alpha_{2n} & \cdots & \alpha_{nn}\end{bmatrix}$，因 A 的秩爲 $n-1$，所以至少有一個 α_{ij} 不爲零，

$\therefore Rank\,(adj\,A)\ge 1 \qquad (2)$

由 (1)，(2) 知，$Rank\,(adj\,A)=1$

【問】n 階方陣 A 與 $adj\,A$ 是同階且同秩，成立否？

【問】如 A 為 n 階方陣且秩為 $n-2$，則 $adj\,A$ 的秩為 2，成立否？

【問】如 A 的秩為 n，則 $adj\,A$ 的秩亦為 n，成立否？

【問】若 $A=[\,2\,]$，則 $adj\,A=[\,1\,]$，成立否？

【說明】

$\because |A| = a_{ij}\alpha_{ij} \quad \therefore \alpha_{ij} = 1$

$\therefore adj\,A = [1]$

【問 1】如 A 為奇異，則 $adj\,A$ 為奇異，成立否？

【問 2】已知 n 陣方陣 A 的秩為 r，$adj\,A$ 的秩為 s，則 $A \cdot adj\,A$ 的秩 $\leq r$ 或 s，成立否？

定理 7-2

如 A, B 均爲 n 階方陣，則 $adj\,(AB) = adj\,B \cdot adj\,A$

【證】

$\because (AB) \cdot adj\,(AB) = |AB| \cdot I_n = adj\,(AB) \cdot AB$

因 $AB \cdot adj\,B \cdot adj\,A = A(B \cdot adj\,B) \cdot adj\,A$

$= A(|B| \cdot I_n)\,adj\,A$

$= |B| \cdot (A \cdot adj\,A)$

$= |B| \cdot |A| \cdot I_n$

$= |AB|$

又 $(adj\,B \cdot adj\,A)\,AB = adj\,B\{(adj\,A)\,A\} \cdot B$

$= adj\,B \cdot |A| \cdot I \cdot B$

$= |A|\{(adj\,B) \cdot B\}$

$= |AB| \cdot I$

因之，$adj\,AB = adj\,B \cdot adj\,A$

【問 1】$adj\,(kA) = k\,adj\,A$ 是否成立？

【問 2】若 A 為非奇異，則 $|adj(kA)| = k|adj A|$ 是否成立？

定理 7-3

證 $adj\,(adj\,A)=|A|^{n-2}\cdot A$，如 $|A|\neq 0$

【證】

$$adj\,A\cdot adj\,(adj\,A)=|adj\,A|\cdot I_n$$
$$=|A|^{n-1}\cdot I_n$$

則 $A\cdot adj\,A\cdot adj\,(adj\,A)=|A|^{n-1}\cdot A$

$|A|\cdot adj\,(adj\,A)=|A|^{n-1}\cdot A$

$adj\,(adj\,A)=|A|^{n-2}\cdot A$

定理 7-4

令 $\left|A_{i_1\,i_2\cdots i_m}^{j_1\,j_2\cdots j_m}\right|$ 爲 n 階方陣 $A=[a_{ij}]$ 的一個 m 階子式，

令 $\left|A_{i_{m+1}\,i_{m+2}\cdots i_n}^{j_{m+1}\,j_{m+2}\cdots j_n}\right|$ 爲 $\left|A_{i_1\,i_2\cdots i_m}^{j_1\,j_2\cdots j_m}\right|$ 在 A 中的餘子式，又

令 $\left|M_{i_1\,i_2\cdots i_m}^{j_1\,j_2\cdots j_m}\right|$ 表 $adj\,A$ 中的 m 階子式，即等於

$$\left|M_{i_1\,i_2\cdots i_m}^{j_1\,j_2\cdots j_m}\right|=\begin{vmatrix}\alpha_{i_1j_1} & \alpha_{i_2j_1} & \cdots & \alpha_{i_mj_1}\\ \alpha_{i_1j_2} & \alpha_{i_2j_2} & \cdots & \alpha_{i_mj_2}\\ \cdots & \cdots & \cdots & \cdots\\ \alpha_{i_1j_m} & \alpha_{i_2j_m} & \cdots & \alpha_{i_mj_m}\end{vmatrix}$$

則 $|A|\cdot\left|M_{i_1\,i_2\cdots i_m}^{j_1\,j_2\cdots j_m}\right|=(-1)^s\cdot|A|^m\cdot\left|A_{i_{m+1}\,i_{m+2}\cdots i_n}^{j_{m+1}\,j_{m+2}\cdots j_n}\right|$

其中，$S=i_1+i_2+\cdots+i_m+j_1+j_2+\cdots+j_m$

【證】

$$
\left[\begin{array}{cccc|ccc}
a_{i_1 j_1} & a_{i_1 j_2} & \cdots & a_{i_1 j_m} & a_{i_1 j_{m+1}} & \cdots & a_{i_1 j_n} \\
a_{i_2 j_1} & a_{i_2 j_2} & \cdots & a_{i_2 j_m} & a_{i_2 j_{m+1}} & \cdots & a_{i_2 j_n} \\
\cdots & \cdots & \cdots & \cdots & \cdots & \cdots & \cdots \\
a_{i_m j_1} & a_{i_m j_2} & \cdots & a_{i_m j_m} & a_{i_m j_{m+1}} & \cdots & a_{i_m j_n} \\
\hline
a_{i_{m+1} j_1} & a_{i_{m+1} j_2} & \cdots & a_{i_{m+1} j_m} & a_{i_{m+1} j_{m+1}} & \cdots & a_{i_{m+1} j_n} \\
\cdots & \cdots & \cdots & \cdots & \cdots & \cdots & \cdots \\
a_{i_n j_1} & a_{i_n j_2} & \cdots & a_{i_n j_m} & a_{i_n j_{m+1}} & \cdots & a_{i_n j_n}
\end{array}\right] \times
$$

$$
\left[\begin{array}{ccc|ccc}
\alpha_{i_1 j_1} & \cdots & \alpha_{i_m j_1} & 0 & \cdots & 0 \\
\cdots & \cdots & \cdots & \cdots & \cdots & \cdots \\
\alpha_{i_1 j_m} & \cdots & \alpha_{i_m j_m} & 0 & \cdots & 0 \\
\hline
\alpha_{i_1 j_{m+1}} & \cdots & \alpha_{i_m j_{m+1}} & 1 & \cdots & 0 \\
\cdots & \cdots & \cdots & \cdots & \cdots & \cdots \\
\alpha_{i_1 j_n} & \cdots & \alpha_{i_m j_n} & 0 & \cdots & 1
\end{array}\right]
$$

$$
= \left[\begin{array}{cccc|ccc}
|A| & 0 & \cdots & 0 & a_{i_1 j_{m+1}} & \cdots & a_{i_1 j_n} \\
0 & |A| & \cdots & 0 & \cdots & \cdots & \cdots \\
0 & 0 & \cdots & |A| & a_{i_m j_{m+1}} & \cdots & a_{i_m j_n} \\
\hline
0 & \cdots & \cdots & 0 & a_{i_{m+1} j_{m+1}} & \cdots & a_{i_{m+1} j_n} \\
\cdots & \cdots & \cdots & \cdots & \cdots & \cdots & \\
0 & \cdots & \cdots & 0 & a_{i_n j_{m+1}} & \cdots & a_{i_n j_n}
\end{array}\right]
$$

兩邊取行列式，並利用拉氏展開式可得

$$
(-1)^s \cdot |A| \cdot \left| M_{i_1 i_2 \cdots i_m}^{j_1 j_2 \cdots j_m} \right| = |A|^m \cdot \left| A_{i_{m+1}\, i_{m+2} \cdots i_n}^{j_{n+1}\, j_{n+2} \cdots j_n} \right|
$$

【註】

$$\left|\begin{array}{ccc:ccc} a_{i_1 j_1} & \cdots & a_{i_1 j_m} & \cdots & \cdots & a_{i_1 j_n} \\ \vdots & \cdots & \vdots & \vdots & \cdots & \vdots \\ a_{i_m j_1} & \cdots & a_{i_m j_m} & \cdots & \cdots & a_{i_m j_n} \\ \hdashline a_{i_{m+1} j_1} & \cdots & a_{i_{m+1} j_m} & \cdots & \cdots & a_{i_{m+1} j_n} \\ \vdots & \cdots & \vdots & \vdots & \cdots & \vdots \\ a_{i_n j_1} & \cdots & a_{i_n j_m} & \cdots & \cdots & a_{i_n j_n} \end{array}\right|$$

$$= (-1)^{\substack{(i_1-1)+(i_2-2)+\cdots+(i_m-m) \\ +(j_1-1)+(j_2-2)\cdots+(j_m-m)}} \cdot |A| = (-1)^s \cdot |A|$$

式中，$s = i_1 + i_2 + \cdots + i_m + j_1 + j_2 + \cdots + j_m$ 。

例題 7-2

已知 $A = \begin{bmatrix} 1 & 2 & 3 & 4 & 5 \\ 2 & 3 & 4 & 5 & 1 \\ 3 & 4 & 5 & 1 & 2 \\ 4 & 5 & 1 & 2 & 3 \\ 5 & 1 & 2 & 3 & 4 \end{bmatrix}$，試求 $\begin{vmatrix} \alpha_{11} & \alpha_{21} & \alpha_{41} & \alpha_{51} \\ \alpha_{13} & \alpha_{23} & \alpha_{43} & \alpha_{53} \\ \alpha_{14} & \alpha_{24} & \alpha_{44} & \alpha_{54} \\ \alpha_{15} & \alpha_{25} & \alpha_{45} & \alpha_{55} \end{vmatrix}$

【解】

$$|A| = 1875$$

$$\begin{vmatrix} \alpha_{11} & \alpha_{21} & \alpha_{41} & \alpha_{51} \\ \alpha_{13} & \alpha_{23} & \alpha_{43} & \alpha_{53} \\ \alpha_{14} & \alpha_{24} & \alpha_{44} & \alpha_{54} \\ \alpha_{15} & \alpha_{25} & \alpha_{45} & \alpha_{55} \end{vmatrix} = \left|M_{1245}^{1345}\right|$$

$$(-1) \cdot |A| \cdot \left|M_{1245}^{1345}\right| = |A|^4 \cdot |A_3^2|$$

$$\therefore \left|M_{1245}^{1345}\right| = -|A|^3 \cdot a_{32} = -4 \cdot (1875)^3$$

第 7 章 習題

7.1 試證 $adj\,(kA) = k^{n-1} adj\,A$，其中 k 為異於 0 的常數，A 為 n 階方陣且為非奇異。

【解】

$$kA \cdot adj\,(kA) = |kA| \cdot I_n = k^n \cdot |A| \cdot I_n$$

$$k \cdot A \cdot adj\,(kA) = k^n \cdot |A| \cdot I_n = k^n \cdot |A| \cdot I_n$$

$$k\,(adj\,A) \cdot A \cdot adj\,(kA) = k^n \cdot |A| \cdot adj\,A \cdot I_n$$

$$\therefore k \cdot |A| \cdot I_n \cdot adj\,(kA) = k^n \cdot |A| \cdot adj\,A$$

$$\therefore adj\,(kA) = k^{n-1} \cdot adj\,A$$

7.2 若 A 為 n 階的方陣 $(n>1)$ 且為非奇異，則

$$|\underbrace{adj \cdots adj}_{k\text{個}} A| = |A|^{(n-1)^k}$$

【證】

$$\because |A| \cdot |adj\,A| = |A|^n$$

$$\therefore |adj\,A| = |A|^{n-1}$$

同理，

$$|\underbrace{adj\,(adj \cdots adj\,A)}_{k\text{ 個}}| = |\underbrace{adj\ adj \cdots adj}_{(k-1)\text{ 個}} A|^{n-1}$$

$$= \left\{ |\underbrace{adj \cdots adj}_{k-2\text{ 個}} A|^{n-1} \right\}^{n-1}$$

$$\vdots$$

$$= |A|^{(n-1)^k}$$

7.3 A 爲非奇異，試證 $(adj\,A)^{-1}=(adj\,A^{-1})$

【證】

$\because A\cdot adj\,A=|A|\cdot I_n$

$\therefore (adj\,A)^{-1}=\dfrac{A}{|A|}$

又

$$A^{-1}\cdot adj\,A^{-1}=|A^{-1}|\cdot I_n=\frac{I_n}{|A|}$$

$$A\cdot A^{-1}\cdot adj\,A^{-1}=\frac{A}{|A|}$$

$\therefore adj\,A^{-1}=\dfrac{A}{|A|}$

$\therefore (adj\,A)^{-1}=adj\,A^{-1}$

7.4 若 A 爲 n 階方陣 $(n>1)$ 且爲非奇異，則

$$(adj\,A)'=adj(A')$$

【證】

令 $A=\begin{bmatrix} a_{11} & a_{12} & \cdots & a_{1n} \\ a_{21} & \cdots & \cdots & a_{2n} \\ \vdots & \vdots & \ddots & \vdots \\ a_{n1} & \cdots & \cdots & a_{nn} \end{bmatrix}$ 則 $adj\,A=\begin{bmatrix} \alpha_{11} & \alpha_{21} & \cdots & \alpha_{n1} \\ \alpha_{12} & \alpha_{22} & \cdots & \alpha_{n2} \\ \vdots & \vdots & \ddots & \vdots \\ \alpha_{1n} & \alpha_{2n} & \cdots & \alpha_{nn} \end{bmatrix}$

$A'=\begin{bmatrix} a_{11} & \cdots & \cdots & a_{n1} \\ a_{12} & \cdots & \cdots & a_{n2} \\ \vdots & \vdots & \ddots & \vdots \\ a_{1n} & \cdots & \cdots & a_{nn} \end{bmatrix}$ 則 $adj(A')=\begin{bmatrix} \alpha_{11} & \cdots & \cdots & \alpha_{1n} \\ \alpha_{21} & \cdots & \cdots & \alpha_{2n} \\ \vdots & \vdots & \ddots & \vdots \\ \alpha_{n1} & \cdots & \cdots & \alpha_{nn} \end{bmatrix}$

又 $(adj\,A)' = \begin{bmatrix} \alpha_{11} & \alpha_{12} & \cdots & \alpha_{1n} \\ \alpha_{21} & \alpha_{22} & \cdots & \alpha_{2n} \\ \vdots & \vdots & \ddots & \vdots \\ \alpha_{n1} & \alpha_{n2} & \cdots & \alpha_{nn} \end{bmatrix}$

$\therefore (adj\,A)' = adj(A')$

7.5 若 A 爲對稱則 $adj\,A$ 亦爲對稱

【解】

令 $A = \begin{vmatrix} a_{11} & a_{12} & \cdots & a_{1n} \\ a_{21} & a_{22} & \cdots & a_{2n} \\ \vdots & \vdots & \ddots & \vdots \\ a_{n1} & a_{n2} & \cdots & a_{nn} \end{vmatrix}$，$\because A$ 爲對稱 $\therefore a_{ij} = a_{ji}$

又 $\alpha_{12} = (-1)^{1+2} \cdot \begin{vmatrix} a_{21} & a_{23} & \cdots & a_{2n} \\ a_{31} & a_{33} & \cdots & a_{3n} \\ \vdots & \vdots & \ddots & \vdots \\ a_{n1} & a_{n3} & \cdots & a_{nn} \end{vmatrix} = -\begin{vmatrix} a_{12} & a_{32} & \cdots & a_{n2} \\ a_{13} & a_{33} & \cdots & a_{n3} \\ \vdots & \vdots & \ddots & \vdots \\ a_{1n} & a_{3n} & \cdots & a_{nn} \end{vmatrix}$

$\alpha_{21} = (-1)^{2+1} \cdot \begin{vmatrix} a_{12} & a_{13} & \cdots & a_{1n} \\ a_{32} & a_{33} & \cdots & a_{3n} \\ \vdots & \vdots & \ddots & \vdots \\ a_{n2} & a_{n3} & \cdots & a_{nn} \end{vmatrix} = -\begin{vmatrix} a_{12} & a_{13} & \cdots & a_{1n} \\ a_{32} & a_{33} & \cdots & a_{3n} \\ \vdots & \vdots & \ddots & \vdots \\ a_{n2} & a_{n3} & \cdots & a_{nn} \end{vmatrix}$

$\because \begin{vmatrix} a_{12} & a_{13} & \cdots & a_{1n} \\ a_{32} & a_{33} & \cdots & a_{3n} \\ \vdots & \vdots & \ddots & \vdots \\ a_{n2} & a_{n3} & \cdots & a_{nn} \end{vmatrix} = \begin{vmatrix} a_{12} & a_{32} & \cdots & a_{n2} \\ a_{13} & a_{33} & \cdots & a_{n3} \\ \vdots & \vdots & \ddots & \vdots \\ a_{1n} & a_{3n} & \cdots & a_{nn} \end{vmatrix}$

$\therefore \alpha_{12} = \alpha_{21}$ 同理可證 $\alpha_{13} = \alpha_{31}, \cdots, \alpha_{(n-1)n} = \alpha_{n(n-1)}$

$$因之\ adj A=\begin{bmatrix}\alpha_{11} & \alpha_{21} & \cdots & \alpha_{n1}\\ \alpha_{12} & \alpha_{22} & \cdots & \alpha_{n2}\\ \vdots & \vdots & \ddots & \vdots\\ \alpha_{1n} & \alpha_{2n} & \cdots & \alpha_{nn}\end{bmatrix}為對稱$$

7.6 令 B 爲從非奇異 n 階方陣 A 刪去第 i、第 p 列及第 j 行、第 q 行而得，證 $\begin{vmatrix}\alpha_{ij} & \alpha_{pj}\\ \alpha_{iq} & \alpha_{pq}\end{vmatrix}=(-1)^{i+p+j+1}\cdot|B|\cdot|A|$，式中 α_{ij} 爲 $|A|$ 中 a_{ij} 的餘因式

【證】

根據定理

$$(-1)^s\cdot|A|\cdot\left|M_{i_1i_2\cdots i_m}^{j_1j_2\cdots j_m}\right|=|A|^m\cdot\left|A_{i_{m+1}\,i_{m+2}\cdots i_n}^{j_{m+1}\,j_{m+2}\cdots j_n}\right|$$

$$\because\begin{vmatrix}\alpha_{ij} & \alpha_{pj}\\ \alpha_{iq} & \alpha_{pq}\end{vmatrix}=\left|M_{ip}^{jq}\right|$$

$$\therefore(-1)^{i+p+q+j}\cdot|A|\cdot\left|M_{ip}^{jq}\right|=|A|^2\cdot|B|$$

$$\therefore\left|M_{ip}^{jq}\right|=(-1)^{i+p+q+j}\cdot|B|\cdot|A|$$

7.7 若 A 爲非奇異之 n 階方陣，則 $adj\ A$ 亦可用初等矩陣之乘積表示。

【證】

$\because$ A 爲以 n 階之非奇異矩陣，因之存在非奇異矩陣 P,Q 使得 $P\cdot A\cdot Q=I_n$，其中 $P=H_S\cdot H_{S-1}\cdots H_1, Q=K_1K_2\cdots K_t$

$$\because A\cdot adj A=|A|\cdot I_n$$

$$\therefore P\cdot A\cdot Q\cdot adj A=|A|\cdot P\cdot I_n\cdot Q$$

$$\therefore adj A=|A|\cdot P\cdot Q$$

逆矩陣

定義 8-1

如 A 與 B 爲 n 階方陣且使 $AB=BA=I$，則B稱爲 A 之逆矩陣，記成 $B=A^{-1}$，又 A 也稱爲 A 的逆矩陣記成 $A=B^{-1}$。

☞【性質】

一 n 階方陣 A 有一逆矩陣之充要條件即 A 爲非奇異。

【說明】

假設 A 爲非奇異，則 $A=P^{-1}\cdot Q^{-1}$，以及 $A^{-1}=Q\cdot P$ 存在。

假設 A^{-1} 存在，$A\cdot A^{-1}=I_n$ 爲 n 秩，如 A 爲奇異，$A\cdot A^{-1}$ 的秩 $<n$ 秩，因而 A 爲非奇異。

☞【性質】

如 A 爲非奇異，且 $AB=AC$ 時，則 $B=C$。

☞【性質】

一非奇異對角矩陣 $diag(k_1, k_2, \cdots, k_n)$ 之逆矩陣爲對角矩陣 $diag(\frac{1}{k_1}, \frac{1}{k_2}, \cdots, \frac{1}{k_n})$，其中 $k_i \neq 0\ (i = 1, \cdots, n)$。

☞【性質】

如 $A_1, A_2, \cdots, A_n$ 爲非奇異矩陣，則直和 $diag(A_1, A_2, \cdots, A_n)$ 之逆矩陣爲 $diag(A_1^{-1}, A_2^{-1}, \cdots, A_n^{-1})$。

☞【性質】

已知非奇異對角矩陣 $A = diag(k_1, k_2, \cdots, k_n)$，則 $adjA = diag(\alpha_{11}, \alpha_{22}, \cdots, \alpha_{nn})$，式中 α_{ii} 爲 a_{ii} 的餘因式。

☞【性質】

已知非奇異對角矩陣 $diag(k_1, k_2, \cdots, k_n)$，則 $k_i \neq 0\ (i = 1, \cdots, n)$。

☞【性質】

1. A 爲 n 階方陣且爲非奇異，則 $A^{-1} = \frac{adj\ A}{|A|}$

2. $adj^{-1} A = \frac{A}{|A|}$

【說明】

1. $\because A \cdot adj\ A = |A| \cdot I_n = adj\ A \cdot A$

$$A \cdot \left(\frac{adj\ A}{|A|}\right) = I_n = \left(\frac{adj\ A}{|A|}\right) \cdot A$$

2. $\frac{A}{|A|} \cdot adj\ A = adj\ A \cdot \frac{A}{|A|} = I_n$

$$\therefore adj^{-1}A = \frac{A}{|A|}$$

☞【性質】

$$(A')^{-1} = (A^{-1})'$$

【說明】

$$\because\ A \cdot A^{-1} = A^{-1} \cdot A = I_n$$

$$\therefore\ (AA^{-1})' = (A^{-1} \cdot A)' = I_n'$$

$$\therefore\ (A^{-1})' \cdot A' = A' \cdot (A^{-1})' = I_n$$

由逆矩陣的定義知，

$$\therefore\ (A^{-1})' = (A')^{-1}$$

例題 8-1

$A = \begin{bmatrix} 1 & 2 & 3 \\ 1 & 3 & 4 \\ 1 & 4 & 3 \end{bmatrix}$，試求 A^{-1}。

【解】

$$adj\ A = \begin{bmatrix} -7 & 6 & -1 \\ 1 & 0 & -1 \\ 1 & -2 & 1 \end{bmatrix}，|A| = -2$$

$$\therefore A^{-1} = \frac{adj\ A}{|A|} = \begin{bmatrix} \frac{7}{2} & -3 & \frac{1}{2} \\ -\frac{1}{2} & 0 & \frac{1}{2} \\ -\frac{1}{2} & 1 & -\frac{1}{2} \end{bmatrix}$$

☞【性質】

若 A 為 n 階方陣且為非奇異，則 A^{-1} 亦可用一系列的初等矩陣之乘積表示。

【說明】

因為 A 為非奇異，存在非奇異矩陣 P,Q 使得 $P\cdot A\cdot Q=I_n$，其中 $P=H_S H_{S-1}\cdots\cdots H_1$，$Q=K_1K_2\cdots\cdots K_t$

$\therefore A=P^{-1}\cdot Q^{-1}$

$\therefore A^{-1}=(P^{-1}\cdot Q^{-1})^{-1}=Q\cdot P$

例題 8-2

$A=\begin{bmatrix}1&3&3\\1&4&3\\1&3&4\end{bmatrix}$，求 A^{-1}。

【解】

由於 $H_{31}(-1)\cdot H_{21}(-1)\cdot A\cdot K_{21}(-3)\cdot K_{31}(-3)=I_3$

令 $P=H_{31}(-1)\cdot H_{21}(-1)$

$Q=K_{21}(-3)\cdot K_{31}(-3)$

$\therefore A^{-1}=Q\cdot P=K_{21}(-3)\cdot K_{31}(-3)\cdot H_{31}(-1)\cdot H_{21}(-1)$

$$=\begin{bmatrix}1&-3&0\\0&1&0\\0&0&1\end{bmatrix}\begin{bmatrix}1&0&-3\\0&1&0\\0&0&1\end{bmatrix}\begin{bmatrix}1&0&0\\0&1&0\\-1&0&1\end{bmatrix}\begin{bmatrix}1&0&0\\-1&1&0\\0&0&1\end{bmatrix}$$

$$=\begin{bmatrix}7&-3&-3\\-1&1&0\\-1&0&1\end{bmatrix}$$

逆矩陣之求法

設 A 為 n 階方陣且為非奇異，則

1. $[A \mid I_n] \overset{\text{列變換}}{\sim} [I_n \mid A^{-1}]$

2. $\begin{bmatrix} A \\ \hline I_n \end{bmatrix} \overset{\text{行變換}}{\sim} \begin{bmatrix} I_n \\ \hline A^{-1} \end{bmatrix}$

【說明】

$\because A$ 為非奇異，所 A 會與正規式對等，即

$\therefore A \sim I_n$

又，$A \cdot A^{-1} \sim I_n \cdot A^{-1}$

$\therefore I_n \sim A^{-1}$

定理 8-1

A, B 均為 n 階，且均有逆矩陣 A^{-1}, B^{-1}，試證

$(AB)^{-1} = B^{-1}A^{-1}$ 。

【證】

$(AB)(AB)^{-1} = |AB| \cdot I_n = (AB)^{-1} \cdot AB$

又，$(AB)(B^{-1} \cdot A^{-1}) = |AB|\, I_n = (B^{-1}A^{-1})(AB)$

$\therefore (AB)^{-1} = B^{-1}A^{-1}$

同理可推

$(A_1A_2 \cdots A_n)^{-1} = A_n^{-1}A_{n-1}^{-1} \cdots A_2^{-1}A_1^{-1}$ 。

例題 8-3

$$A=\begin{bmatrix}1&3&3\\1&4&3\\1&3&4\end{bmatrix}$$，求 A^{-1}。

【解】

$$[A\,|\,I_3]=\left[\begin{array}{ccc|ccc}1&3&3&1&0&0\\1&4&3&0&1&0\\1&3&4&0&0&1\end{array}\right]\sim\left[\begin{array}{ccc|ccc}1&3&3&1&0&0\\0&1&0&-1&1&0\\0&0&1&-1&0&1\end{array}\right]$$

$$\sim\left[\begin{array}{ccc|ccc}1&0&3&4&-3&0\\0&1&0&-1&1&0\\0&0&1&-1&0&1\end{array}\right]\sim\left[\begin{array}{ccc|ccc}1&0&0&7&-3&-3\\0&1&0&-1&1&0\\0&0&1&-1&0&1\end{array}\right]$$

$$=[I_3\,|\,A^{-1}]$$

$$\therefore A^{-1}=\begin{bmatrix}7&-3&-3\\-1&1&0\\-1&0&1\end{bmatrix}$$

逆矩陣之分割法

設 n 階非奇異矩陣 $A=[a_{ij}]$ 及其逆矩陣 $B=[b_{ij}]$ 經分割成爲如下：

$$\left[\begin{array}{c:c}\underset{(p\times p)}{A_{11}}&\underset{(p\times q)}{A_{12}}\\ \hdashline \underset{(q\times p)}{A_{21}}&\underset{(q\times q)}{A_{22}}\end{array}\right]\text{ 及 }\left[\begin{array}{c:c}\underset{(p\times p)}{B_{11}}&\underset{(p\times q)}{B_{12}}\\ \hdashline \underset{(q\times p)}{B_{21}}&\underset{(q\times q)}{B_{22}}\end{array}\right]$$ 其中 $p+q=n$，

假設 A_{11} 爲非奇異；則

$$\begin{cases} B_{11} = A_{11}^{-1} + (A_{11}^{-1}A_{12})\xi^{-1} \cdot (A_{21}A_{11}^{-1}) & B_{21} = -\xi^{-1}(A_{21}A_{11}^{-1}) \\ B_{12} = -(A_{11}^{-1}A_{12})\xi^{-1} & B_{22} = \xi^{-1} \end{cases}$$

其中 $\xi = A_{22} - A_{21}(A_{11}^{-1} \cdot A_{12})$

【說明】

$\because AB = BA = I_n$

$$\left[\begin{array}{c:c} A_{11}B_{11} + A_{12}B_{21} & A_{11}B_{12} + A_{12}B_{22} \\ \hdashline A_{21}B_{11} + A_{22}B_{21} & A_{21}B_{12} + A_{22}B_{22} \end{array}\right] = \begin{bmatrix} I_p & 0 \\ 0 & I_q \end{bmatrix}$$

$$\left[\begin{array}{c:c} B_{11}A_{11} + B_{12}A_{21} & B_{11}A_{12}B_{12}A_{22} \\ \hdashline B_{21}A_{11} + B_{12}A_{21} & B_{21}A_{12} + B_{22}A_{22} \end{array}\right] = \begin{bmatrix} I_p & 0 \\ 0 & I_q \end{bmatrix}$$

$$\begin{cases} A_{11}B_{11} + A_{12}B_{21} = I_p & (1) \\ A_{11}B_{12} + A_{12}B_{22} = 0 & (2) \\ B_{21}A_{11} + B_{22}A_{21} = 0 & (3) \\ B_{21}A_{12} + B_{22}A_{22} = I_q & (4) \end{cases}$$

令 $B_{22} = \xi^{-1}$ (5)

由 (2) 得 $B_{12} = -A_{11}^{-1}A_{12}\xi^{-1}$ (6)

由 (3) 得 $B_{21} = -\xi^{-1}A_{21}A_{11}^{-1}$ (7)

由 (1) 得 $B_{11} = A_{11}^{-1} + A_{11}^{-1}A_{12}\xi^{-1}A_{21}A_{11}^{-1}$ (8)

(5)～(8) 代入 (4) 式，得 $\xi = A_{22} - A_{21}A_{11}^{-1}A_{12}$

【註】利用分割法之解題步驟如下：

步驟 1：先找出 A_{11}^{-1}

步驟 2：計算 ξ

步驟 3：計算 ξ^{-1}(即 B_{22})

步驟 4：繼之分別求出 $A_{11}^{-1}A_{12}$ 及 $A_{21}A_{11}^{-1}$

步驟 5：求出 B_{11}, B_{12}, B_{21}

步驟 6：求出 B(即 A^{-1})

例題 8-4

$A=\left[\begin{array}{cc:c} 1 & 3 & 3 \\ 1 & 4 & 3 \\ \hdashline 1 & 3 & 4 \end{array}\right]$，利用分割法求 A^{-1}。

【解】

設 $A_{11}=\begin{bmatrix} 1 & 3 \\ 1 & 4 \end{bmatrix}$，則 $A_{11}^{-1}=\begin{bmatrix} 4 & -3 \\ -1 & 1 \end{bmatrix}$

$$A_{11}^{-1}A_{12}=\begin{bmatrix} 4 & -3 \\ -1 & 1 \end{bmatrix}\begin{bmatrix} 3 \\ 3 \end{bmatrix}=\begin{bmatrix} 3 \\ 0 \end{bmatrix}$$

$$A_{21}A_{11}^{-1}=[1 \quad 3]\begin{bmatrix} 4 & -3 \\ -1 & 1 \end{bmatrix}=[1 \quad 0]$$

$$\xi=[4]-[1 \quad 0]\begin{bmatrix} 3 \\ 3 \end{bmatrix}=[4]-[3]=[1]$$

$$\xi^{-1}=[1]=B_{22}$$

$$B_{12}=-\begin{bmatrix} 3 \\ 0 \end{bmatrix}[1]=\begin{bmatrix} -3 \\ 0 \end{bmatrix}$$

$$B_{21}=-[1][1 \quad 0]=[-1 \quad 0]$$

$$B_{11}=\begin{bmatrix} 4 & -3 \\ -1 & 1 \end{bmatrix}+\begin{bmatrix} 3 \\ 0 \end{bmatrix}\cdot[1]\cdot[1 \quad 0]=\begin{bmatrix} 4 & -3 \\ -1 & 1 \end{bmatrix}+\begin{bmatrix} 3 & 0 \\ 0 & 0 \end{bmatrix}$$

$$=\begin{bmatrix} 7 & -3 \\ -1 & 1 \end{bmatrix}$$

$$\therefore B=\left[\begin{array}{cc:c} -7 & -3 & -3 \\ -1 & 1 & 0 \\ \hdashline -1 & 0 & 1 \end{array}\right]=A^{-1}$$

☞【性質】

1. 設 A 爲 n 階方陣其爲對稱且非奇異，又設 B 爲 A 之逆矩陣，則 $B=A^{-1}$ 亦爲對稱。

2. $\begin{cases} B_{11}=A_{11}^{-1}+(A_{11}^{-1}A_{12})\xi^{-1}\cdot(A_{11}^{-1}A_{12})' \\ B_{12}=-(A_{11}^{-1}A_{12})\xi^{-1} \end{cases}$ $\begin{cases} B_{21}=B_{21}' \\ B_{22}=\xi^{-1} \end{cases}$

其中 $\xi=A_{22}-A_{21}(A_{11}^{-1}\cdot A_{12})$

【說明】

1. 若 $A=\left[\begin{array}{c:c} A_{11} & A_{12} \\ \hdashline A_{21} & A_{22} \end{array}\right]$ 爲對稱，則由對稱之性質知

$$\begin{cases} A_{11}'=A_{11}\Rightarrow(A_{11}')^{-1}=(A_{11}^{-1})'\Rightarrow A_{11}^{-1}=(A_{11}^{-1})' \\ A_{22}'=A_{22} \\ A_{12}'=A_{21} \\ A_{21}'=A_{12} \end{cases}$$

$$\begin{aligned} \therefore \xi' &=(A_{22}-A_{21}A_{11}^{-1}A_{12})' \\ &=A_{22}'-A_{12}'(A_{11}^{-1})\cdot A_{12}'=A_{22}-A_{21}A_{11}^{-1}\cdot A_{12} \\ &=\xi \\ &\Rightarrow(\xi')^{-1}=\xi^{-1} \end{aligned}$$

$$B_{22}'=(\xi^{-1})'=(\xi')^{-1}=\xi^{-1}=B_{22}$$

$$\begin{aligned} B_{21}' &=-\left[\xi^{-1}(A_{21}A_{11}^{-1})\right]' \\ &=-(A_{11}^{-1})'\cdot A_{21}'\cdot(\xi^{-1})'=-A_{11}^{-1}\cdot A_{12}\cdot\xi^{-1} \\ &=B_{21} \end{aligned}$$

$$B'_{11} = \left[A_{11}^{-1} + (A_{11}^{-1}A_{12})\xi^{-1}(A_{21}A_{11}^{-1})\right]'$$
$$= (A_{11}^{-1})' + [(A_{11}^{-1})' \cdot A'_{21} \cdot (\xi^{-1})' \cdot A'_{12} \cdot (A_{11}^{-1})']$$
$$= A_{11}^{-1} + (A_{11}^{-1} \cdot A_{12})\xi^{-1} \cdot (A_{21}A_{11}^{-1}) = B_{11}$$
$$= A_{11}^{-1} + (A_{11}^{-1} \cdot A_{12})\xi^{-1}(A_{11}^{-1} \cdot A_{12})'$$

$\therefore B$ 爲對稱，亦即 A^{-1} 爲對稱

2. 由 ***1.*** 知 A 的逆矩陣 B 其公式可變形爲

$$\begin{cases} B_{22} = \xi^{-1} \\ B_{12} = -(A_{11}^{-1} \cdot A_{12})\xi^{-1} \\ B_{21} = B'_{12} \\ B_{11} = A_{11}^{-1} + (A_{11}^{-1}A_{12})\xi^{-1}(A_{11}^{-1} \cdot A_{12})' \end{cases}$$

其中，$\xi = A_{22} - A_{21}(A_{11}^{-1}A_{12})$

《註》如 A 為非對稱時，則 $A'A$ 為對稱，令 $G = A' \cdot A$ 此時可利用對稱矩陣求逆矩陣之公式求出 G^{-1}，然後於右方乘上 $(G^{-1} \cdot A')$，即可求出 A^{-1} ($\because A^{-1} = (A' \cdot A)^{-1} \cdot A' = A^{-1} \cdot (A')^{-1} \cdot A' = A^{-1}$)。

【問】下列何者為真呢？

1. $A^{-1} = \dfrac{1}{A}$ (1：自然數)

2. $A^{-1} = \dfrac{I}{A}$ (I：單位矩陣)

3. 皆不爲真

【問】若 A 為非奇異，下列何者為真？

1. A^{-1} 爲非奇異

2. $adj\,A$ 爲非奇異

3. A' 爲非奇異

4. 皆不爲真

【問】若 A 為對稱，下列何者為真？

1. A^{-1} 爲對稱

2. $adjA$ 爲對稱

第 8 章 習題

8.1 求 $A=\begin{bmatrix}2 & 4 & 3 & 2\\ 3 & 6 & 5 & 2\\ 2 & 5 & 2 & -3\\ 4 & 5 & 14 & 14\end{bmatrix}$ 之逆矩陣。

【解】

$$[A\,|\,I_4]=\left[\begin{array}{cccc|cccc}2 & 4 & 3 & 2 & 1 & 0 & 0 & 0\\ 3 & 6 & 5 & 2 & 0 & 1 & 0 & 0\\ 2 & 5 & 2 & -3 & 0 & 0 & 1 & 0\\ 4 & 5 & 14 & 14 & 0 & 0 & 0 & 1\end{array}\right]\sim\left[\begin{array}{cccc|cccc}1 & 2 & \frac{3}{2} & 1 & \frac{1}{2} & 0 & 0 & 0\\ 3 & 6 & 5 & 2 & 0 & 1 & 0 & 0\\ 2 & 5 & 2 & -3 & 0 & 0 & 1 & 0\\ 4 & 5 & 14 & 14 & 0 & 0 & 0 & 1\end{array}\right]$$

$$\sim\left[\begin{array}{cccc|cccc}1 & 2 & \frac{3}{2} & 1 & \frac{1}{2} & 0 & 0 & 0\\ 0 & 0 & \frac{1}{2} & -1 & \frac{-3}{2} & 1 & 0 & 0\\ 0 & 1 & -1 & -5 & -1 & 0 & 1 & 0\\ 0 & -3 & 8 & 10 & -2 & 0 & 0 & 1\end{array}\right]\sim\left[\begin{array}{cccc|cccc}1 & 2 & \frac{3}{2} & 1 & \frac{1}{2}0 & 0 & 0 & 0\\ 0 & 1 & -1 & -5 & -1 & 0 & 1 & 0\\ 0 & 0 & \frac{1}{2} & -5 & \frac{-3}{2} & 1 & 0 & 0\\ 0 & -3 & 8 & 10 & -2 & 0 & 0 & 1\end{array}\right]$$

$$\sim\left[\begin{array}{cccc|cccc}1 & 0 & \frac{7}{2} & 11 & \frac{5}{2} & 0 & -2 & 0\\ 0 & 1 & -1 & -5 & -1 & 0 & 1 & 0\\ 0 & 0 & 1 & -2 & -3 & 2 & 0 & 0\\ 0 & 0 & 5 & -5 & -5 & 0 & 3 & 1\end{array}\right]\sim\left[\begin{array}{cccc|cccc}1 & 0 & 0 & 18 & 13 & -7 & -2 & 0\\ 0 & 1 & 0 & -7 & -4 & 2 & 1 & 0\\ 0 & 0 & 1 & -2 & -3 & 2 & 0 & 0\\ 0 & 0 & 0 & 5 & 10 & -10 & 3 & 1\end{array}\right]$$

$$\sim\left[\begin{array}{cccc|cccc}1 & 0 & 0 & 18 & 13 & -7 & -2 & 3\\ 0 & 1 & 0 & -7 & -4 & 2 & 1 & 0\\ 0 & 0 & 1 & -2 & -3 & 2 & 0 & 0\\ 0 & 0 & 0 & 1 & 2 & -2 & \frac{3}{5} & \frac{1}{5}\end{array}\right]\sim\left[\begin{array}{cccc|ccc}1 & 0 & 0 & 0 & -23 & 29 & -\frac{64}{5}\\ 0 & 1 & 0 & 0 & 10 & -12 & \frac{26}{5}\\ 0 & 0 & 1 & 0 & 1 & -2 & \frac{6}{5}\\ 0 & 0 & 0 & 1 & 2 & -2 & \frac{3}{5}\end{array}\right.$$

$=[I_4 \mid A^{-1}]$

$$\therefore A^{-1}=\begin{bmatrix} -23 & 29 & \frac{-64}{5} & \frac{-18}{5} \\ 10 & -12 & \frac{26}{5} & \frac{7}{5} \\ 1 & -2 & \frac{6}{5} & \frac{2}{5} \\ 2 & -2 & \frac{3}{5} & \frac{1}{5} \end{bmatrix}$$

8.2 用分割法求 $A=\begin{bmatrix} 1 & 3 & 3 \\ 1 & 3 & 4 \\ 1 & 4 & 3 \end{bmatrix}$ 之逆矩陣。

【解】

不能取 $A_{11}=\begin{bmatrix} 1 & 3 \\ 1 & 3 \end{bmatrix}$，因 A_{11} 爲奇異，無逆矩陣。

$$H_{23}\cdot A=\begin{bmatrix} 1 & 0 & 0 \\ 0 & 0 & 1 \\ 0 & 1 & 0 \end{bmatrix}\begin{bmatrix} 1 & 3 & 3 \\ 1 & 3 & 4 \\ 1 & 4 & 3 \end{bmatrix}=\begin{bmatrix} 1 & 3 & 3 \\ 1 & 4 & 3 \\ 1 & 3 & 4 \end{bmatrix}=B$$

此時，取 $B_{11}=\begin{bmatrix} 1 & 3 \\ 1 & 4 \end{bmatrix}, B_{11}^{-1}=\begin{bmatrix} 4 & -3 \\ -1 & 1 \end{bmatrix}$

然後利用分割法之公式，可求得

$$B^{-1}=\begin{bmatrix} 7 & -3 & -3 \\ -1 & 3 & 0 \\ -1 & 0 & 1 \end{bmatrix}$$

$\because H_{23}A=B \quad \therefore (H_{23}A)^{-1}=B^{-1}$

$A^{-1}\cdot H_{23}^{-1}=B^{-1}$

$$A^{-1}=B^{-1}\cdot H_{23}=\begin{bmatrix}7&-3&-3\\-1&1&0\\-1&0&1\end{bmatrix}\begin{bmatrix}1&0&0\\0&0&1\\0&1&0\end{bmatrix}=\begin{bmatrix}7&-3&-3\\-1&0&1\\-1&1&0\end{bmatrix}$$

8.3 $A=\begin{bmatrix}A_{11}&0\\0&A_{22}\end{bmatrix}$，式中 A_{11},A_{22} 均爲非奇異時，証

$$A^{-1}=\begin{bmatrix}A_{11}^{-1}&0\\0&A_{22}^{-1}\end{bmatrix}$$

【證】

設 A 的逆矩陣爲 B，則

$$B=A^{-1}=\begin{bmatrix}B_{11}&B_{12}\\B_{21}&B_{22}\end{bmatrix}$$

此處 $\xi=A_{22}-A_{21}(A_{11}^{-1}\cdot A_{12})$

將 $A_{12}=0,A_{21}=0$ 代入

$\therefore\xi=A_{22}\quad \xi^{-1}=A_{22}^{-1}=B_{22}$

$B_{12}=-(A_{11}^{-1}A_{12})\xi^{-1}=0$

$B_{21}=-\xi^{-1}(A_{21}A_{11}^{-1})=0$

$B_{11}=A_{11}^{-1}+(A_{11}^{-1}A_{12})\xi^{-1}(A_{21}A_{11}^{-1})=A_{11}^{-1}$

8.4 求 $A=\begin{bmatrix}1&2&0&0&0\\0&3&0&0&0\\0&0&1&0&0\\0&0&2&2&0\\0&0&3&3&3\end{bmatrix}$ 的逆矩陣

【解】

利用 $\begin{bmatrix} A_{11} & 0 \\ 0 & A_{22} \end{bmatrix} = \begin{bmatrix} A_{11}^{-1} & 0 \\ 0 & A_{22}^{-1} \end{bmatrix}$

令 $A_{11} = \begin{bmatrix} 1 & 2 \\ 0 & 3 \end{bmatrix}$，$A_{22} = \begin{bmatrix} 1 & 0 & 0 \\ 2 & 2 & 0 \\ 3 & 3 & 3 \end{bmatrix}$

$$A_{11}^{-1} = \begin{bmatrix} 1 & -\frac{2}{3} \\ 0 & \frac{1}{3} \end{bmatrix}, \quad A_{22}^{-1} = \begin{bmatrix} 1 & 0 & 0 \\ -1 & \frac{1}{2} & 0 \\ 0 & -\frac{1}{2} & \frac{1}{3} \end{bmatrix}$$

$$\therefore A^{-1} = \begin{bmatrix} - & -\frac{2}{3} & 0 & 0 & 0 \\ 0 & \frac{1}{3} & 0 & 0 & 0 \\ 0 & 0 & 1 & 0 & 0 \\ 0 & 0 & -1 & \frac{1}{2} & 0 \\ 0 & 0 & 0 & -\frac{1}{2} & \frac{1}{3} \end{bmatrix}$$

8.5 若 A 為可逆方陣，則 A^n 亦為可逆方陣，試證之。

【解】

A 的逆矩陣為 B 則 $AB = I_n = BA$

$$\begin{aligned} A^n \cdot B^n &= A^{n-1}(AB) \cdot B^{n-1} \\ &= A^{n-1} \cdot I_n \cdot B^{n-1} \\ &= A^{n-2}(AB) \cdot B^{n-2} \\ &= \cdots\cdots \\ &= AB = I_n \end{aligned}$$

同理可證 $B^n \cdot A^n = I_n$

$\therefore A^n$ 的逆矩陣為 B^n

8.6 試證若 $|A_{11}| \neq 0$，則 $\begin{vmatrix} A_{11} & A_{12} \\ A_{21} & A_{22} \end{vmatrix} = |A_{11}| \cdot |A_{22} - A_{21}A_{11}^{-1}A_{12}|$

【證】

$-A_{11}^{-1}A_{12}$

$$\begin{vmatrix} A_{11} & A_{12} \\ A_{21} & A_{22} \end{vmatrix} = \begin{vmatrix} A_{11} & 0 \\ A_{21} & A_{22} - A_{21} \cdot A_{11}^{-1} \cdot A_{12} \end{vmatrix}$$

$$= |A_{11}| \cdot |A_{22} - A_{21} \cdot A_{11}^{-1} \cdot A_{12}|$$

8.7 試求對稱矩陣 $A = \begin{bmatrix} 2 & 1 & -1 & 2 \\ 1 & 3 & 2 & -3 \\ -1 & 2 & 1 & -1 \\ 2 & -3 & -1 & -4 \end{bmatrix}$ 之逆矩陣。

【解】

首先考慮子矩陣 $G_3 = \begin{bmatrix} 2 & 1 & -1 \\ 1 & 3 & 2 \\ -1 & 2 & 1 \end{bmatrix}$

利用分割法可求出 $G_3^{-1} = \dfrac{1}{10}\begin{bmatrix} 1 & 3 & -5 \\ 3 & -1 & 5 \\ -5 & 5 & -5 \end{bmatrix}$

現考慮矩陣 A，利用分割法，

$$A_{11} = \begin{bmatrix} 2 & 1 & -1 \\ 1 & 3 & 2 \\ -1 & 2 & 1 \end{bmatrix} \quad A_{22} = \begin{bmatrix} 2 \\ -3 \\ -1 \end{bmatrix} \quad A_{21} = \begin{bmatrix} 2 & 3 & -1 \end{bmatrix} \quad A_{22} = \begin{bmatrix} 4 \end{bmatrix}$$

現 $A_{11}^{-1}=G_3^{-1}=\frac{1}{10}\begin{bmatrix}1 & 3 & -5\\ 3 & -1 & 5\\ -5 & 5 & -5\end{bmatrix}$

$$A_{11}^{-1}\cdot A_{12}=\begin{bmatrix}\frac{1}{5}\\ \frac{2}{5}\\ -2\end{bmatrix},\xi=\left[\frac{18}{5}\right],\xi^{-1}=\left[\frac{5}{18}\right]=B_{22}$$

$$\therefore B_{12}=-(A_{11}^{-1}A_{12})\xi^{-1}=-\begin{bmatrix}\frac{1}{5}\\ \frac{2}{5}\\ -2\end{bmatrix}\left[\frac{5}{18}\right]=\begin{bmatrix}\frac{-1}{18}\\ \frac{-2}{18}\\ \frac{10}{18}\end{bmatrix}$$

$$\begin{aligned}B_{11}&=A_{11}^{-1}+(A_{11}^{-1}A_{12})\xi^{-1}(A_{11}^{-1}A_{12})'\\ &=\begin{bmatrix}\frac{1}{10} & \frac{3}{10} & \frac{-5}{10}\\ \frac{3}{10} & \frac{-1}{10} & \frac{5}{10}\\ \frac{-5}{10} & \frac{5}{10} & \frac{-5}{10}\end{bmatrix}+\begin{bmatrix}\frac{1}{18}\\ \frac{2}{18}\\ \frac{-10}{18}\end{bmatrix}\begin{bmatrix}\frac{1}{5} & \frac{2}{5} & -2\end{bmatrix}\\ &=\begin{bmatrix}\frac{10}{90} & \frac{29}{90} & \frac{-55}{90}\\ \frac{29}{90} & \frac{-5}{90} & \frac{25}{90}\\ \frac{-55}{90} & \frac{25}{90} & \frac{-25}{90}\end{bmatrix}\end{aligned}$$

$$\therefore B = A^{-1} = \begin{bmatrix} \frac{1}{90} & \frac{29}{90} & \frac{-55}{90} & -\frac{1}{18} \\ \frac{29}{90} & \frac{-5}{90} & \frac{25}{90} & -\frac{2}{18} \\ \frac{-55}{90} & \frac{25}{90} & \frac{-25}{90} & \frac{10}{18} \\ -\frac{1}{18} & \frac{-2}{18} & \frac{10}{18} & \frac{5}{18} \end{bmatrix}$$

8.8 證 $\begin{bmatrix} A & 0 \\ C & B \end{bmatrix}^{-1} = \begin{bmatrix} A^{-1} & 0 \\ -B^{-1}CA^{-1} & B^{-1} \end{bmatrix}$

【證】

令 $\begin{bmatrix} A & 0 \\ C & B \end{bmatrix}$ 之逆矩陣為 $\begin{bmatrix} E & F \\ G & H \end{bmatrix}$

則 $\begin{bmatrix} A & 0 \\ C & B \end{bmatrix}\begin{bmatrix} E & F \\ G & H \end{bmatrix} = I$

且 $\begin{bmatrix} E & F \\ G & H \end{bmatrix}\begin{bmatrix} A & 0 \\ C & B \end{bmatrix} = I$

$\therefore AE = I$ (1)

$AF = 0$ (2)

$GA = HC = 0$ (3)

$HB = I$ (4)

解上式得 $E = A^{-1}, F = 0, H = B^{-1}, G = -B^{-1}CA^{-1}$

$$\therefore \begin{bmatrix} E & F \\ G & H \end{bmatrix} = \begin{bmatrix} A^{-1} & 0 \\ -B^{-1}CA^{-1} & B^{-1} \end{bmatrix}$$

8.9 若 A 為 $m \times n$ 矩陣，且 $A' \cdot A$ 為非奇異矩陣，又若 $B = I - A(A' \cdot A)^{-1} \cdot A'$，試說明 $B' = B = B^2$。

8.10 設 $A=[a_{ij}]_{n\times n}$，$A^{-1}=[a^{ij}]_{n\times n}$，則 $a^{ij}=\dfrac{\alpha_{ji}}{|A|}$。

【說明】

$$\because\ A^{-1}=\frac{adj\,A}{|A|}=\begin{bmatrix}\dfrac{\alpha_{11}}{|A|} & \cdots\cdots & \dfrac{\alpha_{n1}}{|A|}\\ \dfrac{\alpha_{12}}{|A|} & \cdots\cdots & \dfrac{\alpha_{n2}}{|A|}\\ \cdots & \cdots\cdots & \cdots\\ \dfrac{\alpha_{1n}}{|A|} & \cdots\cdots & \dfrac{\alpha_{nn}}{|A|}\end{bmatrix}$$

故與 $A^{-1}=[a^{ij}]$ 相比較，即可得出。

8.11 已知 A 爲 p 階的非奇異矩陣，B 爲 p×q 階的非奇異矩陣，C 爲 q×p 階的非奇異矩陣，D 爲階的非奇異矩陣，試證下列成立。

（1）$\begin{bmatrix}A & O\\ C & D\end{bmatrix}^{-1}=\begin{bmatrix}A^{-1} & O\\ -D^{-1}CA^{-1} & D^{-1}\end{bmatrix}$

（2）$\begin{bmatrix}A & B\\ O & D\end{bmatrix}^{-1}=\begin{bmatrix}A^{-1} & -A^{-1}BD^{-1}\\ O & D^{-1}\end{bmatrix}$

（3）$\begin{bmatrix}A & O\\ O & D\end{bmatrix}^{-1}=\begin{bmatrix}A^{-1} & O\\ O & D^{-1}\end{bmatrix}$

（4）$\begin{bmatrix}O & A\\ D & O\end{bmatrix}^{-1}=\begin{bmatrix}O & D^{-1}\\ A^{-1} & O\end{bmatrix}$

（5）設 $F=\left(D-CA^{-1}B\right)^{-1}$，$E=\left(A-BD^{-1}C\right)^{-1}$ 則

$$\begin{bmatrix}A & B\\ C & D\end{bmatrix}^{-1}=\begin{bmatrix}A^{-1}+A^{-1}BFCA^{-1} & -A^{-1}BF\\ -FCA^{-1} & F\end{bmatrix}$$

$$\begin{bmatrix}A & B\\ C & D\end{bmatrix}^{-1}=\begin{bmatrix}E & -EBD^{-1}\\ -D^{-1}CE & D^{-1}+D^{-1}CEBD^{-1}\end{bmatrix}$$

向量及線性相依

定義 9-1

於 $\Re$ 內之 n 維向量 (n-dimensional vector) X 爲屬於 $\Re$ 內之 n 個元素 x_i 的有序集合 (ordered set)，記成 $X=[x_1, x_2, \cdots, x_n]$，元素 $x_1, x_2, \cdots, x_n$ 稱爲 X 的第 1，第 2，…，第 n 分量 (component)。此外 $X'=[x_1, x_2, \cdots, x_n]'=\begin{bmatrix} x_1 \\ x_2 \\ \vdots \\ x_n \end{bmatrix}$，稱爲行向量。一向量其全部分量均爲 0，稱爲零向量，以 0 表示。

☞【運算性質】

設 X_1, X_2 爲 $\Re$ 內之 2 個 n 維向量，設

$$X_1=[x_{11}, x_{12}, \cdots, x_{1n}],\ X_2=[x_{21}, x_{22}, \cdots, x_{2n}]$$

1. $X_1 \pm X_2=[x_{11}\pm x_{21}, x_{12}\pm x_{22}, \cdots, x_{1n}\pm x_{2n}]$

2. $kX_1=[kx_1, kx_2, \cdots, kx_n]$

【註】視 X_1, X_2 為 $1\times n$ 矩陣，即可應用矩陣的性質運算。

例題 9-1

考慮 3 維向量

$X_1=[3,1,-4], X_2=[2,2,-3], X_3=[0,-4,1], X_4=[-4,-4,6]$

試計算 $2X_1-5X_2$ ，$2X_1-3X_2-X_3$ ，$2X_1-X_2-X_3+X_4$ 。

【解】

1. $2X_1-5X_2=2[3,1,-4]-5[2,2,-3]$

$=[6,2,-8]-[10,10,-15]$

$=[-4,-8,7]$

2. $2X_1-3X_2-X_3=0$

3. $2X_1-X_2-X_3+X_4=0$

定義 9-2

於 $\Re$ 內的 m 個 n 維向量

$$X_1=[x_{11}, x_{12}, \cdots, x_{1n}]$$
$$X_2=[x_{21}, x_{22}, \cdots, x_{2n}]$$
$$\vdots$$
$$X_m=[x_{m1}, x_{m2}, \cdots, x_{mn}]$$

假若有屬於 $\Re$ 之 m 個不全爲零之純量 $k_1, k_2, \cdots, k_m$ 存在，以使

$$k_1X_1+k_2X_2+\cdots+k_mX_m=0$$

則謂此 m 個 n 維向量在 R 內爲線性相依 (Linear dependence of vector)。否則此 m 個向量謂之線性獨立 (linear Independent of vecton)。

【註】$X_1, X_2, \cdots, X_m$ 為線性獨立，即 $k_1, k_2, \cdots, k_m$ 均為 0。

例題 9-2

考慮 3 維向量

$X_1 = [3, 1, -4], X_2 = [2, 2, -3], X_3 = [0, -4, 1], X_4 = [-4, -4, 6]$

判斷其間之線性關係。

【解】

1. $\because 2X_1 - 3X_2 - X_3 = 0$，$\therefore X_1, X_2, X_3$ 爲線性相依。

2. $\because 2X_1 - X_2 - X_3 + X_4 = 0$，$\therefore X_1, X_2, X_3, X_4$ 爲線性相依。

3. $\because 2X_1 + X_4 = 0$，$\therefore X_1, X_4$ 爲線性相依。

☞ **【性質】**

1. 任何 n 維向量 X 與 n 維零向量 O 爲線性相依。

2. 任何 n 維向量 X 與自己仍爲線性相依。

【說明】

1. $\because 0 \cdot X + k \cdot O = 0 \ (k \neq 0)$，$\therefore X, O$ 爲線性相依。

2. $\because 1X - 1X = 0$，$\therefore X, X$ 爲線性相依。

定義 9-3

一向量 X_{m+1} 是諸向量 $X_1, X_2, \cdots, X_m$ 之線性組合，如在 $\Re$ 內存在有純量 $k_1, k_2, \cdots, k_m$ 以使

$$X_{m+1}=k_1X_1+k_2X_2+\cdots+k_mX_m$$ 。

☞【性質】

如 m 個向量爲線性相依，則其中有些向量常可表示爲其他向量之線性組合。

【說明】

設 m 個向量 $X_1, X_2, \cdots X_m$ 爲線性相依，即存在有不全爲零的純量 $k_1, \cdots k_m$ 以使 $k_1X_1+k_2X_2+\cdots+k_mX_m=0$ ，設 $k_i \neq 0$ ，則

$$\begin{aligned} X_i &= -\frac{1}{k_i}\{k_1X_1+k_2X_2+\cdots+k_{i-1}X_{i-1}+k_{i+1}X_{i+1}+\cdots+k_mX_m\} \\ &= s_1X_1+s_2X_2+\cdots+s_{i-1}X_{i-1}+s_{i+1}X_{i+1}+\cdots+s_mX_m \end{aligned}$$

☞【性質】

如 m 個 n 維向量 $X_1, X_2, \cdots, X_m$ 爲線性獨立，如加上另一個 n 維向量 X_{m+1} 後所得之集合成爲線性相依，則 X_{m+1} 可表示爲 $X_1, X_2, \cdots, X_m$ 之線性組合。

【說明】

設 $X_1=[3, 1, -4], X_2=[2, 2, -3], X_3=[0, -4, 1]$

因 X_1, X_2 爲線性獨立，而 X_1, X_2, X_3 爲線性相依，即滿足 $2X_1-3X_2-X_3=0$ ，顯然， $X_3=2X_1-3X_2$

$\therefore X_3$ 爲 X_1, X_2 之線性組合。

☞【性質】

在 m 個向量 $X_1, X_2, \cdots, X_m$ 內，如有一線性相依之 $r\,(<n)$ 個向量之子集合，則整個集合之向量爲線性相依。

【說明】

考慮 4 個 3 維向量，

$$X_1 = [3, 1, -4], X_2 = [2, 2, -3], X_3 = [0, -4, 1], X_4 = [-4, -4, 6]$$

由於，

$$2X_1 + X_4 = 0$$

知 X_1, X_2 爲線性相依，又

$$2X_1 - 3X_2 - X_3 = 0$$
$$2X_1 - X_2 - X_3 + X_4 = 0$$

因之 X_1, X_2, X_3 或 X_1, X_2, X_3, X_4 仍爲線性相依。

☞【性質】

如由 m 個 n 維向量 $X_1, X_2, \cdots, X_m$ 所形成之矩陣即

$$A = \begin{bmatrix} x_{11} & x_{12} & \cdots & x_{1n} \\ x_{21} & x_{22} & \cdots & x_{2n} \\ \cdots & \cdots & \cdots & \cdots \\ x_{m1} & x_{m2} & \cdots & x_{mn} \end{bmatrix} \quad (m \le n)$$

如其秩爲 $r < m$，則此 m 個向量中有 r 個向量爲線性獨立，而其餘的 $m - r$ 個向量均可表示爲此等 m 個向量之線性組合。

【說明】

$$X_1 = [2, -1, 3], X_2 = [1, 2, 4], X_3 = [4, -7, 2] \text{，} A = \begin{bmatrix} 2 & -1 & 3 \\ 1 & 2 & 4 \\ 4 & -7 & 1 \end{bmatrix}$$

之秩爲 2。

因 X_1, X_2 或 X_1, X_3 或 X_2, X_3 均爲線性獨立，

又，$3X_1 - 2X_2 - X_3 = 0$

亦即 3 個向量 X_1, X_2, X_3 中存在有 2 個向量 X_1, X_2 (或 X_1, X_3 或 X_2, X_3) 爲線性獨立，而其餘的 X_3 向量爲 X_1, X_2 的線性組合 (或 X_2 爲 X_1, X_3 之線性組合，或 X_1 爲 X_2, X_3 的線性組合)。

☞【性質】

於 $\Re$ 之內之 m 個 n 維向量，

$$
\begin{aligned}
X_1 &= [x_{11}, x_{12}, \cdots, x_{1n}] \\
X_2 &= [x_{21}, x_{22}, \cdots, x_{2n}] \\
&\vdots \\
X_m &= [x_{m1}, x_{m2}, \cdots, x_{mn}]
\end{aligned}
$$

此 m 個向量所形成之矩陣爲

$$
A = \begin{bmatrix} x_{11} & x_{12} & \cdots & x_{1n} \\ x_{21} & x_{22} & \cdots & x_{2n} \\ \cdots & \cdots & \cdots & \cdots \\ x_{m1} & x_{m2} & \cdots & x_{mn} \end{bmatrix}
$$

1. $X_1, X_2, \cdots, X_m$ 爲線性相依之充要條件爲此矩陣 A 之秩爲 $r < m$。

2. 如其秩爲 m，則此 m 個向量爲線性獨立，

3. 如 $m > n$，則此 m 個向量爲線性相依。

4. 如 $X_1, X_2, \cdots, X_m$ 爲線性獨立，則其中之每一子集合亦爲線性獨立。

【說明】

1. $\begin{matrix} X_1 \\ X_2 \\ X_3 \end{matrix}\begin{bmatrix} 1 & 2 & -3 & 4 \\ 3 & -1 & 2 & 1 \\ 1 & -5 & 8 & -7 \end{bmatrix}$ 之秩為 $2<3$，故有 2 個線性獨立向量即 X_1, X_2，而 X_1, X_2, X_3 為線性相依 $(-14X_1+7X_2-7X_3=0)$。

2. $\begin{matrix} X_1 \\ X_2 \\ X_3 \end{matrix}\begin{bmatrix} 1 & 3 & 3 \\ 1 & 3 & 4 \\ 1 & 4 & 3 \end{bmatrix}$ 之秩為 3，設 $k_1X_1+k_2X_2+k_3X_3=0$，則 $k_1=k_2=k_3=0$，$\therefore X_1, X_2, X_3$ 為線性獨立。

3. $\begin{matrix} X_1 \\ X_2 \\ X_3 \\ X_4 \end{matrix}\begin{bmatrix} 1 & 0 & 0 \\ 0 & 1 & 0 \\ 0 & 0 & 1 \\ 1 & 0 & 1 \end{bmatrix}$，$\because 1X_1+0X_2+1X_3-X_4=0$，$\therefore X_1, X_2, X_3\ X_4$ 為線性相依。

4. $\begin{matrix} X_1 \\ X_2 \\ X_3 \end{matrix}\begin{bmatrix} 1 & 0 & 0 \\ 0 & 1 & 0 \\ 0 & 0 & 1 \end{bmatrix}$，$\because X_1, X_2, X_3$ 為線性獨立，則 X_1, X_2；X_1, X_3；X_2, X_3 均為線性獨立。

定義 9-3

考慮一個 n 變數 m 個線性形式 (Linear form) 如下：

$$\begin{cases} f_1 = a_{11}x_1 + a_{12}x_2 + \cdots + a_{1n}x_n \\ f_2 = a_{21}x_1 + a_{22}x_2 + \cdots + a_{2n}x_n \\ \quad\vdots \\ f_m = a_{m1}x_1 + a_{m2}x_2 + \cdots + a_{mn}x_n \end{cases}$$

如於 $\Re$ 內有不全爲零的純量 $k_1, k_2, \cdots, k_m$ 存在，使得

$$k_1 f_1 + k_2 f_2 + \cdots + k_m f_m = 0$$

則此形式稱爲線性相依，否則此形式稱爲線性獨立。

【註】此形式之相關矩陣為

$$A = \begin{bmatrix} a_{11} & a_{12} & \cdots & a_{1n} \\ a_{21} & a_{22} & \cdots & a_{2n} \\ \cdots & \cdots & \cdots & \cdots \\ a_{m1} & a_{m2} & \cdots & a_{mn} \end{bmatrix}$$

此形式之線性相依或線性獨立與 A 之列向量為線性相依或線性獨立對等。

例題 9-3

下列形式

$$\begin{cases} f_1 = 2x_1 - x_2 + 3x_3 \\ f_2 = x_1 + 2x_2 + 4x_3 \\ f_3 = 4x_1 - 7x_2 + x_3 \end{cases}$$

爲線性相依。

【解】

因 $A = \begin{bmatrix} 2 & -1 & 3 \\ 1 & 2 & 4 \\ 4 & -7 & 1 \end{bmatrix}$ 之秩爲 2，

此處

$$3f_1 - 2f_2 - f_3 = 0$$

亦即 f_1, f_2, f_3 爲線性相依。

【問】如 $m > n$，則必為線性相依，為什麼？

例題 9-4

在R^2中，設有 3 個向量$X_1 = (1, 2), X_2 = (1, 0), X_3 = (2, 1)$

問：X_1, X_2, X_3是否爲線性相依？

【解】

若 $c_1X_1 + c_2X_2 + c_3X_3 = 0$

則得聯立方程爲

$$c_1 + c_2 + 2c_3 = 0$$

$$2c_1 \qquad + c_3 = 0$$

其解爲

$$c_1 = -\frac{1}{2}t$$

$$c_2 = -\frac{3}{2}t$$

$c_3 = t$ ，t爲任意實數

因爲有不全爲零的c_1, c_2, c_3，例如$c_1 = -\frac{1}{2}, c_2 = -\frac{3}{2}, c_3 = 1$

使得 $c_1X_1 + c_2X_2 + c_3X_3 = 0$，故$X_1, X_2, X_3$爲線性相依。

第 9 章 習題

9.1 檢查下列各向量集合於實數體內爲線性相依或線性獨立。於每一相依集合中選取一極大線性獨立子集合，且表示剩餘向量的每一個爲此等向量之線性組合。

1. $\begin{cases} X_1=[2,-1,3,2] \\ X_2=[1,3,4,2] \\ X_3=[3,-5,2,2] \end{cases}$

2. $\begin{cases} X_2=[1,2,1] \\ X_2=[2,1,4] \\ X_3=[4,5,6] \\ X_4=[1,8,-3] \end{cases}$

3. $\begin{cases} X_1=[2,1,3,2,-1] \\ X_2=[4,2,1,-2,3] \\ X_3=[0,0,5,6,-5] \\ X_4=[6,3,-1,-6,7] \end{cases}$

【解】

1. $X_3=2X_1-X_2$

2. $\begin{cases} X_3=2X_1+X_2 \\ X_4=5X_1-2X_2 \end{cases}$

3. $\begin{cases} X_3=2X_1-X_2 \\ X_4=2X_2-X_1 \end{cases}$

9.2 檢查下列線性形式爲線性相依或線性獨立。

1. $\begin{cases} f_1 = 3x_1 - x_2 + 2x_3 + x_4 \\ f_2 = 2x_1 + 3x_2 - x_3 + 2x_4 \\ f_3 = 5x_1 - 9x_2 + 8x_3 - x_4 \end{cases}$

2. $\begin{cases} f_1 = 2x_1 - 3x_2 + 4x_3 - 2x_4 \\ f_2 = 3x_1 + 2x_2 - 2x_3 + 5x_4 \\ f_3 = 5x_1 - x_2 + 2x_3 + 3x_4 \end{cases}$

【解】

1. $3f_1 - 2f_1 - f_3 = 0$

9.3 若下列任一組之多項式形成線性相依，則求一線性組合，其值恒等於 0。

1. $\begin{cases} f_1 = x^3 - 3x^2 + 4x - 2 \\ f_2 = 2x^2 - 6x + 4 \\ f_3 = x^3 - 2x^2 + x \end{cases}$

2. $\begin{cases} f_1 = 2x^4 + 3x^3 - 4x^2 + 5x + 3 \\ f_2 = x^3 + 2x^2 - 3x + 1 \\ f_3 = x^4 + 2x^3 - x^2 + x + 2 \end{cases}$

【解】

1. $2f_1 + f_2 - 2f_3 = 0$

2. $f_1 + f_2 - 2f_3 = 0$

9.4 求證 $\begin{bmatrix} 1 & 2 & 3 \\ 3 & 2 & 4 \\ 1 & 3 & 2 \end{bmatrix}$, $\begin{bmatrix} 2 & 1 & 3 \\ 3 & 4 & 2 \\ 2 & 2 & 1 \end{bmatrix}$ 和 $\begin{bmatrix} 0 & 3 & 3 \\ 3 & 0 & 6 \\ 0 & 4 & 3 \end{bmatrix}$ 為線性相依。

9.5 如 n 維向量 $X_1, X_2, \cdots, X_n$ 為線性獨立，試證 $Y_1, Y_2, \cdots, Y_n$ 為線性獨立之充要條件為 $A = [a_{ij}]$ 為非奇異，式中

$$Y_i=\sum_{j=1}^{n}a_{ij}X_j \text{ 。}$$

9.6 若 $X_1, X_2, \cdots, X_m$ 爲線性獨立時，試調查以下是否爲線性獨立，$X_1+X_2, X_2+X_3, \cdots, X_m+X_1$

9.7 當已知 $m\times n$ 矩陣 A 與 n 維向量 $X_1, X_2, \cdots, X_m$ 時，試說明如 $AX_1, \cdots, AX_m$ 爲線性獨立時，則 $X_1, X_2, \cdots, X_m$ 爲線性獨立。又，即使 $X_1, X_2, \cdots, X_m$ 爲線性獨立，試說明 $AX_1, AX_2, \cdots, AX_m$ 不一定爲線性獨立。並且由此事說明下列式子，即

$$rank\ AB\le rank\ B, rank\ AB\le rank\ A$$

9.8 假設 $X_1, X_2, \cdots, X_m$ 爲線性獨立，設 $Y=\lambda_1X_1+\cdots+\lambda_mX_m$ 。試說明 $X_1-Y, X_2-Y, \cdots, X_m-Y$ ，爲線性獨立之充要條件爲 $\lambda_1+\lambda_2+\cdots+\lambda_m\neq 1$ 。

9.9 假設 $X_1, X_2, \cdots, X_m$ 爲線性獨立，且下式成立，

$$Y_j=\sum_{i=1}^{n}b_{ij}X_i, j=1,2,\cdots k$$

如果 $k>m$ 時，$Y_1, Y_2, \cdots, Y_k$ 爲線性相依 (換言之，如果 $Y_1, Y_2, \cdots, Y_k$ 爲線性獨立時，必須 $k\le m$)。

第 10 章

線性方程式

定義10-1

考慮有 n 個未知數 $x_1, x_2, \cdots, x_n$ 之 m 個線性方程式組。

$$\begin{cases} a_{11}x_1 + a_{12}x_2 + \cdots + a_{1n}x_n = h_1 \\ a_{21}x_1 + a_{22}x_2 + \cdots + a_{2n}x_n = h_2 \\ \vdots \\ a_{m1}x_1 + a_{m2}x_2 + \cdots + a_{mn}x_n = h_m \end{cases}$$

方程式組的係數及常數項均爲實數。

當此組中有解時，謂之相容 (consistent) 或有解；否則此組謂之不相容或矛盾 (Inconsistent) 或無解。

定義10-2

如方程式組之每一解均爲另一組之解，則稱 爲對等 (Equivalent)。對等之方程式可應用下列變換之一種或多種而得；

1. 交換其中任何兩方程式。

2. 將任何方程式乘以非零常數。

3. 於任一方程式加上另一方程式的常數倍。

【注意】方程式組之運算為列運算並無行運算。

例題10-1

$$\begin{cases} a_{11}x_1 + a_{12}x_2 + \cdots + a_{1n}x_n = h_1 \\ a_{21}x_1 + a_{22}x_2 + \cdots + a_{2n}x_n = h_2 \\ \quad \vdots \\ a_{m1}x_1 + a_{m2}x_2 + \cdots + a_{mn}x_n = h_m \end{cases}$$

試以矩陣的形式來表示方程式組。

【解】

令 $A = [\, a_{ij} \,]_{m\times n}$, $X = [\, x_1 , x_2 , \cdots , x_n]'$

$H = [\, h_1 , h_2 , \cdots , h_m]'$

則可簡寫成矩陣之形式，即

$AX = H$

在求解方程式組常藉 $[AH]$ 再利用列變換進行，此 $[AH]$ 稱爲擴大矩陣 (Augmented Matrix)。

例題10-2

解下列方程式組：

$$\begin{cases} x_1 + 2x_2 + x_3 = 2 \\ 3x_1 + x_2 - 2x_3 = 1 \\ 4x_1 - 3x_2 - x_3 = 3 \\ 2x_1 + 4x_2 + 2x_3 = 4 \end{cases}$$

【解】

$$[AH]=\begin{bmatrix}1&2&1&2\\3&1&-2&1\\4&-3&-1&3\\2&4&2&4\end{bmatrix}\sim\begin{bmatrix}1&2&1&2\\0&-5&-5&-5\\0&-11&-5&-5\\0&0&0&0\end{bmatrix}\sim$$

$$\sim\begin{bmatrix}1&2&1&2\\0&1&1&1\\0&-11&-5&-5\\0&0&0&0\end{bmatrix}\sim\begin{bmatrix}1&0&-1&0\\0&1&1&1\\0&0&1&1\\0&0&0&0\end{bmatrix}\sim\begin{bmatrix}1&0&0&1\\0&1&0&0\\0&0&1&1\\0&0&0&0\end{bmatrix}$$

因而 $X=[1,0,1]'$

☞ **【性質】**

一有 n 個未知數之 m 個線性方程式之方程組 $AX=H$ 爲相容之充要條件，爲此組之係數矩陣與擴大矩陣爲同秩。

【說明】

如 A 爲 r 秩，則

$$[AH]\overset{\text{列變換}}{\sim}[CK]=\left[\begin{array}{cccccccc|c}1&0&\cdots&0&l_{1\,r+1}&\cdots&l_{1n}&&k_1\\0&1&\cdots&0&l_{2\,r+1}&\cdots&l_{2n}&&k_2\\\cdots&\cdots&\cdots&\cdots&\cdots&\cdots&\cdots&&\cdots\\0&\cdots&\cdots&1&l_{r\,r+1}&\cdots&\cdots&&k_r\\\hline0&\cdots&\cdots&0&0&\cdots&0&&k_{r+1}\\\cdots&\cdots&\cdots&\cdots&\cdots&\cdots&\cdots&&\cdots\\0&\cdots&\cdots&0&0&\cdots&0&&k_m\end{array}\right]$$

如 $k_{r+1}=k_{r+2}=\cdots=k_m=0$，則方程式組有解。

如 $k_{r+1},k_{r+2},\cdots,k_m$ 中至少有一個不爲零時，設爲 $k_t\neq0$，則對應之方程式爲

$$0x_1+0x_2+\cdots+0x_n=k_t\neq0$$

則方程式組無解。

因之方程式有解與否，則視 A 與 $[AH]$ 是否同秩。

☞【性質】

設 $A=[a_{ij}]$ 爲 $m\times n$ 之矩陣，$X=[x_1,\cdots,x_n]'$，$H=[h_1,h_2,\cdots,h_m]'$ 於 $AH=H$ 之相容方程式組中，如 A 的秩爲 $r<n$ 時，則可選取 $n-r$ 個未知數用以指定任意值，其他之 r 個未知數即可隨之決定。

例題10-3

求解如下方程式組：

$$\begin{cases} x_1+2x_2-3x_3-4x_4=6 \\ x_1+3x_2+x_3-2x_4=4 \\ 2x_1+5x_2-2x_3-5x_4=10 \end{cases}$$

【解】

$$[AH]=\begin{bmatrix} 1 & 2 & -3 & -4 & 6 \\ 1 & 3 & 1 & -2 & 4 \\ 2 & 5 & -2 & -5 & 10 \end{bmatrix}\sim\begin{bmatrix} 1 & 2 & -3 & -4 & 6 \\ 0 & 1 & 4 & 2 & -2 \\ 0 & 1 & 4 & 3 & -2 \end{bmatrix}$$

$$\sim\begin{bmatrix} 1 & 0 & -11 & -8 & 10 \\ 0 & 1 & 4 & 2 & -2 \\ 0 & 0 & 0 & 1 & 0 \end{bmatrix}\sim\begin{bmatrix} 1 & 0 & -11 & 0 & 10 \\ 0 & 1 & 4 & 0 & -2 \\ 0 & 0 & 0 & 1 & 0 \end{bmatrix}=[CK]$$

因 A 及 $[AH]$ 的秩均爲 3，故方程式組爲相容。$n-r=4-3=1$，故有一個未知數可用以指定任意值，令 $X_3=a$，a 爲任意值，則 $x_1=10+11a$, $x_2=-2-4a$, $x_4=0$。

因之 $X=[10+11a,-2-4a,a,0]'$

定義10-3

一線性方程式

$$a_1x_1 + a_2x_2 + \cdots + a_nx_n = h$$

如 $h \neq 0$，則稱爲非齊次方程式 (Non-homogenous equation)，

如 $h = 0$，則稱爲齊次方程式 (Homogenous equation)。

☞ **【性質】**

n 個未知數 n 個非齊次方程式之方程式組 $AX = H$ 中，假若其係數矩陣 A 之秩爲 n，亦即 $|A| \neq 0$，則有唯一解，此時可用以下兩種解法。

1. Cramer's Rule

以 $A_i\ (i = 1, 2, \cdots, n)$ 表示自 A 以常數行換其第 i 行而得之矩陣。

則 $x_1 = \dfrac{|A_1|}{|A|}, x_2 = \dfrac{|A_2|}{|A|}, \cdots, x_n = \dfrac{|A_n|}{|A|}$

2. 應用 $X = A^{-1}H$ 求解。

【說明】

1. 設非齊次方程式組爲

$$\begin{cases} a_{11}x_1 + a_{12}x_2 + \cdots + a_{1n}x_n = h_1 \\ a_{21}x_1 + a_{22}x_2 + \cdots + a_{2n}x_n = h_2 \\ \vdots \\ a_{m1}x_1 + a_{m2}x_2 + \cdots + a_{mn}x_n = h_m \end{cases}$$

於第 1 方程式上 α_{11}，第 2 方程乘上 $\alpha_{21}, \cdots$，第 n 方程式乘上 α_{n1}，再相加可得，

$$|A|x_1 + 0x_2 + \cdots + 0x_n = h_1\alpha_{11} + h_2\alpha_{21} + \cdots + \alpha_n\alpha_{n1} = |A_1|$$

$\because |A| \neq 0$，$\therefore x_1 = \dfrac{|A_1|}{|A|}$

同理可求出 $x_i = \dfrac{|A_i|}{|A|} \quad (i = 2, \cdots, n)$

2. $\because AX = H$

$A^{-1} \cdot A \cdot X = A^{-1} \cdot H$

$\therefore X = A^{-1} \cdot H$

例題10-4

求解如下方程式組：

$$\begin{cases} 2x_1 + x_2 + 5x_3 + x_4 = 5 \\ x_1 + x_2 - 3x_3 - 4x_4 = -1 \\ 3x_1 + 6x_2 - 2x_3 + x_4 = 8 \\ 2x_1 + 2x_2 + 2x_3 - 3x_4 = 2 \end{cases}$$

【解】

$$|A| = \begin{vmatrix} 2 & 1 & 5 & 1 \\ 1 & 1 & -3 & -4 \\ 3 & 6 & -2 & 1 \\ 2 & 2 & 2 & -3 \end{vmatrix} = -120$$

$$|A_1| = \begin{vmatrix} 5 & 1 & 5 & 1 \\ -1 & 1 & -3 & -4 \\ 8 & 6 & -2 & 1 \\ 2 & 2 & 2 & -3 \end{vmatrix} = -240$$

$$|A_2| = \begin{vmatrix} 2 & 5 & 5 & 1 \\ 1 & -1 & -3 & -4 \\ 3 & 8 & -2 & 1 \\ 2 & 2 & 2 & -3 \end{vmatrix} = -24$$

$$|A_3| = \begin{vmatrix} 2 & 1 & 5 & 1 \\ 1 & 1 & -1 & -4 \\ 3 & 6 & 8 & 1 \\ 2 & 2 & 2 & -3 \end{vmatrix} = 0$$

$$|A_4| = \begin{vmatrix} 2 & 1 & 5 & 5 \\ 1 & 1 & -3 & -1 \\ 3 & 6 & -2 & 8 \\ 2 & 2 & 2 & 2 \end{vmatrix} = -96$$

$$\therefore x_1 = \frac{|A_1|}{|A|} = 2 , x_2 = \frac{|A_2|}{|A|} = \frac{1}{5} , x_3 = \frac{|A_3|}{|A|} = 0 , x_4 = \frac{|A_4|}{|A|} = \frac{4}{5}$$

例題10-5

求解方程式組：

$$\begin{cases} 2x_1 + 3x_2 + x_3 = 9 \\ x_1 + 2x_2 + 3x_3 = 6 \\ 3x_1 + x_2 + 2x_3 = 8 \end{cases}$$

【解】

$A = \begin{bmatrix} 2 & 3 & 1 \\ 1 & 2 & 3 \\ 3 & 1 & 2 \end{bmatrix}$，經計算 A 逆矩陣得出爲，

$$A^{-1}=\frac{1}{18}\begin{bmatrix}1 & -5 & 7\\ 7 & 1 & -5\\ -5 & 7 & 1\end{bmatrix}$$

則 $X=A^{-1}\cdot H=\frac{1}{18}\begin{bmatrix}1 & -5 & 7\\ 7 & 1 & -5\\ -5 & 7 & 1\end{bmatrix}\begin{bmatrix}9\\ 6\\ 8\end{bmatrix}=\frac{1}{18}\begin{bmatrix}35\\ 29\\ 5\end{bmatrix}$

☞【性質】

設 $A=[\,a_{ij}\,]$ 爲 $m\times n$ 之矩陣，$X=[x_1, x_2, \cdots, x_n]'$，則 $AX=0$ 稱爲齊次方程式組。由於其係數矩陣 A 之秩與擴大矩陣 $[AO]$ 之秩相同，因而此方程式組恒爲相容。注意 $X=0$（即 $x_1=0$, $x_2=0, \cdots, x_n=0$）恒爲一解，此解稱爲顯明解 (Trivial Solution)。

☞【性質】

1. n 個未知數 m 個齊次方程式之方程式組，除顯明解外仍有其他解之充要條件爲 A 的秩 $r<n$。

2. n 個未知數 n 個齊次方程式之方程式組，除顯明解外仍有其他解之充要條件爲 $|A|=0$。

3. n 個未知數 m 個齊次方程式之方程式組如 A 之秩爲 $r<n$，則此方程式組恰有 $n-r$ 個線性獨立解，而其他 r 個解爲此 $n-r$ 之線性組合。

例題10-6

求解方程式組：

$$\begin{cases}x_1+x_2+x_3+x_4=0\\ x_1+3x_2+2x_3+4x_4=0\\ 2x_1+x_3-x_4=0\end{cases}$$

【解】

$$[AO]=\begin{bmatrix}1&1&1&1&0\\1&3&2&4&0\\2&0&1&-1&0\end{bmatrix}\sim\begin{bmatrix}1&1&1&1&0\\1&2&1&3&0\\0&2&-1&-3&0\end{bmatrix}\sim$$

$$\begin{bmatrix}1&1&1&1&0\\0&2&1&3&0\\0&0&0&0&0\end{bmatrix}\sim\begin{bmatrix}1&1&1&0&0\\0&1&\frac{1}{2}&\frac{3}{2}&0\\0&0&0&0&0\end{bmatrix}\sim\begin{bmatrix}1&0&\frac{1}{2}&-\frac{1}{2}&0\\0&1&\frac{1}{2}&\frac{3}{2}&0\\0&0&0&0&0\end{bmatrix}$$

$\because A$ 的秩爲 $r=2<n=4$，可得 $n-r=4-2=2$ 個線性獨立解。

設 $x_3=a, x_4=b$，則 $x_1=\left(-\frac{1}{2}a\right)+\frac{1}{2}b, x_2=-\frac{1}{2}a-\frac{3}{2}b$

☞ **【性質】**

如非齊次方程式組 $AX=H$ 爲相容，則此方程式組之全解即可由 $AX=O$ 之全解再加上 $AX=H$ 之任何特別解得之。

【說明】

設 X_P 爲 $AX=H$ 之特別解，則

$$AX_P=H$$

又設 Z 爲 $AX=O$ 之全解，則

$$A\cdot Z=0$$

然而 $A(X_P+Z)=AX_P+AZ=H+O=H$

因之 X_P+Z 爲 $AX=H$ 之全解

例題10-7

求解方程式組：

$$\begin{cases} x_1 - 2x_2 + 3x_3 = 4 \\ x_1 + x_2 + 2x_3 = 5 \end{cases}$$

【解】

【解法 1】

$$[AH] = \begin{bmatrix} 1 & -2 & 3 & 4 \\ 1 & 1 & 2 & 5 \end{bmatrix} \sim \begin{bmatrix} 1 & -2 & 3 & 4 \\ 0 & 3 & -1 & 1 \end{bmatrix} \sim$$

$$\begin{bmatrix} 1 & -2 & 3 & 4 \\ 0 & 1 & -\frac{1}{3} & \frac{1}{3} \end{bmatrix} \sim \begin{bmatrix} 1 & 0 & \frac{7}{3} & \frac{14}{3} \\ 0 & 1 & -\frac{1}{3} & \frac{1}{3} \end{bmatrix}$$

$$\therefore X = \left[\frac{-7}{3}a + \frac{14}{3}, \frac{1}{3}a + \frac{1}{3}, a\right]'$$

【解法 2】

令 $X_P = [\,0, 1, 2\,]'$

求解 $AX = O$，即

$$[AO] = \begin{bmatrix} 1 & -2 & 3 & 0 \\ 1 & 1 & 2 & 0 \end{bmatrix} \sim \begin{bmatrix} 1 & 0 & \frac{7}{3} & 0 \\ 0 & 1 & -\frac{1}{3} & 0 \end{bmatrix}$$

$$\therefore Z = \left[-\frac{7}{3}b, \frac{1}{3}b, b+2\right]'$$

因之

$$X_P + Z = \left[1 + \frac{7}{3}b, 1 + \frac{1}{3}b, b\right]'$$

注意，解法 1 與解法 2 之形式雖然不同，如 $a=3, b=1$，則兩種解是相同的。

將本章加以整理可得如下流程圖。

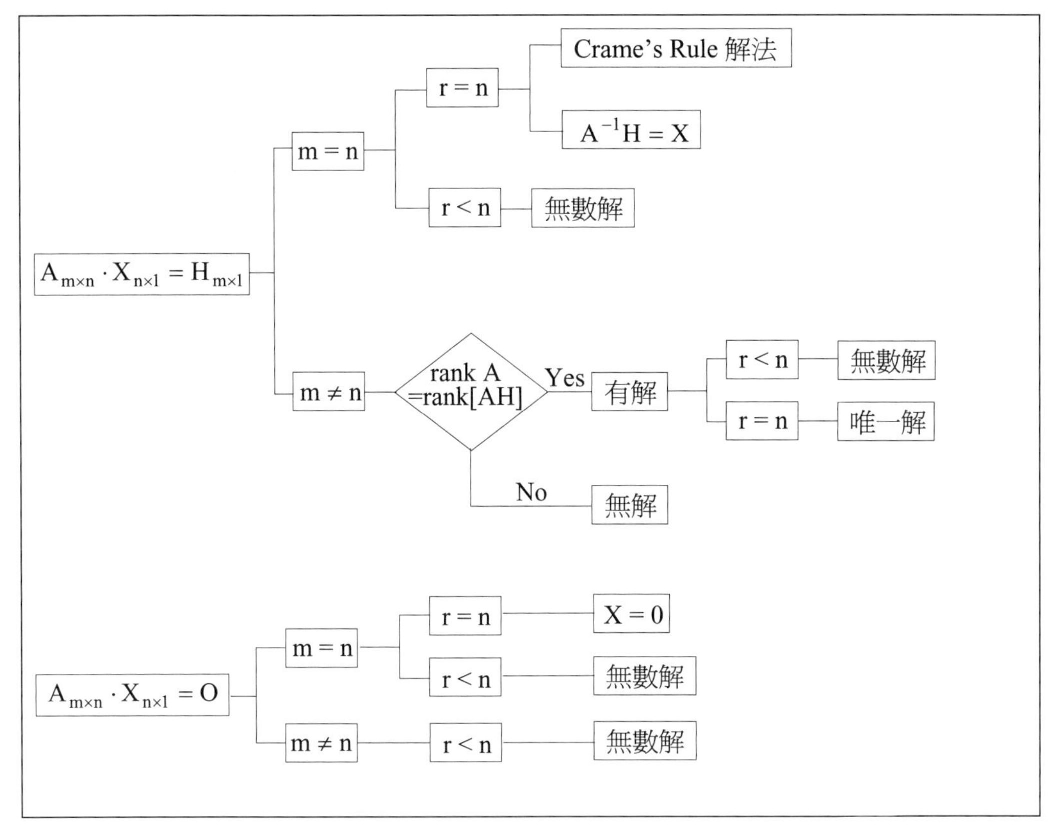

【註】1. 如 $A_{m\times n}X_{n\times 1}=H_{m\times 1}$ 有解時且 $m\neq n$，可利用如下求解。

(1) $[AH]\overset{\text{列變換}}{\sim}[CK]$

(2) X_p+Z

2. 如 $A_{m\times n}X \underset{n\times 1}{=} O$ 有異於零之解時，則可利用如求解。

$A\sim C$

第 10 章 習題

10.1 試將下列方程式組改成矩陣形式

$$y_1 = ax_1 + e_1$$
$$y_2 = ax_2 + e_2$$
$$\vdots$$
$$y_n = ax_n + e_n$$

【解】

令 $Y = \begin{bmatrix} y_1 \\ y_2 \\ \vdots \\ y_n \end{bmatrix}$，$X = \begin{bmatrix} x_1 \\ x_2 \\ \vdots \\ x_n \end{bmatrix}$，$e = \begin{bmatrix} e_1 \\ e_2 \\ \vdots \\ e_n \end{bmatrix}$

則 $Y = aX + e$

10.2 試試將下列方程式組改成矩陣形式

$$y_1 = ax_1 + b + e_1$$
$$y_2 = ax_2 + b + e_2$$
$$\vdots$$
$$y_n = ax_n + b + e_n$$

【解】

令 $Y = \begin{bmatrix} y_1 \\ y_2 \\ \vdots \\ y_n \end{bmatrix}$，$X = \begin{bmatrix} x_1 & 1 \\ x_2 & 1 \\ \vdots & \vdots \\ x_n & 1 \end{bmatrix}$，$U = \begin{bmatrix} u_1 \\ u_2 \\ \vdots \\ u_n \end{bmatrix}$，$B = \begin{bmatrix} a \\ b \end{bmatrix}$

則 $Y = XB + U$

10.3 試解

$$\begin{cases} x_1 + x_2 - 2x_3 + x_4 + 3x_5 = 1 \\ 2x_1 - x_2 + 2x_3 + 2x_4 + 6x_5 = 2 \\ 3x_1 + 2x_2 - 4x_3 - 3x_4 - 9x_5 = 3 \end{cases}$$

【解】

$$[AH] = \begin{bmatrix} 1 & 1 & -2 & 1 & 3 & 1 \\ 2 & -1 & 2 & 2 & 6 & 2 \\ 3 & 2 & -4 & -3 & -9 & 3 \end{bmatrix} \sim \begin{bmatrix} 1 & 1 & -2 & 1 & 3 & 1 \\ 0 & -3 & 6 & 0 & 0 & 0 \\ 0 & -1 & 2 & -6 & -18 & 0 \end{bmatrix}$$

$$\sim \begin{bmatrix} 1 & 1 & -2 & 1 & 3 & 1 \\ 0 & 1 & -2 & 0 & 0 & 0 \\ 0 & -1 & 2 & -6 & -18 & 0 \end{bmatrix} \sim \begin{bmatrix} 1 & 0 & 0 & 1 & 3 & 1 \\ 0 & 1 & -2 & 0 & 0 & 0 \\ 0 & 0 & 0 & -6 & -18 & 0 \end{bmatrix}$$

$$\sim \begin{bmatrix} 1 & 0 & 0 & 1 & 3 & 1 \\ 0 & 1 & -2 & 0 & 0 & 0 \\ 0 & 0 & 0 & 1 & 3 & 0 \end{bmatrix} \sim \begin{bmatrix} 1 & 0 & 0 & 0 & 0 & 1 \\ 0 & 1 & -2 & 0 & 0 & 0 \\ 0 & 0 & 0 & 1 & 3 & 0 \end{bmatrix}$$

$$\therefore X = [\,1\,,\,2a\,,\,a\,,\,-3b\,,\,b\,]'$$

10.4 試解

$$\begin{cases} x_1 + x_2 + 2x_3 + x_4 = 5 \\ 2x_1 + 3x_2 - x_3 - 2x_4 = 2 \\ 4x_1 + 5x_2 + 3x_3 = 7 \end{cases}$$

【解】

$$[AH] = \begin{bmatrix} 1 & 1 & 2 & 1 & 5 \\ 2 & 3 & -1 & -2 & 2 \\ 4 & 5 & 3 & 0 & 7 \end{bmatrix} \sim \begin{bmatrix} 1 & 1 & 2 & 1 & 5 \\ 0 & 1 & -5 & -4 & -8 \\ 0 & 1 & -5 & -4 & -13 \end{bmatrix}$$

$$\sim\begin{bmatrix}1 & 0 & 7 & 5 & 13\\ 0 & 1 & -5 & -4 & -8\\ 0 & 0 & 0 & 0 & -5\end{bmatrix}$$

$\because rank\ A = 2\ , rank\ [AH] = 3$

$rank\ A \neq rank\ [AH]$

$\therefore$無解

10.5 試證於一 n 階 $n-1$ 秩的方陣 A 中，任何兩列 (行) 之元素之餘因式成比例。

【證】

因 $|A| = 0$，A 中任一列 (行) 之元素之餘因式爲方程式組 $AX = 0\ (A'X = 0)$ 之一解 X_1。

因 $A(A')$ 爲 $n-1$ 秩，此方程式組只有一個線性獨立解，因而由 A 之另一列 (行) 之餘因式 (此方程式組之另一解 X_2)，可得 $X_2 = kX_1$。

10.6 試證如 $f_1, f_2, \cdots, f_m$ 爲於 $\Re$ 內有 n 個變數之 $m\,(<n)$ 個線性獨立之線性形式，則 p 個線性形式

$$g_j = \sum_{i=1}^{n} s_{ij} f_j\ ,\ (j = 1, 2, \cdots, p)$$

爲線性相依之充要條件爲其 $m \times p$ 矩陣 $[s_{ij}]$ 之秩爲 $r < p$。

【證】

所有的 g 均爲線性相依之充要條件爲於 $\Re$ 內有非零之純量 $a_1, a_2, \cdots, a_p$ 存在，以使

$$
\begin{aligned}
a_1 g_1 + a_2 g_2 + \cdots + a_p g_p &= a_1 \sum_{i=1}^{m} s_{i1} f_1 \sum_{i=1}^{m} s_{i2} f_2 + \cdots + \sum_{i=1}^{m} s_{ip} f_p \\
&= \left(\sum_{j=1}^{p} a_j s_{1j} \right) f_1 + \left(\sum_{j=1}^{p} a_j s_{2j} \right) f_2 + \cdots + \left(\sum_{j=1}^{p} a_j s_{mj} \right) f_m \\
&= \sum_{i=1}^{m} \left(\sum_{j=1}^{p} a_j s_{ij} \right) f_i \\
&= 0
\end{aligned}
$$

由於 f_i 均爲線性獨立，故須

$$
\sum_{j=1}^{p} a_j s_{ij} = a_1 s_{i1} + a_2 s_{i2} + \cdots + a_p s_{ip} = 0 \text{ , } (i = 1, 2, \cdots, m)
$$

因之 p 個未知數 m 個齊次方程式的方程式組 $\sum_{j=1}^{p} s_{ij} x_j = 0$

有一非顯明解 $X = [a_1, a_2, \cdots, a_p]'$ 之充要條件爲 $[s_{ij}]$ 之秩

$r < p$。

10.7

1. 已知 n 組測量值 (x_i, y_i)，$(i = 1, 2, \cdots, n)$ 成立下列關係。

$$
\begin{cases}
y_1 = \beta_0 + \beta_1 x_1 + e_1 \\
y_2 = \beta_0 + \beta_1 x_2 + e_2 \\
\quad \vdots \\
y_n = \beta_0 + \beta_1 x_n + e_n
\end{cases}
$$

2. 試以矩陣表示上列方程式組。又，已知正規方程式組爲

$$
\begin{cases}
\Sigma y = \beta_0 n + \beta_1 \Sigma x \\
\Sigma xy = \beta_0 \Sigma x + \beta_1 \Sigma x^2
\end{cases}
$$

試以矩陣表示上列方程式組並求解 β。

【解】

1. 令 $Y=[y_1, y_2, \cdots, y_n]'$

$$X=\begin{bmatrix}1 & x_1\\1 & x_2\\ \vdots & \vdots\\1 & x_n\end{bmatrix},\ e=[e_1 \quad e_2 \quad \cdots \quad e_n]',\ \beta=[\beta_0 \quad \beta_1]'$$

則上列方程式組可表示爲

$$Y=X\cdot\beta+e$$

2. 令 X' 表 X 的轉置矩陣，則

$$X'\cdot X=\begin{bmatrix}n & \Sigma x\\ \Sigma x & \Sigma x^2\end{bmatrix},\ X'Y=\begin{bmatrix}\Sigma y\\ \Sigma xy\end{bmatrix},$$

$$X'\cdot X\cdot\beta=\begin{bmatrix}\beta_0 n+\beta_1\Sigma x\\ \beta_0\Sigma x+\beta_1\Sigma x^2\end{bmatrix}$$

亦即 $X'\cdot Y=X'\cdot X\cdot\beta$

兩邊乘上 $(X\cdot X)^{-1}$ 得

$$(X'X)^{-1}\cdot X'\cdot Y=(X'\cdot X)^{-1}\cdot(X'\cdot X)\cdot\beta$$

$$\therefore\beta=(X'\cdot X)^{-1}\cdot X'\cdot Y$$

10.8 設 $A=\begin{bmatrix}1 & 0 & 5\\1 & 1 & 1\\0 & 1 & -4\end{bmatrix}$，試求齊次方程式 $(-4I_3-A)\cdot X=0$ 之解。

【解】

$$-4I_3-A=\begin{bmatrix}-5 & 0 & -5\\ -1 & -5 & -1\\ 0 & -1 & 0\end{bmatrix}=B$$

$$[BH]=\left[\begin{array}{ccc:c}-5 & 0 & -5 & 0\\ -5 & -5 & -1 & 0\\ 0 & -1 & 0 & 0\end{array}\right]\sim\left[\begin{array}{ccc:c}1 & 0 & 1 & 0\\ -1 & -5 & -1 & 0\\ 0 & -1 & 0 & 0\end{array}\right]\sim\left[\begin{array}{ccc:c}1 & 0 & 1 & 0\\ 0 & -5 & 0 & 0\\ 0 & -1 & 0 & 0\end{array}\right]$$

$$\sim\left[\begin{array}{ccc:c}1 & 0 & 1 & 0\\ 0 & 0 & 0 & 0\\ 0 & -1 & 0 & 0\end{array}\right]\sim\left[\begin{array}{ccc:c}1 & 0 & 1 & 0\\ 0 & 0 & 0 & 0\\ 0 & 1 & 0 & 0\end{array}\right]\sim\left[\begin{array}{ccc:c}1 & 0 & 1 & 0\\ 0 & 1 & 0 & 0\\ 0 & 0 & 0 & 0\end{array}\right]$$

因之設 $x_3=a$，則 $x_1=-a\,,x_2=0$

即 $X=[-a\,,0\,,a]'$

10.9 令 $AX=0$ 爲 n 個未知數 n 個齊次方程式的方程式組，設 A 的秩爲 $n-1$，試述 A 的任一列不爲零的餘因式向量 $[\alpha_{i_1},\alpha_{i_2},\cdots,\alpha_{i_n}]'$ 爲 $AX=0$ 之解。

【說明】

$$A=\begin{bmatrix}a_{11} & a_{12} & \cdots & a_{1n}\\ a_{21} & a_{22} & \cdots & a_{2n}\\ \cdots & \cdots & \cdots & \cdots\\ a_{i1} & a_{i2} & \cdots & a_{in}\\ a_{n1} & a_{n2} & \cdots & a_{nn}\end{bmatrix}$$

設 $\alpha_{i1},\alpha_{i2},\cdots,\alpha_{in}$ 分別爲 $a_{i1},a_{i2},\cdots,a_{in}$ 於 $|A|$ 中的餘因式。

設 $B=[\alpha_{i1},\alpha_{i2},\cdots,\alpha_{in}]'$

則

$A\cdot B=[0,0,\cdots,|A|,0,\cdots,0]'$

$\because A$ 的秩爲 $n-1$，$\therefore |A|=0$，

因之，$AB=0$，即 B 爲 $AX=0$ 之解。

10.10 設 x 爲說明變數，y 爲目的變數，x 與 y 之間有如下關係：

$$\begin{cases} y_1 = ax_1 + b + e_1 \\ y_2 = ax_2 + b + e_2 \\ \vdots \\ y_n = ax_n + b + e_n \end{cases} \quad (1)$$

對實測值 y 而言，預測值如下設定：

$$\hat{y} = ax + b$$

爲了使實測值與預測值之差的平方和爲最小，試求 a,b。

【解】

$$S = \sum (y_i - \hat{y}_i)^2 = \sum [y_i - (ax_i + b)]^2 = \sum u_i^2$$

將（1）式改成矩陣形式

$$\begin{bmatrix} y_1 \\ y_2 \\ \vdots \\ y_n \end{bmatrix} = \begin{bmatrix} x_1 & 1 \\ x_2 & 1 \\ \vdots & \vdots \\ x_n & 1 \end{bmatrix} \begin{bmatrix} a \\ b \end{bmatrix} + \begin{bmatrix} u_1 \\ u_2 \\ \vdots \\ u_n \end{bmatrix}$$

即 $Y = XB + U \therefore U = Y - XB$

又，$S = U'U$

$$\begin{aligned} &= (Y - XB)'(Y - XB) \\ &= (Y' - B'X')(Y - XB) \\ &= YY' - 2B'X'Y + B'X'XB \end{aligned}$$

$$\therefore \frac{\partial S}{\partial B} = -2X'Y + 2X'XB = 0$$

$$X'XB = X'Y$$

$$\therefore B = (X'X)^{-1}X'Y$$

特徵值與特徵向量

定義11-1

設 A 爲 n 階方陣，若實數 λ 及異於零的 $n\times 1$ 行向量 $X\neq 0$，滿足 $AX=\lambda X$ 時，則稱 λ 爲 A 的特徵值 (eignvalue)，並稱 X 爲 A 對 λ 的特徵向量 (characteristic vector)。

【註】如將 $AX=\lambda X$ 改寫為 $AX-\lambda X=0$ 或 $(A-\lambda I_n)X=0$ 時，則知 $X(\neq 0)$ 為 A 的特徵向量的主要條件為 X 的齊次方程式組 $(A-\lambda I_n)X=0$ 有異於零的解，因之 $|A-\lambda I_n|=0$，此稱為 A 的特徵方程式。亦即為 $A=[a_{ij}]_{n\times n}$ 時，

$$|A-\lambda I_n|=\begin{vmatrix} a_{11}-\lambda & a_{12} & \cdots & a_{1n} \\ a_{21} & a_{22}-\lambda & \cdots & a_{2n} \\ \cdots & \cdots & \cdots & \cdots \\ a_{n1} & a_{n2} & \cdots & a_{nn}-\lambda \end{vmatrix}=0$$

例題11-1

試求矩陣 $A=\begin{bmatrix}1 & 2 & -1\\ 1 & 0 & 1\\ 4 & -4 & 5\end{bmatrix}$ 的所有特徵值及對於每一個特徵值的所有特徵向量。

【解】

由 A 的特徵方程式

$$|A-\lambda I_n|=\begin{vmatrix}1-\lambda & 2 & -1\\ 1 & 0-\lambda & 1\\ 4 & -4 & 5-\lambda\end{vmatrix}=0$$

$$\therefore -\lambda^3+6\lambda^2-11\lambda+6=(1-\lambda)(2-\lambda)(3-\lambda)=0$$

因此 $\lambda=1,2,3$ 爲 A 的特徵值。

1. 當 $\lambda=1$ 時，$A\cdot X=1\cdot X$，方程式組爲

$$\begin{cases}2x_2-x_3=0\\ x_1-x_2+x_3=0\\ 4x_1-4x_2+4x_3=0\end{cases}$$

解爲 $X=t[-1,1,2]'$

2. $\lambda=2$ 時，$AX=2X$，方程式組爲

$$\begin{cases}-x_1+2x_2-x_3=0\\ x_1-2x_2+x_3=0\\ 4x_1-4x_2+3x_3=0\end{cases}$$

解爲 $X=u[-2,1,4]'$

3. $\lambda=3$ 時，$AX=3X$，方程式組為

$$\begin{cases} -2x_1+2x_2-x_3=0 \\ x_1-3x_2+x_3=0 \\ 4x_1-4x_2+2x_3=0 \end{cases}$$

其解為 $X=v[-1,1,4]'$

定理11-1

若 A 為 n 階方陣，證明

$$|\lambda I-A|=\lambda^n+s_1\lambda^{n-1}+s_2\lambda^{n-2}+\cdots+s_{n-1}\lambda+(-1)^n\cdot|A|$$

此處 $s_m\ (m=1,2,\cdots,n-1)$ 為 A 之所有 m 階子式的和之 $(-1)^m$ 倍。

【證】

將 $|\lambda I-A|$ 改寫為

$$\begin{vmatrix} \lambda-a_{11} & 0-a_{12} & \cdots & 0-a_{1n} \\ 0-a_{21} & \lambda-a_{22} & \cdots & 0-a_{2n} \\ \cdots & \cdots & \cdots & \cdots \\ 0-a_{n1} & 0-a_{n2} & \cdots & \lambda-a_{nn} \end{vmatrix}$$

每一元素均為二項之和，此行列式之展開共有 2^n 個行列式之和。其中一個行列式的對角線元素為 λ，其他元素為 0，其值為 λ^n。另一個不含 λ，其值為 $(-1)^n|A|$。剩餘的行列式則有 m 行是包含 $-A$ 的元素而另外之 $n-m$ 行中每行只含一個非零元素 λ。

考慮其中的一個行列式，假設　$-A$ 的行號爲 $i_1, i_2, \cdots, i_m$。經過相鄰列與相鄰行之偶數次交換計算後，此行列式變爲

$$(-1)^m \cdot \left|\begin{array}{cccc:cccc} a_{i_1 i_1} & a_{i_1 i_2} & \cdots & a_{i_1 i_m} & 0 & 0 & 0 & 0 \\ a_{i_2 i_1} & a_{i_2 i_2} & \cdots & a_{i_2 i_m} & 0 & 0 & 0 & 0 \\ \cdots & \cdots & \cdots & \cdots & 0 & 0 & 0 & 0 \\ a_{i_m i_1} & a_{i_m i_2} & \cdots & a_{i_m i_m} & 0 & 0 & 0 & 0 \\ \hdashline a_{i_{m+1} i_1} & a_{i_{m+1} i_2} & \cdots & a_{i_{m+1} i_m} & \lambda & 0 & \cdots & 0 \\ \cdots & \cdots & \cdots & \cdots & \cdots & \cdots & \cdots & \cdots \\ a_{i_n i_1} & a_{i_n i_2} & \cdots & a_{i_n i_m} & 0 & \cdots & \cdots & \lambda \end{array}\right|$$

$$= (-1)^m \cdot \left| A_{i_1 i_2 \cdots i_m}^{i_1 i_2 \cdots i_m} \right| \lambda^{n-m}$$

其中 $\left| A_{i_1 i_2 \cdots i_m}^{i_1 i_2 \cdots i_m} \right|$ 爲 $|A|$ 的 m 階子式。

而 $i_1, i_2, \cdots, i_m$ 是由 $1, 2, \cdots, n$ 中每次取 m 個，因之 λ^{n-m} 共有 ${}_nC_m$ 項，再將其相加得

$$s_m = \sum_{\rho = nCm} (-1)^m \left| A_{i_1 i_2 \cdots i_m}^{i_1 i_2 \cdots i_m} \right|$$

【註】若 $\lambda_1, \lambda_2, \cdots, \lambda_n$ 為 A 的特徵值，則

$$\sum_{i=1}^{n} \lambda_i = -s_1 = \sum_{i=1}^{n} a_{ii} \text{，} \prod_{i=1}^{n} \lambda_i = |A|$$

例題11-2

已知 $A = \begin{bmatrix} 1 & -4 & -1 & -4 \\ 2 & 0 & 5 & -4 \\ -1 & 1 & -2 & 3 \\ -1 & 4 & -1 & 6 \end{bmatrix}$，求 $|\lambda I - A|$。

【解】 $s_1 = -(1+0-2+6) = -5$

$$s_2 = \begin{vmatrix} 1 & -4 \\ 2 & 0 \end{vmatrix} + \begin{vmatrix} 1 & -1 \\ -1 & -2 \end{vmatrix} + \begin{vmatrix} 1 & -4 \\ -1 & 6 \end{vmatrix} + \begin{vmatrix} 0 & 5 \\ 1 & -2 \end{vmatrix} + \begin{vmatrix} 0 & -4 \\ 4 & 6 \end{vmatrix} + \begin{vmatrix} -2 & 3 \\ -1 & 6 \end{vmatrix}$$

$$= 8-3+2-5+16-9 = 9$$

$$s_3 = \begin{vmatrix} 1 & -4 & -4 \\ 2 & 0 & 5 \\ -1 & 1 & -1 \end{vmatrix} + \begin{vmatrix} 1 & -4 & -4 \\ 2 & 0 & -4 \\ -1 & 4 & 6 \end{vmatrix} + \begin{vmatrix} 1 & -1 & -4 \\ -1 & -2 & 3 \\ -1 & -1 & 6 \end{vmatrix} + \begin{vmatrix} 0 & 5 & -4 \\ 1 & -2 & 3 \\ 4 & -1 & 6 \end{vmatrix}$$

$$= -3+16-8+2 = 7$$

$$\therefore |\lambda I - A| = \lambda^4 - 5\lambda^3 + 9\lambda^2 - 7\lambda + 2$$

【性質】

A 爲一個 $n \times n$ 階矩陣，且 A 爲可逆矩陣，若 λ 爲 A 的特徵值，則 λ^{-1} 亦爲 A^{-1} 的特徵值。

【證】

λ 爲 A 的特徵值，所以 $AX = \lambda X$

因 A 爲可逆，所以 $A^{-1}(AX) = A^{-1}(\lambda X) = \lambda A^{-1}X$

$\therefore X = \lambda A^{-1}X$

換言之，即 $A^{-1}X = \dfrac{1}{\lambda}X$，所以 λ^{-1} 爲 A^{-1} 的特徵值。

【註】 A 爲一個 $n \times n$ 階矩陣，且 A 爲可逆矩陣，若 λ 爲 A 的特徵值，則 λ^n 亦爲 A^n 的特徵值。

例題11-3

$A=\begin{bmatrix}2 & 1 & -1\\ 2 & 1 & 2\\ 1 & -1 & 4\end{bmatrix}$，求 A^{-1} 的特徵值

【解】

$$|A-\lambda I_3|=\begin{vmatrix}2-\lambda & 1 & -1\\ 2 & 1-\lambda & 2\\ 1 & -1 & 4-\lambda\end{vmatrix}=0$$

$\therefore \lambda=1,3,3$

此外，

$$\left[\begin{array}{ccc:ccc}2 & 1 & -1 & 1 & 0 & 0\\ 2 & 1 & 2 & 0 & 1 & 0\\ 1 & -1 & 4 & 0 & 0 & 1\end{array}\right]\sim\left[\begin{array}{ccc:ccc}1 & 0 & 0 & \frac{2}{3} & -\frac{1}{3} & \frac{1}{3}\\ 0 & 1 & 0 & -\frac{2}{3} & 1 & -\frac{2}{3}\\ 0 & 0 & 1 & -\frac{1}{3} & \frac{1}{3} & 0\end{array}\right]$$

$$\therefore A^{-1}=\begin{bmatrix}\frac{2}{3} & -\frac{1}{3} & \frac{1}{3}\\ -\frac{2}{3} & 1 & -\frac{2}{3}\\ -\frac{1}{3} & \frac{1}{3} & 0\end{bmatrix}$$

$$|A^{-1}-\lambda I_3|=\begin{vmatrix}-\frac{2}{3}\lambda & -\frac{1}{3} & \frac{1}{3}\\ -\frac{2}{3} & 1-\lambda & -\frac{2}{3}\\ -\frac{1}{3} & \frac{1}{3} & -\lambda\end{vmatrix}=\frac{-1}{27}(3\lambda-1)^2(3\lambda-3)$$

$\therefore A^{-1}$ 的特徵值爲 $\frac{1}{\lambda}=1,\frac{1}{3},\frac{1}{3}$

定理11-2

n 階方陣 A 爲可逆的主要條件爲 A 的特徵值皆不爲 0。

【證】

設 A 爲非奇異，若$\lambda_i = 0$

$$|A - \lambda_i I_n| = |A - 0| = |A| = 0$$

$\therefore A$ 爲奇異，與假證不合。

$\therefore \lambda_i \neq 0$

設 $\lambda_i \neq 0$，若 A 爲奇異，則

$|A| = 0$

$|A - \lambda I_n| = 0$

$\therefore 0$ 爲 A 的特徵值與假設不合。

$\therefore$ A 爲非奇異

【問】如 $A_{n\times n}$ 的秩為 $r < n$，則 A 有 r 個異於零的特徵值 (為什麼)？

定義11-2

若 A 和 B 爲 n 階方陣，若有一可逆方陣 P 使

$$A = P^{-1} \cdot B \cdot P$$

則稱 A 和 B 相似 (Similarity)。

☞【性質】

A, B, C 為 n 階方陣，則

1. A 與 B 相似，則 B 與 A 相似。

2. A 與 B 相似，B 與 C 相似，則 A 與 C 相似。

定理11-3

若 A 和 B 為相似的 n 階方陣，則

1. $|A| = |B|$

2. $A - \lambda I_n$ 與 $B - \lambda I_n$ 相似

3. $|A - \lambda I_n| = |B - \lambda I_n|$

4. A 和 B 有相同的特徵值

【證】

設 P 為方陣滿足 $A = P^{-1} \cdot B \cdot P$

1. $|A| = |P^{-1} \cdot B \cdot P| = |P^{-1}| \cdot |B| \cdot |P|$

$$= |P|^{-1} \cdot |P| \cdot |B| = |B|$$

2. $A - \lambda I_n = P^{-1} \cdot B \cdot P - P^{-1} \cdot \lambda I_n \cdot P$

$$= P^{-1}(B - \lambda I_n) \cdot P$$

所以 $A - \lambda I_n$ 與 $B - \lambda I_n$ 相似

3. 由 ***1.***，***2.***可得

$|A - \lambda I_n| = |B - \lambda I_n|$

4. 設 λ_i 為 A 的特徵值 $(i = 1, 2, \cdots, n)$，則

$|A - \lambda_i I_n| = 0$

由 ***3.***得

$$|B-\lambda_i I_n|=0$$

$\therefore \lambda_i$ 爲 B 的特徵值，反之亦然。

【問】若 $|A|=|B|$，A 是否與 B 相似 (為什麼)？

定理11-4

1. 設 $\lambda_1, \lambda_2, \cdots, \lambda_n$ 爲 n 階方陣 A 的 n 個相異特徵值。
2. 設 $X_1, X_2, \cdots, X_n$ 爲 A 對 $\lambda_1, \lambda_2, \cdots, \lambda_n$ 的特徵向量。
3. 令 $B=[X_1, X_2, \cdots, X_n]$

   則 B 爲非奇異矩陣。

《證明省略》

定理11-5

1. 設 $\lambda_1, \lambda_2, \cdots, \lambda_n$ 爲 n 階方陣 A 的 n 個相異特徵值。
2. 設 $X_1, X_2, \cdots, X_n$ 爲 A 對 $\lambda_1, \lambda_2, \cdots, \lambda_n$ 的特徵向量。
3. 令 $B=[X_1, X_2, \cdots, X_n]$
4. 令 $D=diag(\lambda_1, \lambda_2, \cdots, \lambda_n)$

則 A 與 D 相似。

【註】此說明矩陣 A 若所有特徵值均相異，則可藉相似變換 $D=B^{-1}\cdot A\cdot B$ 使之對角線化。

【證】

由(1)，(2)知

$$AX_1 = \lambda_1 X_1$$
$$AX_2 = \lambda_2 X_2$$
$$\vdots$$
$$AX_n = \lambda_n X_n$$

$$[AX_1, AX_2, \cdots, AX_n] = A[X_1, X_2, \cdots, X_n] = AB$$

$$[\lambda_1 X_1, \lambda_2 X_2, \cdots, \lambda_n X_n] = [X_1, X_2, \cdots, X_n]\begin{bmatrix} \lambda_1 & \cdots & \cdots & 0 \\ \cdots & \lambda_2 & \cdots & \cdots \\ \cdots & 0 & \cdots & \cdots \\ \cdots & \cdots & \cdots & \lambda_n \end{bmatrix} = B \cdot D$$

$\therefore AB = BD$，由前定理知 B^{-1} 存在，

$\therefore AB\,B^{-1} = B \cdot D \cdot B^{-1}$

$\therefore A = B \cdot D \cdot B^{-1}$ (或 $D = B^{-1} \cdot A \cdot B$)

$\therefore A$ 與 D 相似。

【註 1】注意此定理的 A 與 D 相似，其等式應為 $A = B \cdot D \cdot B^{-1}$ 而非 $A = B^{-1} \cdot D \cdot B$。

【註 2】使用 $A = B \cdot D \cdot B^{-1}$ 時，A 的特徵值須為相異。

定理11-6

若 A 與 D 相似 $(A = B \cdot D \cdot B^{-1})$，則

1. A^n 與 D^n 相似 $(A^n = B \cdot D^n \cdot B^{-1})$

2. e^A 與 e^D 相似 $(e^A = B \cdot e^D \cdot B^{-1})$

【證】

1. 當 $n=1$ 時，$A = B \cdot D \cdot B^{-1}$ 顯然成立。

設 $n=k$ 時，$A^k = B \cdot D^k \cdot B^{-1}$ 成立，

當 $n=k+1$ 時，則

$$A^{k+1} = A^k \cdot A = (B \cdot D^k \cdot B^{-1})(B \cdot D \cdot B^{-1}) = B \cdot D^{k+1} \cdot B^{-1}$$

因之，依數學歸納法知，$A^n = B \cdot D^n \cdot B^{-1}$ 恒成立，即 A^n 與 D^n 相似。

2. 利用泰勒展開式

$$f(x) = f(0) + \frac{f'(0)}{1!}x + \frac{f''(0)}{2!}x^2 + \cdots$$

$$f(x) = e^x$$

$$\therefore\ e^x = 1 + x + \frac{x^2}{2!} + \frac{x^3}{3!} + \cdots$$

$$e^A = I_n + A + \frac{A^2}{2!} + \frac{A^3}{3!} + \cdots$$

$$= I_n + \sum_{n=1}^{\infty} \frac{A^n}{n!}$$

$$B \cdot I_n B^{-1} + \sum_{N=1}^{\infty} \frac{B \cdot D^n \cdot B^{-1}}{n!}$$

$$= B\left(I_n + \sum_{n=1}^{\infty} \frac{D^n}{n!}\right) \cdot B^{-1}$$

$$= B \cdot e^D \cdot B^{-1}$$

因之 e^A 與 e^D 相似

【註】$e^{A+B} \neq e^A \cdot e^B$

【註】A 為非奇異，$A^{-1} = BD^{-1}B^{-1}$ 是否可以成立？

例題11-4

將 $A=\begin{bmatrix}2 & 5\\ 3 & 4\end{bmatrix}$ 化成對稱矩陣。

【解】

$$|\lambda I_2 - A| = 0 \qquad \therefore \lambda = 7, -1$$

1. $\lambda = 7$ 時

$$A-7I_2=\begin{bmatrix}-5 & 5\\ 3 & -3\end{bmatrix}\sim\begin{bmatrix}1 & -1\\ 0 & 0\end{bmatrix}$$

$$\therefore X_1=\begin{bmatrix}a\\ a\end{bmatrix}=a\begin{bmatrix}1\\ 1\end{bmatrix}\to\begin{bmatrix}1\\ 1\end{bmatrix}$$

2. $\lambda = -1$

$$A+I_2=\begin{bmatrix}3 & 5\\ 3 & 5\end{bmatrix}\sim\begin{bmatrix}3 & 5\\ 0 & 0\end{bmatrix}\sim\begin{bmatrix}1 & \frac{5}{3}\\ 0 & 0\end{bmatrix}$$

$$X_2=\begin{bmatrix}-\frac{5}{3}b\\ b\end{bmatrix}=\frac{b}{3}\begin{bmatrix}-5\\ 3\end{bmatrix}\to\begin{bmatrix}-5\\ 3\end{bmatrix}$$

$$B=\begin{bmatrix}1 & -5\\ 1 & 3\end{bmatrix}，B^{-1}=\frac{1}{8}\begin{bmatrix}3 & 5\\ -1 & 1\end{bmatrix}$$

$$B^{-1}\cdot A\cdot B=\frac{1}{8}\begin{bmatrix}3 & 5\\ -1 & 1\end{bmatrix}\begin{bmatrix}2 & 5\\ 3 & 4\end{bmatrix}\begin{bmatrix}1 & -5\\ 1 & 3\end{bmatrix}=\begin{bmatrix}7 & 0\\ 0 & -1\end{bmatrix}$$

例題11-5

設 $A=\begin{bmatrix}1 & 2 & -1\\ 1 & 0 & 1\\ 4 & -4 & 5\end{bmatrix}$，求 A^5。

【解】

$$| A-\lambda I_3 | = \begin{vmatrix} 1-\lambda & 2 & -1 \\ 1 & -\lambda & 1 \\ 4 & -4 & 5-\lambda \end{vmatrix} = 0$$

$$\therefore \lambda = 1, 2, 3$$

$$\therefore X = \begin{bmatrix} -1 \\ 1 \\ 2 \end{bmatrix}, \begin{bmatrix} -2 \\ 1 \\ 4 \end{bmatrix}, \begin{bmatrix} -1 \\ 1 \\ 4 \end{bmatrix}$$

$$\therefore B = \begin{bmatrix} -1 & -2 & -1 \\ 1 & 1 & 1 \\ 2 & 4 & 4 \end{bmatrix}, D = \begin{bmatrix} 1 & 0 & 0 \\ 0 & 2 & 0 \\ 0 & 0 & 3 \end{bmatrix}, B^{-1} = \begin{bmatrix} 0 & 2 & 0 \\ -1 & -1 & -1 \\ 1 & 0 & 1 \end{bmatrix}$$

$$\therefore A^5 = B \cdot D^5 \cdot B^{-1}$$

$$= \begin{bmatrix} -1 & -2 & -1 \\ 1 & 1 & 1 \\ 2 & 4 & 4 \end{bmatrix} \begin{bmatrix} 1^5 & 0 & 0 \\ 0 & 2^5 & 0 \\ 0 & 0 & 3^5 \end{bmatrix} \begin{bmatrix} 0 & 2 & -0 \\ -1 & -1 & -1 \\ 1 & 0 & 1 \end{bmatrix}$$

【問 1】 $A_{n\times n}$ 如為非奇異，則 $A^{-1} = B \cdot D^{-1} \cdot B^{-1}$ 成立否 (為什麼)？

【問 2】 如 $A_{3\times 3}$ 的特徵值為 1, 2, 3，則 A 為非奇異，B 也為非奇異，成立否？

【問 3】 如 $A_{3\times 3}$ 的特徵值為 1, 0, 2，則 A 為奇異，B 為非奇異，成立否？

【問 4】 如 $A_{3\times 3}$ 的特徵值為 1, 1, 2，則 A 為非奇異，B 為奇異，成立否？

【註】 A 是否為非奇異，應注意 A 的特徵值是否為異於 0。

B 是否為非奇異，應注意 A 的特徵值是否相異。

第11章 習題

11.1 設 $A=\begin{bmatrix}1 & 1 & 1\\ 0 & 3 & 3\\ -2 & 1 & 1\end{bmatrix}$，試找出 A 的特徵值以及它們所對應的特徵向量。

【解】

$$|A-\lambda I_3|=\begin{vmatrix}1-\lambda & 1 & 1\\ 0 & 3-\lambda & 3\\ -2 & 1 & 1-\lambda\end{vmatrix}=0$$

$\therefore \lambda=0,2,3$

1. $\lambda=0$ 時，$AX=0$，因之

   $X=a[0,-1,1]',(a\neq 0)$

2. $\lambda=2$ 時，$(A-2I_3)X=0$，因之

   $X=b[-2,-3,1]',(b\neq 0)$

3. $\lambda=3$ 時，$(A-3I_3)X=0$因之

   $X=c[1,2,0]',(c\neq 0)$

11.2 證若 α 爲非奇異 n 階方陣 A 之一非零特徵值，則 $|A|/\alpha$ 爲 $adj\,A$ 的一個特徵值。

【解】

$|\lambda I_n-A|=\lambda^n+s_1\lambda^{n-1}+\cdots+s_{n-1}\lambda+(-1)^n|A|$

$\because \alpha$ 爲 A 的特徵值

$\therefore \alpha^n+s_1\alpha^{n-1}+\cdots+s_{n-1}\alpha+(-1)^n|A|=0$

式中 $s_m = (-1)^m \cdot \sum_{\rho=nCm} \left| A_{i_1 i_2 \cdots i_m}^{i_1 i_2 \cdots i_m} \right|$

$$\left| \mu I_n - adj\ A \right| = \mu^n + t_1 \mu^{n-1} + \cdots + t_{n-1}\mu + (-1)^n \cdot \left| adj\ A \right|$$

式中 $t_m = (-1)^m \sum_{\rho=nCm} \left| M_{i_1 i_2 \cdots i_m}^{i_1 i_2 \cdots i_m} \right|$

$$\left| A \right| \cdot \left| M_{i_1 i_2 \cdots i_m}^{i_1 i_2 \cdots i_m} \right| = (-1)^s \cdot \left| A \right|^m \cdot \left| A_{i_{m+1} i_{m+2} \cdots i_n}^{i_{m+1} i_{m+2} \cdots i_n} \right|$$

其中，$s = (i_1 + \cdots + i_m) + (i_1 + \cdots + i_m) = 2(i_1 + \cdots + i_m)$

亦即，$\left| M_{i_1 i_2 \cdots i_m}^{i_1 i_2 \cdots i_m} \right| = \left| A \right|^{m-1} \cdot \left| A_{i_{m+1} i_{m+2} \cdots i_n}^{i_{m+1} i_{m+2} \cdots i_n} \right|$

$$\therefore t_m = \left| A \right|^{m-1} (-1)^m \cdot \sum_{\rho=nCm} \left| A_{i_{m+1} i_{m+2} \cdots i_n}^{i_{m+1} i_{m+2} \cdots i_n} \right|$$

$$= \left| A \right|^{m-1} (-1)^{-n} \cdot (-1)^{n-m} \cdot \sum_{\rho=nCm} \left| A_{i_{m+1} i_{m+2} \cdots i_n}^{i_{m+1} i_{m+2} \cdots i_n} \right|$$

$$= \left| A \right|^{m-1} (-1)^{-n} \cdot s_{n-m} \ , \ (\because (-1)^{-n} = (-1)^n)$$

$$\therefore \quad t_1 = (-1)^n \cdot s_{n-1}$$

$$t_2 = (-1)^n \cdot \left| A \right| s_{n-1}$$

$$\vdots$$

$$t_{n-1} = (-1)^n \cdot \left| A \right|^{n-2} \cdot s_1$$

$$\therefore \left| \mu I - adj\ A \right| = (-1)^n \{ (-1)^n \mu^n + s_{n-1}\mu^{n-1} + s_{n-2} \left| A \right| \cdot \mu^{n-2} + \cdots + s_1 \left| A \right|^{n-1} \cdot \mu + \left| A \right|^{n-1} \}$$

$$\left| A \right|^{1-n} \cdot \left| \mu I - adj\ A \right| = (-1)^n \left\{ 1 + s_1 \left(\frac{\mu}{\left| A \right|} \right) + \cdots + s_{n-1} \left(\frac{\mu}{\left| A \right|} \right)^{n-1} + (-1)^n \left(\frac{\mu}{\left| A \right|} \right)^n \left| A \right| \right\} = f(\mu)$$

以 $\mu=\dfrac{|A|}{\alpha}$ 代入 $f(\mu)$

$$f\left(\frac{|A|}{\alpha}\right)=(-1)^n\left\{1+s_1\left(\frac{1}{\alpha}\right)+\cdots+s_{n-1}\left(\frac{1}{\alpha}\right)^{n-1}+(-1)^n\left(\frac{1}{\alpha}\right)^n\cdot|A|\right\}$$

$$\begin{aligned}\alpha^n\cdot f\left(\frac{|A|}{\alpha}\right)&=(-1)^n\{\alpha^n+s_1\alpha^{n-1}+\cdots+s_{n-1}\alpha+(-1)^n\cdot|A|\}\\&=0\end{aligned}$$

$\therefore\dfrac{|A|}{\alpha}$ 為 $adj\ A$ 的一特徵值

11.3 若 n 階方陣 A 的 r 秩，則其特徵值至少 $n-r$ 個為零。

【證】

$$\begin{aligned}P_A(\lambda)&=|\lambda I-A|\\&=\lambda^n+s_1\lambda^{n-1}+\cdots s_{n-1}\lambda+(-1)^n\cdot|A|\end{aligned}$$

$\therefore$ A 的秩為 r，

$\therefore(r+1)$ 階以上的子式皆為 0。

即 $\left|A_{i_1 i_2\cdots i_m}^{i_1 i_2\cdots i_m}\right|=0\,,\,i_m=r+1\,,\,r+2\,,\cdots,\,n$

故 $P_A(r)=\lambda^n+s_1\lambda^{n-1}+\cdots+s_r\lambda^{n-r}$

$\therefore$至少有 $n-r$ 個特徵值為 0。

11.4 證明若一 n 階矩陣 A 有 n 個線性獨立之向量，則必與一對角矩陣相似。

【證】

令此 n 個線性獨立向量為 $X_1\,,X_2\,,\cdots,X_n$，其

特徵值為 $\lambda_1\,,\lambda_2\,,\cdots,\lambda_n$

故 $AX_i=\lambda_i X_i\quad(i=1\,,2\,,\cdots,n)$

令 $R=[X_1, X_2, \cdots, X_n]$

則 $AR=[AX_1, AX_2, \cdots, AX_n]=[\lambda_1 X_1, \lambda_2 X_2, \cdots, \lambda_n X_n]$

$$=[X_1, X_2, \cdots, X_n]\begin{bmatrix} \lambda_1 & \cdots & \cdots & 0 \\ \cdots & \lambda_2 & \cdots & \cdots \\ \cdots & \cdots & \cdots & \cdots \\ 0 & \cdots & \cdots & \lambda_n \end{bmatrix}$$

$$=R \cdot diag(\lambda_1, \lambda_2, \cdots, \lambda_n)$$

$\therefore R^{-1} \cdot A \cdot R = diag(\lambda_1, \lambda_2, \cdots, \lambda_n)$

11.5 設 $A=[a_{ij}]$ 爲 n 階方陣，若 $\lambda_1, \lambda_2, \cdots, \lambda_n$ 爲 A 之特徵方程式之所有根，試證明

1. $|A|=\lambda_1\lambda_2\cdots\lambda_n$

2. $T_r A=\sum_{i=1}^{n}\lambda_i$ 。

【證】

1. $|A-\lambda I_n|=(\lambda_1-\lambda)(\lambda_2-\lambda)\cdots(\lambda_n-\lambda)$

將 $\lambda=0$ 代入

$\therefore |A|=\lambda_1\lambda_2\cdots\lambda_n$

2. $|A-\lambda I_n|=f(\lambda)=(-1)^n\{\lambda^n-\alpha_1\lambda^{n-1}+\alpha_2\lambda^{n-2}-\cdots+(-1)^n\alpha_n\}$

其中 $\alpha_1, \alpha_2, \cdots, \alpha_n$ 以 a_{ij} 定義之。

$$\alpha_1=\lambda_1+\lambda_2+\cdots+\lambda_n$$
$$\alpha_2=\lambda_1\lambda_2+\cdots+\lambda_{n-1}\lambda_n$$
$$\alpha_3=\lambda_1\lambda_2\lambda_3+\cdots+\lambda_{n-2}\lambda_{n-1}\lambda_n$$
$$\vdots$$
$$\alpha_n=\lambda_1\lambda_2\cdots\lambda_n$$

$\therefore \alpha_1=a_{11}+\cdots a_{nn}=\lambda_1+\lambda_2+\cdots+\lambda_n$

因此 $T_r A=\sum_{i=1}^{n}a_i=\sum_{i=1}^{n}\lambda_i$

11.6 試舉例說明當一矩陣中任一列的倍數加減至另一列後不會改變原來的特徵值。

【解】

$A=\begin{bmatrix}2 & 5\\3 & 4\end{bmatrix}$ 的特徵值為 $7,-1$

$A\overset{H_{12}(-1)}{\sim}\begin{bmatrix}-1 & 1\\3 & 4\end{bmatrix}=B$ 的特徵值為 $7,-1$

11.7 設 B 與 A 相似，證 B^{-1} 與 A^{-1} 相似。

【證】

$B=P^{-1}\cdot A\cdot P$ (P 為可逆矩陣)，$B^{-1}=(P^{-1}\cdot A\cdot P)^{-1}=P^{-1}\cdot A\cdot P$

$Q^{-1}B^{-1}Q=Q^{-1}(P^{-1}\cdot A\cdot P)Q$ (Q 為可逆矩陣)

$=(P\cdot Q)^{-1}\cdot A(P\cdot Q)$

故 B^{-1} 與 A^{-1} 相似。

11.8 若 A 與 B 為相似矩陣，且 $g(\lambda)$ 為任何純量多項式，則 $g(A)$ 與 $g(B)$ 相似。

【證】

$\because$ A 與 B 相似 $\quad\therefore A=P^{-1}\cdot B\cdot P$

$\therefore A^k=P^{-1}\cdot B^k\cdot P$ (R 為任意整數)

設 $g(\lambda)=a_n\lambda^n+a_{n-1}\lambda^{n-1}+\cdots+a_1\lambda+a_0$

$g(A)=a_nA^n+a_{n-1}A^{n-1}+\cdots+a_1A+a_0I_n$

$g(B)=a_nB^n+a_{n-1}B^{n-1}+\cdots+a_1B+a_0I_n$

$\therefore P^{-1}\cdot g(B)\cdot P=a_nP^{-1}\cdot B^n\cdot P+a_{n-1}P^{-1}\cdot B^{n-1}\cdot P+\cdots+$

$$a_1P^{-1}\cdot B\cdot P+a_0\cdot P^{-1}\cdot P$$
$$=a_nA^n+a_{n-1}A^{n-1}+\cdots+a_0I_n$$
$$=g(A)$$

11.9 A 與 B 相似，則 $T_rA=T_rB$

【證】

A 與 B 相似，則 A 與 B 有相同的特徵值

$$\sum\lambda_i=\sum a_{ii}=\sum b_{ii}$$

$\therefore\ T_rA=T_rB$

11.10 A 與其轉置 A' 有相同的特徵值。

【證】

$$(A-\lambda I_n)'=A'-\lambda I_n'=A'-\lambda I_n$$

又$\because\left|A-\lambda I_n\right|=\left|(A-\lambda I_n)'\right|$

$$=\left|A'-\lambda I_n\right|=0$$

$\therefore\lambda$ 爲 A 的特徵值，亦爲 A' 的特徵值

11.11 若 $\lambda_1,\lambda_2,\cdots,\lambda_n$ 爲 A 的特徵值，則矩陣 kA 的特徵值爲 $k\lambda_1,k\lambda_2,\cdots,k\lambda_n$

【證】

$\because\lambda_n$ 爲 A 的特徵值

$\therefore AX=\lambda_iX$

$\therefore kAX=k\lambda_iX$

即 $(kA)X=(k\lambda_i)X$

$\therefore k\lambda_i$ 亦爲 kA 的特徵值

11.12 A 若爲一個 $n\times n$ 階矩陣，若 0 爲 A 的特徵值，則 A 爲一不可逆矩陣，反之亦成立。

【證】

0 爲 A 的特徵值，則

$|A-0I_n|=0$，換言之，$|A|=0$，所以 A 爲不可逆。

如 A 爲一不可逆矩陣，則

$$|A|=0$$

換言之，$|A-0I_n|=0$ 亦成立，所以 0 爲 A 的特徵值。

11.13 A 若爲一個 $n\times n$ 階矩陣且爲可逆矩陣，若 λ 爲 A 的特徵值，則 λ^n 爲 A^n 的特徵值。

【證】

$\because AX=\lambda X$

$A^nX=A^{n-1}AX=A^{n-1}\lambda X=\cdots=\lambda^n X$

11.14 說明 A 與 A' 有相同的特徵值，然而 A 與 A' 卻有不同的特徵向量，除非 A 是對稱矩陣。

11.15 說明若 A 的特徵值爲 $\lambda_1,\lambda_2,\cdots,\lambda_n$，則 A^m (m 爲正整數) 的特徵值爲 $\lambda_1^m,\lambda_1^m,\cdots,\lambda_n^m$

【證】

設 λ_i 爲 A 的特徵值，則 $AX=\lambda_i X$

設 $k=n$ 時成立，則 $A^nX=\lambda_i^n\cdot X$

當 $k=n+1$ 時，

$$A^{n+1}X = AA^n \cdot X = A(\lambda_i^n X) = \lambda_i^n AX = \lambda_i^n(\lambda_i X) = \lambda_i^{n+1}X$$

11.16 若 $\lambda_1, \lambda_2, \cdots, \lambda_n$ 為 A 的特徵值，則 $\lambda_1 - k, \lambda_2 - k, \cdots,$ $\lambda_n - k$ 為 $A - kI_n$ 的特徵值

【證】

$\because \lambda_i$ 為 A 的特徵值

$\therefore AX = \lambda_i X$，亦即 $AX - \lambda_i X = 0$

又

$$(\lambda_i - k)X - (A - kI_n)X$$
$$= \lambda_i X - kX - AX + kX$$
$$= \lambda_i X - kX - \lambda_i X + kX = 0$$

$\therefore (\lambda_i - k)X = (A - kI_n)X$

亦即

$\lambda_i - k$ 為 $A - kI_n$ 的特徵值

11.17 若 $A = \begin{bmatrix} a_{11} & a_{12} & a_{13} \\ a_{21} & a_{22} & a_{23} \\ a_{31} & a_{32} & a_{33} \end{bmatrix}$，試展開 $|\lambda I_3 - A|$。

【解】

$$|\lambda I_3 - A| = \lambda^3 + S_1\lambda^2 + S_2\lambda + (-1)^3|A|$$

因 $S_m = \sum_{nCm}(-1)^m \left|A_{i_1 i_2 \cdots i_m}^{i_1 i_2 \cdots i_m}\right|$

$$\therefore\ S_1 = (-1)^1\{|A_1^1| + |A_2^2| + |A_3^3|\} = -(a_{11} + a_{22} + a_{33})$$

$$S_2 = (-1)^2\{|A_{12}^{12}| + |A_{13}^{13}| + |A_{23}^{23}|\}$$
$$= \left\{\begin{vmatrix} a_{11} & a_{12} \\ a_{21} & a_{22} \end{vmatrix} + \begin{vmatrix} a_{11} & a_{13} \\ a_{31} & a_{33} \end{vmatrix} + \begin{vmatrix} a_{22} & a_{23} \\ a_{32} & a_{33} \end{vmatrix}\right\}$$

11.18 兩個非奇異矩陣 A,B 相似，則 $adjA$ 與 $adjB$ 相似。

【證】

A 與 B 相似，$\therefore |A|=|B|$，且 $A=P^{-1}BP$，則 $A^{-1}=PB^{-1}P^{-1}$

因爲 $A^{-1}=\dfrac{adjA}{|A|}$，亦即 $adjA=|A|A^{-1}$

同理 $adjB=|B|B^{-1}$

$\therefore adjA=|A|A^{-1}=|A|\left(PB^{-1}P^{-1}\right)=|B|\left(PB^{-1}P^{-1}\right)=P\left(|B|B^{-1}\right)P^{-1}$
$=P(adjB)P^{=1}$

$\therefore adjA$ 與 $adjB$ 相似

11.19 已知矩陣 $A=\begin{bmatrix}1 & 4\\ 2 & 3\end{bmatrix}$，試將其對角化。

【解】

$$|\lambda I_2-A|=\begin{vmatrix}\lambda-1 & 4\\ 2 & \lambda-3\end{vmatrix}=\lambda^2-4\lambda-5=(\lambda-5)(\lambda+1)=0$$

$\therefore \lambda=5,-1$

1. $\lambda=5$

$$A-5I_2=\begin{bmatrix}-4 & 4\\ 2 & -2\end{bmatrix}\sim\begin{bmatrix}-1 & 1\\ 0 & 0\end{bmatrix}$$

$$X_1=\begin{bmatrix}a\\ a\end{bmatrix}=a\begin{bmatrix}1\\ 1\end{bmatrix}$$

2. $\lambda=-1$

$$A+I_2=\begin{bmatrix}2 & 4\\ 2 & 4\end{bmatrix}\sim\begin{bmatrix}1 & 2\\ 0 & 0\end{bmatrix}$$

$$X_2 = \begin{bmatrix} -2b \\ b \end{bmatrix} = b\begin{bmatrix} -2 \\ 1 \end{bmatrix}$$

$$B = \begin{bmatrix} 1 & -2 \\ 1 & 1 \end{bmatrix}, \; B^{-1} = \begin{bmatrix} 1/3 & 2/3 \\ -1/3 & 1/3 \end{bmatrix}$$

$$B^{-1}AB = \begin{bmatrix} 1/3 & 2/3 \\ -1/3 & 1/3 \end{bmatrix}\begin{bmatrix} 1 & 4 \\ 2 & 3 \end{bmatrix}\begin{bmatrix} 1 & -2 \\ 1 & 1 \end{bmatrix} = \begin{bmatrix} 5 & 0 \\ 0 & -1 \end{bmatrix}$$

11.20 若 Y 爲 $B = R^{-1}AR$ 相對於特徵 λ_i 值的特徵向量，則 $X = RY$ 爲相對於 A 之相同特徵值 λ_i 的特徵向量。

【解】

由假設 $BY = \lambda_i Y$ ， $RB = AR$ ，則

$AX = ARY = R\lambda_i Y = \lambda_i RY = \lambda_i X$

$\therefore X$ 爲相對於相同特徵值 λ_i 之 A 的特徵向量。

矩陣的多項式

定義 12-1

設 $f(x)=a_0+a_1x+\cdots+a_kx^k$ 為一個實係數多項式。若 A 為一個 n 階方陣，則定義

$$f(A)=a_0I_n+a_1A+a_2A^2+\cdots+a_kA^k$$

稱之為矩陣 A 的多項式 (Polynomial of matrix A)

☞【性質】

若 $f(x)$ 及 $g(x)$ 為多項式且 r 為實數及 A 為方陣時，則

$$(f+g)(A)=f(A)+g(A)$$
$$(fg)(A)=f(A)\cdot g(A)$$
$$(rf)(A)=rf(A)$$

例題12-1

若 $f(x)=4-3x+x^2$, $g(x)=x$ 且 $A=\begin{bmatrix}2 & -1\\0 & 3\end{bmatrix}$ ，求 $f(A)$, $(f+g)(A)$, $(fg)(A)$ 。

【解】

$$f(A)=4I_2-3A+A^2$$

$$=4\begin{bmatrix}1 & 0\\0 & 1\end{bmatrix}-3\begin{bmatrix}2 & -1\\0 & 3\end{bmatrix}+\begin{bmatrix}2 & -1\\0 & 3\end{bmatrix}^2=\begin{bmatrix}2 & 0\\0 & 2\end{bmatrix}$$

$$(f+g)(A)=4I_2-3A+A^2+A$$

$$=4I_2-2A+A^2$$

$$=4\begin{bmatrix}1 & 0\\0 & 1\end{bmatrix}-2\begin{bmatrix}2 & -1\\0 & 3\end{bmatrix}+\begin{bmatrix}2 & -1\\0 & 3\end{bmatrix}^2=\begin{bmatrix}4 & -3\\0 & 7\end{bmatrix}$$

$$(f\cdot g)(A)=4A-3A^2+A^3$$

$$=4\begin{bmatrix}2 & -1\\0 & 3\end{bmatrix}-3\begin{bmatrix}4 & -5\\0 & 9\end{bmatrix}+\begin{bmatrix}8 & -19\\0 & 27\end{bmatrix}=\begin{bmatrix}4 & -8\\0 & 12\end{bmatrix}$$

定義12-2

若 x 為變數，則以 x 的多項式為元素的矩陣稱為 x 的多項式矩陣 (matrix of polynomial in x)。

例題 12-2

$$A=\begin{bmatrix}2-x+x^2 & 3x+x^2\\ 4+x & 1-x-x^2\end{bmatrix}=\begin{bmatrix}2 & 0\\ 4 & 1\end{bmatrix}+\begin{bmatrix}-1 & 3\\ 1 & -1\end{bmatrix}x+\begin{bmatrix}1 & 1\\ 0 & -1\end{bmatrix}x^2$$
$$=C_0+C_1x+C_2x^2$$

由此可知，每一個多項式的矩陣可以改寫爲以矩陣爲係數的多項式。

定理 12-2

(Cayley-Hamilton)

每一個方陣滿足其特徵方程式，亦即 $P_A(A)=0$。

【證】

設 A 爲一個 n 階方陣並設 $C=adj\,(A-\lambda I_n)$。因爲矩陣 $A-\lambda I_n$ 的每一個餘因式含 λ 的次數最高爲 $n-1$，所以矩陣 C 的每一個元素皆爲 λ 的多項式其次數最高爲 $n-1$，故可以將 C 表示成爲

$$C=C_0+\lambda C_1+\lambda^2C_2+\cdots+\lambda^{n-1}C_{n-1} \tag{1}$$

其中 C_k 的元素爲矩陣 C 中各元素對應 λ^k 的係數所構成之矩陣，

$$(A-\lambda I_n)C=\left|\,A-\lambda I_n\,\right|\cdot I_n=P_A(\lambda)\cdot I_n \tag{2}$$

今設
$$P_A(\lambda)=a_0+a_1\lambda+\cdots+a_n\lambda^n \tag{3}$$

則由 (1)，(2)，(3) 三式可得

$$A(C_0+\lambda C_1+\cdots+\lambda^{n-1}C_{n-1})-\lambda(C_0+\lambda C_1+\cdots+\lambda^{n-1}C_{n-1})$$
$$=(a_0+a_1\lambda+\cdots+a_n\lambda^n)I_n \tag{4}$$

比較 (4) 式兩邊 λ^k $(k=0,1,\cdots,n)$ 的係數可得

$$\begin{array}{lcll}
AC_0 & & & =a_0I_n \\
AC_1 & - & C_0 & =a_1I_n \\
AC_2 & - & C_1 & =a_2I_n \\
\vdots & & & \quad\vdots \\
AC_{n-1} & - & C_{n-2} & =a_{n-1}I_n \\
 & - & C_{n-1} & =a_nI_n
\end{array}$$

將上列各式乘上 I_n, A, A^2, $\cdots$, A^n 然後全部相加可得

$$0=a_0I_n+a_1A+\cdots+a_nA^n=P_A(A)$$

故得證。

☞【性質】

Cayley-Hamilton 定理在簡化矩陣的計算方面至少有下列二種功用。

1. 求方陣的高乘冪

一個 n 階方陣 A 的特徵多項式可記爲

$$P_A(x)=\left|\,A-\lambda I_n\,\right|=(-1)^n x^n+a_{n-1}x^{n-1}+\cdots+a_1x+a_0=0$$

所以

$$A^n=(-1)^{n-1}(a_{n-1}A^{n-1}+\cdots+a_1A+a_0I_n)$$

2. 求可逆矩陣 A 的逆矩陣

$\because a_0 I_n = -(a_1 A + a_2 A^2 + \cdots + (-1)^n A^n)$

$$A^{-1} = -a_0^{-1}(a_1 I_n + a_2 A + \cdots + (-1)^n A^{n-1})$$

【註】$P_A(A) = 0$，不管 A 為奇異或非奇異均成立，但若欲求 A^{-1}，則 A 須為非奇異。

【問】$P_{A^{-1}}(A^{-1}) = 0$，是否成立？

【問】$P_{f(A)}(f(A)) = 0$，是否成立？

例題12-3

設 $A = \begin{bmatrix} 2 & 5 \\ 1 & 3 \end{bmatrix}$，求 A^2, A^3 及 A^{-1}。

【解】

$$P_A(\lambda) = \begin{vmatrix} 2-\lambda & 5 \\ 1 & 3-\lambda \end{vmatrix} = \lambda^2 - 5\lambda + 1$$

由 Cayley-Hamilton 定理知

$$A^2 - 5A + I_2 = 0$$

$$\therefore\ A^2 = 5A - I_2 = 5\begin{bmatrix} 2 & 5 \\ 1 & 3 \end{bmatrix} - \begin{bmatrix} 1 & 0 \\ 0 & 1 \end{bmatrix} = \begin{bmatrix} 9 & 25 \\ 5 & 14 \end{bmatrix}$$

$$\therefore A^3 = A \cdot A^2 = A(5A - I_2) = 5A^2 - A$$

$$= 5(5A - I_2) - A = 24A - 5I_2$$

$$= 24\begin{bmatrix}2 & 5\\1 & 3\end{bmatrix} - 5\begin{bmatrix}1 & 0\\0 & 1\end{bmatrix} = \begin{bmatrix}43 & 120\\24 & 67\end{bmatrix}$$

$$A^{-1} = 5I - A = 5\begin{bmatrix}1 & 0\\0 & 1\end{bmatrix} - \begin{bmatrix}2 & 5\\1 & 3\end{bmatrix} = \begin{bmatrix}3 & -5\\-1 & 2\end{bmatrix}$$

例題12-4

已知 $A = \begin{bmatrix}1 & -1 & 0\\2 & 3 & 2\\1 & 1 & 2\end{bmatrix}$，試求 $f(A) = A^2 - 2A + 3I_3$ 的特徵根。

【解】

$$f(A) = A^2 - 2A + 3I_3$$

$$= \begin{bmatrix}1 & -1 & 0\\2 & 3 & 2\\1 & 1 & 2\end{bmatrix}^2 - 2\begin{bmatrix}1 & -1 & 0\\2 & 3 & 2\\1 & 1 & 2\end{bmatrix} + 3\begin{bmatrix}1 & 0 & 0\\0 & 1 & 0\\0 & 0 & 1\end{bmatrix}$$

$$= \begin{bmatrix}0 & -2 & -2\\6 & 6 & 6\\3 & 2 & 5\end{bmatrix}$$

因之

$$|\,\lambda I - f(A)\,| = \begin{vmatrix}\lambda & 2 & 2\\-6 & \lambda-6 & -6\\-3 & -2 & \lambda-5\end{vmatrix} = 0$$

$$\therefore \lambda^3 - 11\lambda^2 + 36\lambda - 36 = 0$$

$$(\lambda-2)(\lambda-3)(\lambda-6) = 0$$

$\therefore\ f(A) = A^2 - 2A + 3I_3$ 的特徵根爲 2，3，6

例題12-5

已知 $A=\begin{bmatrix}1 & -1 & 0\\ 2 & 3 & 2\\ 1 & 1 & 2\end{bmatrix}$，$f(A)=A^2-2A+I_2$，試求 $f^3(A)$。

【解】

$$f(A)=A^2-2A+I_3=\begin{bmatrix}0 & -2 & -2\\ 6 & 6 & 6\\ 3 & 2 & 5\end{bmatrix}$$

令 $f(A)=B$，則

$$P_B(\lambda)=|\lambda I-B|$$

$$=\lambda^3-11\lambda^2+36\lambda-36$$

$$\therefore\ P_B(B)=B^3-11B^2+36B-36I_3=0$$

$$B^3=11B^2-36B+36I_3$$

$$=11\begin{bmatrix}0 & 2 & -2\\ 6 & 6 & 6\\ 3 & 2 & 5\end{bmatrix}^2-36\begin{bmatrix}0 & -2 & -2\\ 6 & 6 & 6\\ 3 & 2 & 5\end{bmatrix}+36\begin{bmatrix}1 & 0 & 0\\ 0 & 1 & 0\\ 0 & 0 & 1\end{bmatrix}$$

$$=\begin{bmatrix}-162 & -248 & -314\\ 568 & 216 & 568\\ 189 & 104 & 87\end{bmatrix}$$

例題12-6

設 n 階方陣 $A=[a_{ij}]$，其中 $a_{ii}=1,\ a_{ji}=\dfrac{1}{a_{ij}}$。

如 A 的最大特徵值設為 $\lambda_{\max}$，則 $\lambda_{\max}\geq n$

【證】

設 $\lambda_{\max}$ 的特徵向量為 V，

由特徵值與特徵向量的關係知下式是成立的，即

$$AV = \lambda_{\max} V$$

將上式展開，則

$$\sum_{j=1}^{n} a_{ij} v_j = \lambda_{\max} V_i \quad (i = 1, 2, \cdots, n) \tag{1}$$

由此式得

$$\lambda_{\max} = \sum_{j=1}^{n} a_{ij} \frac{v_j}{v_i} \tag{2}$$

由於 $a_{ji} = \dfrac{1}{a_{ij}}$，將 (2) 式改寫成如下：

$$\lambda_{\max} - 1 = \frac{1}{n} \sum_{1 \le i \le j \le n} (y_{ij} + \frac{1}{y_{ij}})$$

此處 $y_{ij} = a_{ij}\,(v_j / v_i)$，一般 $y_{ij} > 0$，因之

$$y_{ij} + \frac{1}{y_{ij}} \ge 2$$

而且等式只在 $y_{ij} = 1$ 時才成立。因之，

$$\lambda_{\max} - 1 \ge \frac{1}{n} \cdot 2 \cdot \frac{n(n-1)}{2} = n - 1$$

是故下式成立，即

$$\lambda_{\max} \ge n$$

例題12-7

試證 (1) $\sum_{i=1}^{\infty} D^i = D(I-D)^{-1}$

(2) $\sum_{i=2}^{\infty} D^i = D^2(I-D)^{-1}$

【證】

$$\sum_{i=1}^{\infty} x^i = \frac{x}{1-x} \quad (x \neq 1)$$

$$\therefore \sum_{i=1}^{\infty} D^i = \frac{D}{I-D} = D(I-D)^{-1}$$

$$\begin{aligned}\sum_{i=2}^{\infty} D^i &= \sum_{i=1}^{\infty} D^i - D \\ &= D(I-D)^{-1} - D(I-D)(I-D)^{-1} \\ &= D[I-(I-D)](I-D)^{-1} \\ &= D^2(I-D)^{-1}\end{aligned}$$

第12章 習題

12.1 已知 $A=\begin{bmatrix}1 & 1 & 2\\ 3 & 1 & 1\\ 2 & 3 & 1\end{bmatrix}$，求 A^3, A^{-1}, A^{-2}。

【解】

$$|\lambda I_3 - A| = \begin{vmatrix}\lambda-1 & -1 & -2\\ -3 & \lambda-1 & -1\\ -2 & -3 & \lambda-1\end{vmatrix} = \lambda^3 - 3\lambda^2 - 7\lambda - 11 = 0$$

$$\therefore A^3 = 3A^2 + 7A + 11I_3$$

$$= 3\begin{bmatrix}8 & 8 & 5\\ 8 & 7 & 8\\ 13 & 8 & 8\end{bmatrix} + 7\begin{bmatrix}1 & 1 & 2\\ 3 & 1 & 1\\ 2 & 3 & 1\end{bmatrix} + 11\begin{bmatrix}1 & 0 & 0\\ 0 & 1 & 0\\ 0 & 0 & 1\end{bmatrix}$$

$$= \begin{bmatrix}42 & 31 & 29\\ 45 & 39 & 31\\ 53 & 45 & 42\end{bmatrix}$$

由 $11I_3 = -7A - 3A^2 + A^3$，因 A 爲非奇異，

$$\therefore A^{-1} = \frac{1}{11}\{-7I_3 - 3A + A^2\}$$

$$= \frac{1}{11}\left\{-7\begin{bmatrix}1 & 0 & 0\\ 0 & 1 & 0\\ 0 & 0 & 1\end{bmatrix} - 3\begin{bmatrix}1 & 1 & 2\\ 3 & 1 & 1\\ 2 & 3 & 1\end{bmatrix} + \begin{bmatrix}8 & 8 & 5\\ 8 & 7 & 8\\ 13 & 8 & 8\end{bmatrix}\right\}$$

$$= \frac{1}{11}\begin{bmatrix}-2 & 5 & 1\\ -1 & -3 & 5\\ 7 & -3 & -2\end{bmatrix}$$

$$A^{-2}=\frac{1}{11}\{-7A^{-1}-3I+A\}$$

$$=\frac{1}{11}\left\{\frac{-7}{11}\begin{bmatrix}-2 & 5 & -1\\ -1 & -3 & 5\\ 7 & -3 & -2\end{bmatrix}-3\begin{bmatrix}1 & 0 & 0\\ 0 & 1 & 0\\ 0 & 0 & 1\end{bmatrix}+\begin{bmatrix}1 & 1 & 2\\ 3 & 1 & 1\\ 2 & 3 & 1\end{bmatrix}\right\}$$

$$=\frac{1}{121}\begin{bmatrix}-8 & -24 & 29\\ 40 & -1 & -24\\ -27 & 40 & -8\end{bmatrix}$$

12.2 設 $A=\begin{bmatrix}a & b\\ c & d\end{bmatrix}$ 且 a,b,c,d 爲實數試證

1. 若 $(a-d)^2+4bc>0$，則 A 有二相異實數之特徵值，

2. 若 $(a-d)^2+4bc=0$，則 A 有一實數特徵值。

3. 若 $(a-d)^2+4bc<0$，則 A 無實數特徵值。

【解】

$$|\lambda I-A|=\begin{vmatrix}\lambda-a & -b\\ -c & \lambda-d\end{vmatrix}=(\lambda-a)(\lambda-d)-bc$$

$$=\lambda^2-(a+b)\lambda+(ad-bc)=0$$

1. 若 $\Delta>0\Rightarrow$特徵方程式有二相異實根，所以有二相異實數特徵值。

2. 若 $\Delta=0\Rightarrow$特徵方程式有重根，所有有一實數特徵值。

3. 若 $\Delta<0\Rightarrow$特徵方程式有複數解，所以沒有實數的特徵值。

12.3 令 $\lambda_1,\lambda_2,\cdots,\lambda_n$ 爲一 n 階方陣 A 的諸特徵根，並令 $h(x)$ 爲 x 的 p 次多項式，證明

$$|h(A)|=c\cdot h(\lambda_1)\cdot h(\lambda_2)\quad\cdots h(\lambda_n)$$

【證】

$$|\lambda I-A|=(\lambda-\lambda_1)(\lambda-\lambda_2)\cdots(\lambda-\lambda_n)$$

令 $h(x)=c(s_1-x)(s_2-x)\cdots(s_p-x)$

則 $h(A)=c(s_1I-A)(s_2I-A)\cdots(s_pI-A)$

$$\begin{aligned}|h(A)|&=c^p|s_1I-A|\cdot|s_2I-A|\cdots|s_pI-A|\\&=\{c(s_1-\lambda_1)(s_1-\lambda_2)\cdots(s_1-\lambda_1)\}\cdot\{c(s_1-\lambda_2)(s_2-\lambda_2)\cdots(s_2-\lambda_2)\}\\&\quad\cdots\{c(s_p-\lambda_1)(s_p-\lambda_2)\cdots(s_p-\lambda_n)\}\\&=\{c(s_1-\lambda_1)(s_2-\lambda_1)\cdots(s_p-\lambda_1)\}\{c(s_2-\lambda_2)(s_2-\lambda_2)\cdots(s_p-\lambda_2)\}\\&\quad\cdots\{c(s_p-\lambda_n)(s_p-\lambda_n)\cdots(s_p-\lambda_n)\}\\&=h(\lambda_1)\,h(\lambda_2)\cdots h(\lambda_n)\end{aligned}$$

12.4 設 A 為 2 階方陣且其特徵值為相異二數 λ_1 與 λ_2。試由 Cayley-Hamilton 定理證明，對任意正整數 $k>2$，均有

$$A^k=\frac{\lambda_2\lambda_1^k-\lambda_1\lambda_2^k}{\lambda_2-\lambda_1}I_2+\frac{\lambda_2^k-\lambda_1^k}{\lambda_2-\lambda_1}A$$

【證】

A 的特徵方程式為

$$\begin{aligned}P_A(\lambda)&=|\lambda I_2-A|=(\lambda-\lambda_1)(\lambda-\lambda_2)\\&=\lambda_{h2}-(\lambda_1+\lambda_2)\lambda+\lambda_1\lambda_2\end{aligned}$$

$$P_A(A)=A^2-(\lambda_1+\lambda_2)A+\lambda_1\lambda_2I_2=0$$

$\therefore A^2=(\lambda_1+\lambda_2)A-\lambda_1\lambda_2I_2$

$$A^2=\frac{\lambda_2^2-\lambda_1^2}{\lambda_2-\lambda_1}A+\frac{\lambda_2\lambda_1^2-\lambda_1\lambda_2^2}{\lambda_2-\lambda_1}I_2$$

$$
\begin{aligned}
A^3 &= A^2 \cdot A \\
&= [(\lambda_1+\lambda_2)A-\lambda_1\lambda_2 I_2]A \\
&= (\lambda_1+\lambda_2)A^2-\lambda_1\lambda_2 A \\
&= (\lambda_1+\lambda_2)[(\lambda_1+\lambda_2)A-\lambda_1\lambda_2 I]-\lambda_1\lambda_2 A \\
&= (\lambda_1+\lambda_1\lambda_2+\lambda_2^2)A-(\lambda_1+\lambda_2)\lambda_1\lambda_2 I_2 \\
&= \frac{\lambda_2^3-\lambda_1^3}{\lambda_2-\lambda_1}A+\frac{\lambda_2\lambda_1^3-\lambda_1\lambda_2^3}{\lambda_2-\lambda_1}I_2
\end{aligned}
$$

同理可證

$$
A^k = \frac{\lambda_2\lambda_1^k-\lambda_1\lambda_2^k}{\lambda_2-\lambda_1}I_2+\frac{\lambda_2^k-\lambda_1^k}{\lambda_2-\lambda_1}A
$$

12.5 設 $A=\begin{bmatrix} 0 & 1 & -3 \\ 1 & 0 & 4 \\ 1 & 2 & 1 \end{bmatrix}$，試以下列三種方法求 A^{-1}。

1. $A^{-1}=\dfrac{adj\ A}{|A|}$

2. $[A \mid I_3] \sim [I_3 \mid A^{-1}]$

3. Cayley-Hamilton 定理。

12.6 已知 $A=\begin{bmatrix} 3 & 1 \\ 5 & 2 \end{bmatrix}$，試求 $P_A(A^2)$。

【解】

$$
P_A(\lambda)=|\lambda I_2-A|=\begin{vmatrix} \lambda-3 & 1 \\ 5 & \lambda-2 \end{vmatrix}
$$

$(\lambda-3)(\lambda-2)-5$

$\therefore P_A(A)=A^2-5A-I_2=0$

$A^2=5A+I_2$

$$\therefore P_A(A^2) = A^4 - 5A^2 - I_2$$

$$= (5A + I_2)(5A + I_2) - 5A^2 - I_2$$

$$= 20A^2 + 10A$$

$$= 20[5A + I_2] + 10A$$

$$= 110A + 20I_2$$

$$= \begin{bmatrix} 350 & 110 \\ 550 & 240 \end{bmatrix}$$

由此例知，對任意方陣 A 來說， $P_A(A) = 0$, $P_A(A^2) \neq 0$

12.7 試計算 $A = \begin{bmatrix} 0 & 0 & 0 \\ 1 & 0 & 0 \\ 0 & 1 & 0 \end{bmatrix}$ 時之 e^{At}

【解】

由 Cayley-Hamilfon 定理

$f(A) = A^3 = 0$

$\therefore A^r = 0 , r \geq 3$

因此 $e^{At} = I + At + \dfrac{A^2t^2}{2!}$

$$\therefore e^{At} = \begin{bmatrix} 1 & 0 & 0 \\ 0 & 1 & 0 \\ 0 & 0 & 1 \end{bmatrix} + t \begin{bmatrix} 0 & 0 & 0 \\ 1 & 0 & 0 \\ 0 & 1 & 0 \end{bmatrix} + \frac{t^2}{2} \begin{bmatrix} 0 & 0 & 0 \\ 0 & 0 & 0 \\ 1 & 0 & 0 \end{bmatrix} = \begin{bmatrix} 1 & 0 & 0 \\ t & 1 & 0 \\ \dfrac{t^2}{2} & t & 1 \end{bmatrix}$$

第 13 章

對稱矩陣與 2 次型式

定義13-1

雙線性式 (Bilinear form) 可定義爲

$$f(x\,,\,y)=\sum_{i=1}^{m}\sum_{j=1}^{n}a_{ij}x_iy_j = X'AY$$

其中 $f(x\,,\,y)$ 對諸變數 $x_1\,,x_2\,,\cdots,x_m\,;y_1\,,y_2\,,\cdots,x_n$ 而言，爲線性而且齊次，

$$X=\begin{bmatrix} x_1 \\ x_2 \\ \vdots \\ x_m \end{bmatrix},\ A=\begin{bmatrix} a_{11} & a_{12} & \cdots & a_{1n} \\ a_{21} & a_{22} & \cdots & a_{2n} \\ \cdots & \cdots & \cdots & \cdots \\ a_{n1} & a_{n2} & \cdots & a_{nn} \end{bmatrix},\ Y=\begin{bmatrix} y_1 \\ y_2 \\ \vdots \\ y_n \end{bmatrix}$$

而 A 稱爲雙線性型之矩陣，而 A 的秩稱爲此形式之秩。

例題13-1

1. $f(x, y) = x_1y_1 + 2x_1y_2 + 3x_2y_1 + 4x_2y_2 + 5x_3y_1 + 6x_3y_2$

$$= [x_1 \quad x_2 \quad x_3]\begin{bmatrix} 1 & 2 \\ 3 & 4 \\ 5 & 6 \end{bmatrix}\begin{bmatrix} y_1 \\ y_2 \end{bmatrix} = X' \cdot A \cdot Y$$

2. $f(x, y) = 6x_1y_1 + 2x_1y_2 + 3x_2y_1 - 4x_2y_2$

$$= [x_1 \quad x_2]\begin{bmatrix} 6 & 2 \\ 3 & -4 \end{bmatrix}\begin{bmatrix} y_1 \\ y_2 \end{bmatrix} = X' \cdot A \cdot Y$$

【註】當 X, Y 各有相同數目之元素且 $A = I$ 時，此時

$$f(x, y) = X' \cdot Y = x_1y_1 + x_2y_2 + \cdots + x_ny_n$$

即表兩向量 X 與 Y 之內積。

當 $Y = X$，雙線性型即變成二次型。

定義13-2

一般二次形式 (Quadratic) 可定義爲

$$a_{11}x_1^2 + a_{22}x_2^2 + \cdots + a_{nn}x_n^2 + 2a_{12}x_1x_2 + \cdots + 2a_{n-1\,n}\,x_{n-1}\,x_n$$

$$= [x_1 \quad x_2 \quad \cdots \quad x_n]\begin{bmatrix} a_{11} & a_{12} & \cdots & a_{1n} \\ a_{12} & a_{22} & \cdots & a_{2n} \\ \cdots & \cdots & \cdots & \cdots \\ a_{1n} & a_{2n} & \cdots & a_{nn} \end{bmatrix}\begin{bmatrix} x_1 \\ x_2 \\ \vdots \\ x_n \end{bmatrix}$$

$$= X' \cdot A \cdot X$$

其中 A 爲對稱，亦即 $a_{ij} = a_{ji}$，A 稱爲二次形式之矩陣。

例題 13-2

試考慮 3 個變數 x, y, z 的 2 次形式，即

$$f(x, y, z) = ax^2 + by^2 + cz^2 + 2fxy + 2gyz + 2hzx$$

令 $X = \begin{bmatrix} x \\ y \\ z \end{bmatrix}, A = \begin{bmatrix} a & f & h \\ f & b & g \\ h & g & c \end{bmatrix}$

$$\therefore f(x, y, z) = [x, y, z]\begin{bmatrix} a & f & h \\ f & b & g \\ h & g & c \end{bmatrix}\begin{bmatrix} x \\ y \\ z \end{bmatrix} = X' \cdot A \cdot X$$

其中 A 爲對稱。

定理 13-1

A 爲對稱的 n 階方陣，則 A 的特徵值爲實數。

【證】

矩陣 A 的成分雖以實數來考慮，但特徵值是特徵方程式的解，所以有可能成爲複素數。A 的特徵值設爲 λ，它的特徵向量設爲 X，λ 的共軛複素數設爲 $\bar{\lambda}$，以 X 的成分的共軛複素數作爲成分的向量設爲 $\bar{X}$。

取 $AX = \lambda X$ 兩邊的共軛複素數時，得 $A\bar{X} = \bar{\lambda}\bar{X}$。

因爲 $A' = A$，所以

$$AX = \lambda X \Rightarrow \bar{X}'AX = \lambda\bar{X}' \cdot X \Rightarrow X' \cdot A\bar{X} = \lambda X' \cdot \bar{X} \qquad (1)$$

$$A\bar{X} = \bar{\lambda}\bar{X} \Rightarrow X' \cdot A\bar{X} = \bar{\lambda}X' \cdot \bar{X} \qquad (2)$$

(1), (2) 兩邊的最右邊相減，得出

$$(\lambda-\bar{\lambda})X'\cdot\bar{X}=0$$

因爲 $X'\cdot\bar{X}=\sum|x_i|^2\neq 0$，所以 $\lambda=\bar{\lambda}$，因之 λ 爲實數。

【註】共軛複素數的性質

1. α 為實數 $\Leftrightarrow \alpha=\bar{\alpha}$

2. $\overline{\alpha\pm\beta}=\bar{\alpha}\pm\bar{\beta}$

3. $\overline{\alpha\cdot\beta}=\bar{\alpha}\cdot\bar{\beta}$

4. $\overline{\left(\dfrac{\alpha}{\beta}\right)}=\dfrac{\bar{\alpha}}{\bar{\beta}}$

5. $\alpha\bar{\alpha}=a^2+b^2 \quad \left(=|\alpha|^2\right)$， $\quad \alpha=a+bi$

此處爲了簡單起見，就如下的對稱矩陣來說明。

$$A=\begin{bmatrix} a_{11} & a_{12} \\ a_{12} & a_{22} \end{bmatrix}$$

A 的特徵方程式爲

$$|A-\lambda I_2|=\begin{vmatrix} a_{11}-\lambda & a_{12} \\ a_{12} & a_{22}-\lambda \end{vmatrix}=0$$

展開得

$$\lambda^2-(a_{11}+a_{22})\lambda+(a_{11}a_{22}-a_{12}^2)=0$$

此判別式 D 爲

$$\begin{aligned} D&=(a_{11}+a_{22})^2-4(a_{11}a_{22}-a_{12}^2) \\ &=(a_{11}-a_{22})^2+4a_{12}^2\geq 0 \end{aligned}$$

因之以上的 2 次方程式即 A 的特徵方程式具有實根。

定義 13-3

兩向量 $X=(a_1,a_2,\cdots,a_n)$, $Y=(b_1,b_2,\cdots,b_n)$ 為直交亦即滿足

$$a_1b_1+a_2b_2+\cdots+a_nb_n=0$$

以向量表示為 $(X,Y)=0$

【註】如以矩陣表示時，即為 $X\cdot Y'=X'\cdot Y=0$。

定理 13-2

對於對稱矩陣 A 的兩個相異的特徵值而言，其特徵向量相互直交。

【證】

今設相異的特徵值為 $\lambda,\mu\,(\lambda\neq\mu)$，對應的特徵向量分別設為 X,Y，亦即滿足

$$AX=\lambda X$$
$$AY=\mu Y$$

由於 A 為對稱，所以顯然可知，

$$(AX,Y)=(X,AY)$$

上式左邊為

$$(AX,Y)=(\lambda X,Y)=\lambda(X,Y)$$

右邊為

$$(X,AY)=(X,\mu Y)=\mu(X,Y)$$

因之，

$$(\lambda-\mu)(X, Y)=0$$

由於 $\lambda \neq \mu$，所以 $(X, Y)=0$，亦即 X, Y 相互直交。

例題13-2

已知 $A=\begin{bmatrix} 6 & 2 \\ 2 & 3 \end{bmatrix}$ 爲對稱矩陣，試說明兩特徵值爲實數，且相異的兩實根所對應的特徵向量相互直交。

【解】

$|A-\lambda I_2|=\begin{vmatrix} 6-\lambda & 2 \\ 2 & 3-\lambda \end{vmatrix}=\lambda^2-9\lambda+14=0$，其次求對應的特徵向量。

1. $\lambda=7, AX=7X$，

得 $X=\begin{bmatrix} x_1 \\ x_2 \end{bmatrix}=\begin{bmatrix} \frac{2}{\sqrt{5}} \\ \frac{1}{\sqrt{5}} \end{bmatrix}$

2. $\lambda=2, AX=2X$，

得 $Y=\begin{bmatrix} y_1 \\ y_2 \end{bmatrix}=\begin{bmatrix} \frac{1}{\sqrt{5}} \\ \frac{-2}{\sqrt{5}} \end{bmatrix}$

$\because (X \cdot Y)=0 \quad \therefore X$ 與 Y 直交。

【問】 A 為對稱，其特徵值皆相異是否成立？(想想看 $A=I_n$ 時)

定義13-4

方陣 T 的行向量分別設爲 $X_1, X_2, \cdots, X_n$，令

$$T = [X_1, X_2, \cdots, X_n]$$

當各向量相互直交時，T 稱爲直交矩陣 (orthogonal matrix)。

【註 1】又 $T' \cdot T = \begin{bmatrix} (X_1, X_1) & 0 & \cdots & 0 \\ 0 & (X_2, X_2) & \cdots & 0 \\ \cdots & \cdots & \cdots & \cdots \\ 0 & \cdots & \cdots & (X_n, X_n) \end{bmatrix}$

如 $(X_i, X_i) = 1, (i = 1, 2, \cdots, n)$，亦即 $T' \cdot T = I_n$ 時，T 稱為標準直交矩陣 (normal orthogonal matrix)。

【註 2】若 X_i 表方陣 T 的列向量，當 $T' \cdot T = I_n$ 時，T 稱為標準直交矩陣。

【註 3】T 為標準直交矩陣時，$T' = T^{-1}$，反之亦成立。

【問 1】T_1, T_2 為標準直交矩陣，則 $T_1 + T_2$ 是否仍為標準直交矩陣？

【問 2】T_1, T_2 為標準直交矩陣，則 $T_1 \cdot T_2$ 是否仍為標準直交矩陣？

【問 3】標準直交矩陣必為對稱矩陣。

例題13-3

試說明

1. $T=\begin{bmatrix}1 & 1 & 1 & 1\\ 1 & 1 & -1 & -1\\ 1 & -1 & -1 & 1\\ 1 & -1 & 1 & -1\end{bmatrix}$ 爲直交矩陣（對稱）。

2. $T=\begin{bmatrix}1 & 0 & -1\\ 0 & 1 & 0\\ 1 & 0 & 1\end{bmatrix}$ 爲直交矩陣（未對稱）。

3. $T=\begin{bmatrix}\frac{1}{\sqrt{2}} & 0 & -\frac{1}{\sqrt{2}}\\ 0 & 1 & 0\\ \frac{1}{\sqrt{2}} & 0 & \frac{1}{\sqrt{2}}\end{bmatrix}$ 爲標準直交矩陣（未對稱）。

4. $T=\begin{bmatrix}\frac{1}{\sqrt{2}} & \frac{-1}{\sqrt{2}}\\ \frac{1}{\sqrt{2}} & \frac{1}{\sqrt{2}}\end{bmatrix}$ 爲標準直交矩陣（未對稱）。

【解】

1. $$T'\cdot T=\begin{bmatrix}1 & 1 & 1 & 1\\ 1 & 1 & -1 & -1\\ 1 & -1 & -1 & 1\\ 1 & -1 & 1 & -1\end{bmatrix}\begin{bmatrix}1 & 1 & 1 & 1\\ 1 & 1 & -1 & -1\\ 1 & -1 & -1 & 1\\ 1 & -1 & 1 & -1\end{bmatrix}=\begin{bmatrix}4 & 0 & 0 & 0\\ 0 & 4 & 0 & 0\\ 0 & 0 & 4 & 0\\ 0 & 0 & 0 & 4\end{bmatrix}$$

2. $$T'\cdot T=\begin{bmatrix}1 & 0 & -1\\ 0 & 1 & 0\\ 1 & 0 & 1\end{bmatrix}\begin{bmatrix}1 & 0 & 1\\ 0 & 1 & 0\\ -1 & 0 & 1\end{bmatrix}=\begin{bmatrix}2 & 0 & 0\\ 0 & 1 & 0\\ 0 & 0 & 2\end{bmatrix}$$

3. $T' \cdot T = \begin{bmatrix} 1 & 0 & 0 \\ 0 & 1 & 0 \\ 0 & 0 & 1 \end{bmatrix}$

4. $T' \cdot T = \begin{bmatrix} \frac{1}{\sqrt{2}} & \frac{-1}{\sqrt{2}} \\ \frac{1}{\sqrt{2}} & \frac{1}{\sqrt{2}} \end{bmatrix} \begin{bmatrix} \frac{1}{\sqrt{2}} & \frac{1}{\sqrt{2}} \\ \frac{-1}{\sqrt{2}} & \frac{1}{\sqrt{2}} \end{bmatrix} = \begin{bmatrix} 1 & 0 \\ 0 & 1 \end{bmatrix}$

定理13-3

對於對稱 矩陣 A 而言，適當選取標準直交矩陣 T，即可變換成對角矩陣 D，即

$$T' \cdot A \cdot T = \begin{bmatrix} \lambda_1 & 0 & \cdots & 0 \\ 0 & \lambda_2 & \cdots & \cdots \\ \cdots & \cdots & \cdots & \cdots \\ 0 & \cdots & \cdots & \lambda_n \end{bmatrix} = diag\,(\lambda_1, \lambda_2, \cdots, \lambda_n) = D$$

此處 $\lambda_i \ (i = 1, 2, \cdots, n)$ 爲 A 的特徵值。

【證】

今考慮 2×2 的對稱矩陣 A ，設其特徵值爲 λ, μ ，其次將 2×2 的標準直交矩陣設爲

$T = \begin{bmatrix} x_1 & y_1 \\ x_2 & y_2 \end{bmatrix} = [X \quad Y]$，此處 $X = \begin{bmatrix} x_1 \\ x_2 \end{bmatrix}, Y = \begin{bmatrix} y_1 \\ y_2 \end{bmatrix}$

X, Y 分別對應於 A 的特徵值 λ 與 μ ，且滿足 $X'X = (X, X) = 1, Y'Y = (Y, Y) = 1$ 。同時因 T 爲標準直交矩陣，$X'Y = Y'X = (X, Y) = 0, X'X = Y'Y = 1$ 。

此時

$$T' \cdot A \cdot T = \begin{bmatrix} x_1 & x_2 \\ y_1 & y_2 \end{bmatrix} \cdot A \cdot \begin{bmatrix} x_1 & y_1 \\ x_2 & y_2 \end{bmatrix}$$

$$= \begin{bmatrix} X' \\ Y' \end{bmatrix} \cdot A \cdot [X \quad Y]$$

$$= \begin{bmatrix} X' \\ Y' \end{bmatrix} \cdot [AX \quad AY]$$

$$= \begin{bmatrix} X' \\ Y' \end{bmatrix} \cdot [\lambda X \quad \mu Y]$$

$$= \begin{bmatrix} \lambda X'X & \mu X'Y \\ \lambda Y'X & \mu Y'Y \end{bmatrix}$$

$$= \begin{bmatrix} \lambda & 0 \\ 0 & \mu \end{bmatrix} = diag\,(\lambda\,,\,\mu) = D$$

且 $A = T \cdot D \cdot T'$

☞【性質】

設 A, B 均爲 n 階標準直交矩陣，則 AB 亦爲標準直交矩陣。

【說明】

$A'A = A \cdot A' = I$ ，且 $B \cdot B' = B' \cdot B = I$

因此

$$(AB)(AB)' = AB\,B' \cdot A' = I$$

同樣

$$(AB)'(AB) = B' \cdot A' \cdot AB = I$$

所以兩標準直交矩陣之乘積仍爲一標準直交矩陣。

☞【性質】

1. 標準直交矩陣之轉置爲標準直交矩陣。

2. 標準直交矩陣之逆矩陣爲標準直交矩陣。

3. 標準直交矩陣的行列式值爲 ±1。

【說明】

1. 由於 A 爲標準直交矩陣，

$\therefore A^{-1} = A'$，則

$(A')' = (A^{-1})' = (A')^{-1}$

$\therefore A'$ 爲標準直交

2. 由於 $A' = A^{-1}$，則

$(A^{-1})' = (A')' = A = (A^{-1})^{-1}$

$\therefore A^{-1}$ 爲標準直交

3. 由於 $A \cdot A' = I$，

$|A| \cdot |A'| = |A|^2 = 1$

$\therefore |A| = \pm 1$

例題 13-4

試將對稱 矩陣 $A = \begin{bmatrix} 6 & 2 \\ 2 & 3 \end{bmatrix}$ 變換爲對角矩陣。

【解】

A 的特徵方程式爲

$$|A - \lambda I_2| = \begin{vmatrix} 6-\lambda & 2 \\ 2 & 3-\lambda \end{vmatrix} = 0$$

$\lambda^2 - 9\lambda + 14 = 0$

$\therefore \lambda = 7, 2$

其次求如下的特徵向量，且滿足 $x_1^2 + x_2^2 = 1, y_1^2 + y_2^2 = 1$。

1. $\lambda = 7$

$AX = 7X$

得 $X = \begin{bmatrix} x_1 \\ x_2 \end{bmatrix} = \begin{bmatrix} \frac{2}{\sqrt{5}} \\ \frac{1}{\sqrt{5}} \end{bmatrix}$

2. $\lambda = 2$

$AY = 2Y$

得 $Y = \begin{bmatrix} y_1 \\ y_2 \end{bmatrix} = \begin{bmatrix} \frac{1}{\sqrt{5}} \\ \frac{-2}{\sqrt{5}} \end{bmatrix}$

因之 $T = \begin{bmatrix} \frac{2}{\sqrt{5}} & \frac{1}{\sqrt{5}} \\ \frac{1}{\sqrt{5}} & \frac{-2}{\sqrt{5}} \end{bmatrix}$ 爲標準直交矩陣。

$$T' \cdot A \cdot T = \begin{bmatrix} \frac{2}{\sqrt{5}} & \frac{1}{\sqrt{5}} \\ \frac{1}{\sqrt{5}} & \frac{-2}{\sqrt{5}} \end{bmatrix} \begin{bmatrix} 6 & 2 \\ 2 & 3 \end{bmatrix} \begin{bmatrix} \frac{2}{\sqrt{5}} & \frac{1}{\sqrt{5}} \\ \frac{1}{\sqrt{5}} & \frac{-2}{\sqrt{5}} \end{bmatrix} = \begin{bmatrix} 7 & 0 \\ 0 & 2 \end{bmatrix}$$

定義 13-2

A 爲對稱矩陣，對於二次形式 $X'AX$ 而言，如將 X 進行變數變換，設 $X = TZ$，其中 T 爲標準直交矩陣，則可得 Z 的標準二次形式。

【證】

$$
\begin{aligned}
X' \cdot A \cdot X &= (TZ)' \cdot A \cdot (TZ) \\
&= Z' \cdot T' \cdot A \cdot T \cdot Z \\
&= Z' (T' \cdot A \cdot T) Z \\
&= Z' \cdot D \cdot Z
\end{aligned}
$$

其中 D 爲對角矩陣。

例題13-5

將二次形式 $6x^2 + 4xy + 3y^2$ 改成標準二次形式。

【解】

$$
\begin{aligned}
6x^2 + 4xy + 3y^2 &= [x \quad y]\begin{bmatrix} 6 & 2 \\ 2 & 3 \end{bmatrix}\begin{bmatrix} x \\ y \end{bmatrix} \\
&= X' \cdot A \cdot X
\end{aligned}
$$

求 A 的特徵值，即求 A 的特徵方程式之根。

$$
|A - \lambda I_2| = \begin{vmatrix} 6-\lambda & 2 \\ 2 & 3-\lambda \end{vmatrix} = \lambda^2 - 9\lambda + 14 = 0
$$

因之，$\lambda = 7, \mu = 2$，由前例知，

$\lambda = 7$ 的特徵向量爲 $\begin{bmatrix} \dfrac{2}{\sqrt{5}} \\ \dfrac{1}{\sqrt{5}} \end{bmatrix}$

$\mu = 2$ 的特徵向量爲 $\begin{bmatrix} \dfrac{1}{\sqrt{5}} \\ \dfrac{-2}{\sqrt{5}} \end{bmatrix}$

所以得標準直交矩陣 T 爲

$$T=\begin{bmatrix} \frac{2}{\sqrt{5}} & \frac{1}{\sqrt{5}} \\ \frac{1}{\sqrt{5}} & \frac{-2}{\sqrt{5}} \end{bmatrix}$$

利用 $X=TZ$，其中 $X=[x \quad y]', Z=[z_1 \quad z_2]'$

即 $x=\frac{2}{\sqrt{5}}z_1+\frac{1}{\sqrt{5}}z_2$

$y=\frac{1}{\sqrt{5}}z_1-\frac{2}{\sqrt{5}}z_2$

代入 $6x^2+4xy+3y^2=7z_1^2+2z_2^2=Z'\cdot D\cdot Z$

其中 $D=\begin{bmatrix} 7 & 0 \\ 0 & 2 \end{bmatrix}$

例題13-6

$$A=\begin{bmatrix} 2 & 1 & 2 \\ 0 & 2 & 3 \\ 0 & 0 & 5 \end{bmatrix}$$

試說明此矩陣 A 無法對角線化。

【解】

其特徵值爲 $\lambda_1=5, \lambda_2=\lambda_3=2$，

對應的特徵向量所形成之矩陣爲 B，

$$B=\begin{bmatrix} \frac{1}{\sqrt{3}} & 1 & 1 \\ \frac{1}{\sqrt{3}} & 0 & 0 \\ \frac{1}{\sqrt{3}} & 0 & 0 \end{bmatrix}$$

而 $|B|=0$，因此 B^{-1} 不存在。

亦即 A 不能對角線化。

一般而言，非對稱矩陣若有相同特徵值，則必可對角線化。

☞【性質】

兩個實數對稱矩陣可藉同一標準直交變換予以對角線化，則此兩矩陣必可交換。

【說明】

假設對稱矩陣 A 可藉標準直交矩陣 $T\ (T'=T^{-1})$ 對角線化，使得

$T^{-1}AT=T'AT=D_1$

今若 B 爲另一對稱矩陣，一般而言 $T'BT$ 將不爲對角矩陣，然而若 $T'BT$ 爲對角矩陣 D_2，則由於 $D_1D_2=D_2D_1$，故

$$T'AT\ T'BT=T'BT\ T'AT$$

由於 T 爲標準直交 $TT'=I$，

$$T'AIBT=T'BIAT$$
$$T'ABT=T'BAT$$

故 $AB=BA$

換言之，兩對稱矩陣可以藉同一標準直交變換予以對角線化，則此矩陣必爲可交換，反之亦成立。

例題13-7

對稱 矩陣 $A=\begin{bmatrix}2 & 1\\ 1 & 2\end{bmatrix}, B=\begin{bmatrix}3 & 2\\ 2 & 3\end{bmatrix}$，

試說明 A 與 B 可予以對角線化。

【解】

A, B 爲可交換，因此兩矩陣可以藉同一標準直交變換予以對角線化。由 A 所得出之標準直交矩陣 T 爲

$$T=\begin{bmatrix}\frac{1}{\sqrt{2}} & \frac{1}{\sqrt{2}}\\ \frac{1}{\sqrt{2}} & -\frac{1}{\sqrt{2}}\end{bmatrix}$$

$T'AT=\begin{bmatrix}3 & 0\\ 0 & 1\end{bmatrix}$ 且 $T'BT=\begin{bmatrix}5 & 0\\ 0 & 1\end{bmatrix}$

此說明 A 與 B 均可由 T 予以對角線化。

例題13-8

$A=\begin{bmatrix}1 & -2 & 4\\ -2 & 2 & 0\\ 4 & 0 & -7\end{bmatrix}$ 化二次形式成爲標準二次形式。

【解】

$$[A\quad I]=\left[\begin{array}{ccc:ccc}1 & -2 & 4 & 1 & 0 & 0\\ -2 & 2 & 0 & 0 & 1 & 0\\ 4 & 0 & -7 & 0 & 0 & 1\end{array}\right]\overset{H_{21}(2)}{\sim}\left[\begin{array}{ccc:ccc}1 & -2 & 4 & 1 & 0 & 0\\ 0 & -2 & 8 & 2 & 1 & 0\\ 4 & 0 & -7 & 0 & 0 & 1\end{array}\right]$$

$$\overset{K_{21}(2)}{\sim}\left[\begin{array}{ccc:ccc}1 & 0 & 4 & 1 & 0 & 0\\ 0 & -2 & 8 & 2 & 1 & 0\\ 4 & 8 & -7 & 0 & 0 & 1\end{array}\right]\overset{H_{31}(-4)}{\sim}\left[\begin{array}{ccc:ccc}1 & 0 & 4 & 1 & 0 & 0\\ 0 & -2 & 8 & 2 & 1 & 0\\ 0 & 8 & -23 & -4 & 0 & 1\end{array}\right]$$

$$\overset{K_{31}(-4)}{\sim}\left[\begin{array}{ccc:ccc}1 & 0 & 0 & 1 & 0 & 0\\ 0 & -2 & 8 & 2 & 1 & 0\\ 0 & 8 & -23 & -4 & 0 & 1\end{array}\right]\overset{H_{32}(4)}{\sim}\left[\begin{array}{ccc:ccc}1 & 0 & 4 & 1 & 0 & 0\\ 0 & -2 & 8 & 2 & 1 & 0\\ 0 & 0 & 9 & 4 & 4 & 1\end{array}\right]$$

$$\overset{K_{32}(4)}{\sim}\left[\begin{array}{ccc:ccc}1 & 0 & 0 & 1 & 0 & 0\\ 0 & -2 & 0 & 2 & 1 & 0\\ 0 & 0 & 9 & 4 & 4 & 1\end{array}\right]=[D \quad B']$$

因此 $X = B \cdot Y = \begin{bmatrix}1 & 2 & 4\\ 0 & 1 & 4\\ 0 & 0 & 1\end{bmatrix}Y$

可將 $X'AX$ 化成 $Y'BY = y_1^2 - 2y_2^2 + 9y_3^2$

定理13-4

修米特直交化法(Schmidt orthogonalization)

當 $X_1, X_2, \cdots, X_p$ 為一次獨立時，以如下的步驟可求出 $Y_1, Y_2, \cdots, Y_p$，其長度為 1 且相互直交。

步驟 1　$Y_1 = \dfrac{X_1}{\|X_1\|}$

步驟 2　當可得出 $Y_1, Y_2, \cdots, Y_{k-1}$ 時，以下式求出 $\tilde{X}_k$。

$$\tilde{X}_k = X_k - (X_k, Y_1)Y_1 - (X_k, Y_2)Y_2 - \cdots - (X_k, Y_{k-1})Y_{k-1}$$

步驟 3　$Y_k = \dfrac{\tilde{X}_k}{\|\tilde{X}_k\|}$

步驟 4　$k=p$ 時即結束，$k<p$ 時回到步驟 2。

【證】

首先 $X_1 \neq 0$，所以由步驟 1，$\|Y_1\|=1$。

其次，$\tilde{X}_2 = X_2 - (X_2, Y_1)Y_1$ 不為零向量。如果是，即違反 X_1 與 X_2 的一次獨立性。計算 $\tilde{X}_2$ 與 Y_1 的內積時，

$$(\tilde{X}_2, Y_1) = (X_2, Y_1) - (X_2, Y_1)(Y_1, Y_1) = (X_2, Y_1) - (X_2, Y_1)\|Y_1\|^2 = 0$$

$\tilde{X}_2$ 與 Y_1 直交，調整 $\tilde{X}_2$ 的長度成為 1 之後的 Y_2 也與 Y_1 直交。

$\tilde{X}_3 = X_3 - (X_3, Y_1)Y_1 - (X_3, Y_2)Y_2$ 不為零向量。Y_1 是 X_1 的常數倍，Y_2 是 X_1 與 X_2 的一次組合，如 $\tilde{X}_3 = 0$ 時，違反 X_1, X_2, X_3 的一次獨立性，計算 $\tilde{X}_3$ 與 Y_1 的內積時，

$$\begin{aligned}(\tilde{X}_3, Y_1) &= (X_3, Y_1) - (X_3, Y_1)(Y_1, Y_1) - (X_3, Y_2)(Y_2, Y_1) \\ &= (X_3, Y_1) - (X_3, Y_1)\|Y_1\|^2 = 0\end{aligned}$$

同樣 $(\widetilde{X}_3, Y_2) = 0$，因此，$\widetilde{X}_3$ 與 Y_1, Y_2 直交，Y_3 與 Y_1, Y_2 直交。同樣 $\widetilde{X}_k$ 與 $Y_1, Y_2, \cdots, Y_{k-1}$ 直交，因此，Y_k 可以表示與 $Y_1, Y_2, \cdots, Y_{k-1}$ 直交。

例題 13-9

對以下的三個一次獨立的向量，應用 Schmidt 直交化法找出三個直交後的向量，其長度爲 1。

$$X_1 = \begin{bmatrix} 1 \\ 1 \\ 0 \end{bmatrix} \qquad X_2 = \begin{bmatrix} -1 \\ 0 \\ 1 \end{bmatrix} \qquad X_3 = \begin{bmatrix} 0 \\ 1 \\ 1/2 \end{bmatrix}$$

【解】

$$Y_1 = \frac{X_1}{\|X_1\|} = \frac{X_1}{\sqrt{2}} = \begin{bmatrix} 1/\sqrt{2} \\ 1/\sqrt{2} \\ 0 \end{bmatrix}$$

$$\widetilde{X}_2 = X_2 - (X_2, Y_1)\, Y_1$$

$$= \begin{bmatrix} -1 \\ 0 \\ 1 \end{bmatrix} - \left(-\frac{1}{\sqrt{2}}\right) \begin{bmatrix} 1/\sqrt{2} \\ 1/\sqrt{2} \\ 0 \end{bmatrix} = \begin{bmatrix} -1/2 \\ 1/2 \\ 1 \end{bmatrix}$$

$$Y_2 = \frac{\widetilde{X}_2}{\|X_2\|} = \frac{\widetilde{X}_2}{\sqrt{\frac{3}{2}}} = \begin{bmatrix} -1/\sqrt{6} \\ 1/\sqrt{6} \\ 2/\sqrt{6} \end{bmatrix}$$

$$\widetilde{X}_3 = X_3 - (X_3, Y_1)Y_1 - (X_3, Y_2)Y_2$$

$$= \begin{bmatrix} 0 \\ 1 \\ 1/2 \end{bmatrix} - \frac{1}{\sqrt{2}}\begin{bmatrix} 1/\sqrt{2} \\ 1/\sqrt{2} \\ 0 \end{bmatrix} - \frac{2}{\sqrt{6}}\begin{bmatrix} -1/\sqrt{6} \\ 1/\sqrt{6} \\ 2/\sqrt{6} \end{bmatrix} = \begin{bmatrix} -1/6 \\ 1/6 \\ -1/6 \end{bmatrix}$$

$$Y_3 = \frac{\widetilde{X}_3}{\|\widetilde{X}_3\|} = \frac{\widetilde{X}_3}{\sqrt{\dfrac{1}{12}}} = \begin{bmatrix} -1/\sqrt{3} \\ 1/\sqrt{3} \\ -1/\sqrt{3} \end{bmatrix}$$

Y_1, Y_2, Y_3 的長度為 1 且相互直交。

定理13-5

Spectral 分解

n 階對稱矩陣 A 使用相異的特徵值 λ_i 與長度為 1 的特徵向量 $\mathbf{w}_i$（$i = 1,2,\cdots,n$），即可如下表示。（稱為譜分解；Spectral decomposition）。

$$A = W\Lambda W' = \lambda_1\mathbf{w}_1\mathbf{w}_1' + \lambda_2\mathbf{w}_2\mathbf{w}_2' + \cdots + \lambda_n\mathbf{w}_n\mathbf{w}_n'$$

其中，

$$\Lambda = \begin{bmatrix} \lambda_1 & 0 & \cdots & 0 \\ 0 & \lambda_2 & \cdots & 0 \\ \vdots & \vdots & \ddots & \vdots \\ 0 & 0 & \cdots & \lambda_n \end{bmatrix},\ W = (\mathbf{w}_1, \mathbf{w}_2, \cdots, \mathbf{w}_n)$$

【證】

此處以特徵值相異為例來說明。

由定理 13-1, 13-2 知，W 為直交矩陣。又，設 $\mathbf{w}_i$ 為對特徵值 λ_i 而

言長度 1 的特徵向量。所以，W 爲標準直交矩陣，因之 $W' = W^{-1}$。

$$A\mathbf{w}_1 = \lambda_1 \mathbf{w}_1,\ A\mathbf{w}_2 = \lambda_2 \mathbf{w}_2, \cdots,\ A\mathbf{w}_n = \lambda_n \mathbf{w}_n \tag{1}$$

(1) 式可以整理如下：

$$AW = W\Lambda \tag{2}$$

在 (2) 式的兩邊，由左方乘上 W' 時，得出對角化。

$$W' \cdot AW = \Lambda \tag{3}$$

在 (2) 式的兩邊，由右方乘上 W' 時，得出譜分解。

$$A = W\Lambda W' \tag{4}$$

如 A 爲非奇異，此時所有的特徵值均不爲 0，因之由 (3), (4) 可以如下表現。

$$A^{-1} = WA^{-1}W' = \frac{1}{\lambda_1}\mathbf{w}_1\mathbf{w}_1' + \frac{1}{\lambda_2}\mathbf{w}_2\mathbf{w}_2' + \cdots + \frac{1}{\lambda_n}\mathbf{w}_n\mathbf{w}_n'$$

例題 13-10

兩變數的相關矩陣（2 階矩陣）如下，試進行 Spectral 分解。

$$R = \begin{bmatrix} 1 & r \\ r & 1 \end{bmatrix}$$

【解】

首先求 R 的特徵值與特徵向量。

$$|R - \lambda I_2| = \begin{vmatrix} 1-\lambda & r \\ r & 1-\lambda \end{vmatrix} = (1-\lambda)^2 - r^2 = 0$$

$\therefore\ \lambda = 1 \pm r$ （設爲 λ_1, λ_2）

對 $\lambda_1 = 1 + r$ 而言，長度 1 的特徵向量設爲 $X = (x_1,\ x_2)'$，則

$$RX=\lambda_1 X \quad \Rightarrow \quad X=\begin{bmatrix}\frac{1}{\sqrt{2}}\\ \frac{1}{\sqrt{2}}\end{bmatrix}$$

對 $\lambda_2=1-r$ 而言，長度 1 的特徵向量設為 $Y=(y_1,\ y_2)'$ ，則

$$RY=\lambda_2 Y \quad \Rightarrow \quad Y=\begin{bmatrix}\frac{1}{\sqrt{2}}\\ \frac{-1}{\sqrt{2}}\end{bmatrix}$$

令 $W=(X,Y)=\begin{bmatrix}\frac{1}{\sqrt{2}} & \frac{1}{\sqrt{2}}\\ \frac{1}{\sqrt{2}} & \frac{-1}{\sqrt{2}}\end{bmatrix}$

W 為直交矩陣，因之，對角化如下：

$$W'RW=\begin{bmatrix}\frac{1}{\sqrt{2}} & \frac{1}{\sqrt{2}}\\ \frac{1}{\sqrt{2}} & \frac{-1}{\sqrt{2}}\end{bmatrix}\begin{bmatrix}1 & r\\ r & 1\end{bmatrix}\begin{bmatrix}\frac{1}{\sqrt{2}} & \frac{1}{\sqrt{2}}\\ \frac{1}{\sqrt{2}} & \frac{-1}{\sqrt{2}}\end{bmatrix}=\begin{bmatrix}1+r & 0\\ 0 & 1-r\end{bmatrix}=\Lambda$$

譜分解如下：

$$R=\begin{bmatrix}1 & r\\ r & 1\end{bmatrix}=(1+r)\begin{bmatrix}\frac{1}{\sqrt{2}}\\ \frac{1}{\sqrt{2}}\end{bmatrix}\begin{bmatrix}\frac{1}{\sqrt{2}} & \frac{1}{\sqrt{2}}\end{bmatrix}+(1-r)\begin{bmatrix}\frac{1}{\sqrt{2}}\\ \frac{-1}{\sqrt{2}}\end{bmatrix}\begin{bmatrix}\frac{1}{\sqrt{2}} & \frac{-1}{\sqrt{2}}\end{bmatrix}$$

第 13 章 習題

13.1 試以矩陣形式寫出下列二次式

1. $x_1^2+4x_1x_2^2+3x_2^2$

2. $2x_1^2-6x_1x_2+x_3^2$

3. $x_1^2-2x_2^2-3x_3^3+4x_1x_2+6x_1x_3-8x_2x_3$

【解】

1. $X'\begin{bmatrix}1 & 2\\ 2 & 3\end{bmatrix}X$

2. $X'\begin{bmatrix}2 & -3 & 0\\ -3 & 0 & 0\\ 0 & 0 & 1\end{bmatrix}X$

3. $X'\begin{bmatrix}1 & 2 & 3\\ 2 & -2 & -4\\ 3 & -4 & -3\end{bmatrix}X$

13.2 矩陣爲 $\begin{bmatrix}2 & -3 & 1\\ -3 & 2 & 4\\ 1 & 4 & 5\end{bmatrix}$ 試求出 x_1, x_2, x_3 之二次形式。

【解】

$$X'\begin{bmatrix}2 & -3 & 1\\ -3 & 2 & 4\\ 1 & 4 & 5\end{bmatrix}X=[x_1 \quad x_2 \quad x_3]\begin{bmatrix}2 & -3 & 1\\ -3 & 2 & 4\\ 1 & 4 & 5\end{bmatrix}\begin{bmatrix}x_1\\ x_2\\ x_3\end{bmatrix}$$

$$=2x_1^2-6x_1x_2+2x_1x_3+2x_2^2+8x_2x_3-5x_3^2$$

13.3 試將下列 2 次形式化成矩陣形式

1. $A(x_1, x_2, \cdots, x_n) = \sum_{i=1}^{n} a_{ii}x_{ii}^2 + 2\sum_{i<j} a_{ij}x_i x_j$

2. $A(x_1, x_2, \cdots, x_n) = \sum_{i=1}^{n} a_{ii}x_{ii}^2 + \sum_{i=1}^{n}\sum_{j=1}^{n} a_{ij}x_i x_j$

【解】

1. $A(x_1, x_2, \cdots, x_n) = X' \cdot A \cdot X$，其中 $A = [a_{ij}]$，對稱。

2. $A(x_1, x_2, \cdots, x_n) = X' \cdot A \cdot X$，其中 $A = [a_{ij}]$，不對稱。

13.4 試將對稱矩陣 $A = \begin{bmatrix} 1 & 1 \\ 1 & 1 \end{bmatrix}$ 化成對角矩陣 D。

【解】

$|A - \lambda I_2| = 0$

$\therefore \lambda = 0$，$\lambda = 2$

當 $\lambda = 0$ 時，$AX = 0$

則 $X = a\begin{bmatrix} -1 \\ 1 \end{bmatrix} \Rightarrow \begin{bmatrix} \frac{-1}{\sqrt{2}} \\ \frac{1}{\sqrt{2}} \end{bmatrix}$

$\lambda = 2$ 時，$AY = 2Y$

則 $Y = b\begin{bmatrix} 1 \\ 1 \end{bmatrix} \Rightarrow \begin{bmatrix} \frac{1}{\sqrt{2}} \\ \frac{1}{\sqrt{2}} \end{bmatrix}$

$$\therefore T = \begin{bmatrix} \frac{1}{\sqrt{2}} & \frac{1}{\sqrt{2}} \\ \frac{1}{\sqrt{2}} & \frac{1}{\sqrt{2}} \end{bmatrix}$$

因之 $T' \cdot A \cdot T = \begin{bmatrix} 0 & 0 \\ 0 & 2 \end{bmatrix}$

13.5

1. 試證 $X'\begin{bmatrix} 1 & 4 \\ 0 & 0 \end{bmatrix}X = X'\begin{bmatrix} 1 & 2 \\ 2 & 0 \end{bmatrix}X$ ，但此矩陣有不同之秩。

2. 試驗證二次式之對稱矩陣是唯一的。

13.6 利用平面的適當座標變換，求 2 次曲線

$9x^2 - 4xy + 6y^2 - 5 = 0$ 的標準形。

【解】

設 $A = \begin{bmatrix} 9 & -2 \\ -2 & 6 \end{bmatrix}$

$9x^2 - 4xy + 6y^2 = [\,x\,,\,y\,]\,A\begin{bmatrix} x \\ y \end{bmatrix}$

$\because A$ 為對稱，利用標準直交矩陣

$P = \dfrac{1}{\sqrt{5}}\begin{bmatrix} 1 & 2 \\ 2 & -1 \end{bmatrix}$

$\therefore P^{-1}A \cdot P = \begin{bmatrix} 5 & 0 \\ 0 & 10 \end{bmatrix}$ 成為對角矩陣

利用座標變換，

$\begin{bmatrix} x \\ y \end{bmatrix} = P^{-1}\begin{bmatrix} x \\ y \end{bmatrix}$

曲線成為 $5x^2 + 10y^2 = 5$ ，即 $x^2 + 2y^2 = 1$

13.7 試將下列矩陣化並求其譜分解。

$$A=\begin{bmatrix}1&0&2\\0&1&0\\2&0&1\end{bmatrix}$$

【解】

其中特徵值爲 3, 1, -1。

$$W=(\mathbf{w}_1,\mathbf{w}_2,\mathbf{w}_3)=\begin{bmatrix}\frac{1}{\sqrt{2}}&0&\frac{1}{\sqrt{2}}\\0&1&0\\\frac{1}{\sqrt{2}}&0&\frac{-1}{\sqrt{2}}\end{bmatrix}$$

$$A=3\begin{bmatrix}\frac{1}{2}&0&\frac{1}{2}\\0&0&0\\\frac{1}{2}&0&\frac{1}{2}\end{bmatrix}+1\begin{bmatrix}0&0&0\\0&1&0\\0&0&0\end{bmatrix}+(-1)\begin{bmatrix}\frac{1}{2}&0&\frac{-1}{2}\\0&0&0\\\frac{-1}{2}&0&\frac{1}{2}\end{bmatrix}$$

13.8 已知下列三個向量爲一次獨立，試以 Schmidt 直交化法找出三個直交且長度爲 1 的向量。

$$X_1=\begin{bmatrix}1\\1\\1\end{bmatrix},\quad X_2=\begin{bmatrix}1\\-2\\1\end{bmatrix},\quad X_3=\begin{bmatrix}1\\2\\3\end{bmatrix}$$

【解】

$$Y_1=\begin{bmatrix}\frac{1}{\sqrt{3}}\\\frac{1}{\sqrt{3}}\\\frac{1}{\sqrt{3}}\end{bmatrix},\quad Y_2=\begin{bmatrix}\frac{1}{\sqrt{6}}\\\frac{-2}{\sqrt{6}}\\\frac{1}{\sqrt{6}}\end{bmatrix},\quad Y_3=\begin{bmatrix}\frac{-1}{\sqrt{2}}\\0\\\frac{1}{\sqrt{2}}\end{bmatrix}$$

正定矩陣與非負矩陣

定義14-1

$n \times n$ 的對稱矩陣 A 的二次形式爲

$$A(x_1, x_2, \cdots, x_n) = [x_1, x_2, \cdots, x_n]\, A \begin{bmatrix} x_1 \\ x_2 \\ \vdots \\ x_n \end{bmatrix} = X' \cdot A \cdot X$$

$$= a_{11}x_1^2 + \cdots + a_{nn}x_n^2 + 2a_{12}x_1x_2 + \cdots + 2a_{n-1\,n}x_{n-1}\, x_n$$

此 $A(x_1, x_2, \cdots, x_n)$ 對不爲 0 的 $x_1, x_2, \cdots, x_n$ 來說，經常

$$A(X' \cdot A \cdot X) > 0$$

時之矩陣 A 稱爲正定矩陣 (positive definite matrix)。

($(X' \cdot A \cdot X) \geq 0$ 時， A 稱爲非負定矩陣。

【問】正定矩陣是否為非奇異？

定義14-2

矩陣 A 之一子行列式，若其爲刪去 A 之某列及同號之行而得，稱爲 A 之主子行列式(Principal minor)。

例題14-1

$A=\begin{bmatrix} a_{11} & a_{12} \\ a_{12} & a_{22} \end{bmatrix}$ 的二次形式爲

$$\begin{aligned} A(x, y) &= a_{11}x^2 + 2a_{12}xy + a_{22}y^2 \\ &= a_{11}\left(x + \frac{a_{12}}{a_{11}}y\right)^2 + \left(a_{22} - \frac{a_{12}^2}{a_{11}}\right)y^2 \\ &= a_{22}\left(y + \frac{a_{12}}{a_{11}}x\right)^2 + \left(a_{11} - \frac{a_{12}^2}{a_{22}}\right)x^2 \end{aligned}$$

A 爲正定矩陣其充要條件爲

$$a_{11} > 0, a_{22} > 0, \left(a_{22} - \frac{a_{12}^2}{a_{11}}\right) = \begin{vmatrix} a_{11} & a_{12} \\ a_{12} & a_{22} \end{vmatrix} > 0$$

定理14-1

(正定矩陣、非負定矩陣之性質)

1. 正定矩陣 $\Leftrightarrow$ 特徵值均爲正。

2. 非負定矩陣 $\Leftrightarrow$ 特徵值均爲 0 以上。

3. 負正定矩陣 $\Leftrightarrow$ 特徵值均爲負。

4. 如 $A>0$ 則 $|A|>0$。

5. 如 $A \geq 0$ 則 $|A| \geq 0$。

6. 如 $A > 0$ 且 A^{-1} 存在則 $A^{-1} > 0$。

7. B 爲 $p \times q$ 之矩陣，則 $B'B$ 與 BB' 的正的特徵值個數與特徵值之值是一致的。

【證】

1. 設 $A > 0$，X 當作對應 A 的特徵值 λ 長度爲 1 的特徵向量。

在 $AX = \lambda X$ 的兩邊乘上 X' 時，得 $X'AX = \lambda X'X = \lambda$。

由正定矩陣的定義，知 $\lambda > 0$。相反的，將 A 的特徵值全部當作正。由譜分解，對任意的 X（$\neq 0$），

$$X'AX = \lambda_1 (X'w_1)^2 + \lambda_2 (X'w_2)^2 + \cdots + \lambda_p (X'w_p)^2 > 0$$

($w_1, w_2, \cdots, w_p$ 爲 1 次獨立的 p 次元的向量，X 與這些並不直交)

2., *3.* 同樣。

4. 與 *5.*，注意行列式是特徵值之積即可。

6. 如爲正定矩陣，特徵值均爲正，所以行列式不爲 0，因之存在逆矩陣。又，逆矩陣的特徵值是原本矩陣之特徵值的倒數，所以均爲正，因之逆矩陣爲正定矩陣。

7. $B'B$ 爲對稱矩陣，且爲非負定矩陣（參例題 14-2）。將 λ 當作 $B'B$ 的特徵值，X 當作對應的特徵向量。此時 $B'BX = \lambda X$ 的兩邊乘上 B，則 $BB'(BX) = \lambda(BX)$，所以 λ 是 $B'B$ 的特徵值，對應的特徵向量是 BX。相反的。BB' 的正的特徵值，即爲 $B'B$ 的特徵值，也可同樣說明。

例題14-2

B 爲 $p \times q$ 之矩陣，則 $B'B$ 與 BB' 均爲非負定矩陣。

【解】

設 X 爲任意的 q 次元向量，則 $X'B'BX = \| BX \|^2 \geq 0$

所以 $B'B$ 爲非負定矩陣，BB' 也可同樣說明。

例題14-3

B 爲 $p \times q$ 之矩陣，則

$$B = \sqrt{\lambda_1} v_1 u_1' + \sqrt{\lambda_2} v_2 u_2' + \cdots + \sqrt{\lambda_m} v_m u_m'$$

稱爲特異值分解，$\sqrt{\lambda_i}\ (i = 1,2,\cdots,m)$ 稱爲特異值。

【解】

設 B 爲 $p \times q$ 之矩陣，由定理 14-1 的性質 7 知

$B'B$ 與 BB' 有共同正的特徵值設爲 $\lambda_1, \lambda_2, \cdots, \lambda_m$

對應此等特徵值的 $B'B$ 與 BB' 的長度爲 1 的特徵向量分別設爲

$u_1, u_2, \cdots, u_m$（這些均爲q次元向量）

$v_1, v_2, \cdots, v_m$（這些均爲p次元向量）

則下式成立，

$$B = \sqrt{\lambda_1} v_1 u_1' + \sqrt{\lambda_2} v_2 u_2' + \cdots + \sqrt{\lambda_m} v_m u_m'$$

定理14-2

設 A 爲正定矩陣，則 A 的每一主子行列式值爲正。

【證】

令 $q = X'AX$。A 的主子行列式可由消去第 i 列及第 i 行而得，而其二次式 q_i（由 q 中令 $x_i = 0$ 而得）之矩陣為 A_i。今每一 q_i 值（對於其變數值之非顯明集合）亦為 q 之一個值，因此其為正。故 A_i 為正定。

上述之討論可重覆求之以求得主子行列式 $A_{ij}, A_{ijk}, \cdots\cdots$，亦即由 A 消去第 2,3……列與行而得。

故知 $A_i > 0,\ \ A_{ij} > 0, \cdots\cdots$，因此每一主行列式為正值。

例題14-4

$A = \begin{bmatrix} a_{11} & a_{12} \\ a_{12} & a_{22} \end{bmatrix}$ 為正定矩陣時，A 的特徵值 λ, μ 均為正。

【解】

$$\begin{vmatrix} a_{11}-\lambda & a_{12} \\ a_{12} & a_{22}-\lambda \end{vmatrix} = 0$$

$$\lambda^2 - (a_{11}+a_{22})\lambda + a_{11}a_{22} - a_{12}^2 = 0$$

判別式 $D = (a_{11}+a_{22})^2 - 4(a_{11}a_{22} - a_{12}^2)$

$$= (a_{11}-a_{22})^2 + 4a_{12}^2 > 0$$

$\therefore A$ 有二個相異實根 λ, μ

令 $\lambda, \mu = \dfrac{(a_{11}+a_{22}) \pm \sqrt{(a_{11}+a_{22})^2 + 4a_{12}^2}}{2}$

$$\lambda + \mu = (a_{11}+a_{22})$$

$$\lambda \cdot \mu = \frac{1}{4}\{(a_{11}+a_{22})^2 - [(a_{11}-a_{22})^2 + 4a_{12}^2]\}$$

$$= \frac{1}{4}\{4a_{11}a_{22} - 4a_{12}^2\}$$

$$= \begin{vmatrix} a_{11} & a_{12} \\ a_{12} & a_{22} \end{vmatrix}$$

由正定矩陣之充要條件知 $a_{11} > 0$, $a_{22} > 0$, $\begin{vmatrix} a_{11} & a_{12} \\ a_{12} & a_{22} \end{vmatrix} > 0$

$\therefore \lambda, \mu$ 均爲正根。

定義14-3

一 n 階矩陣 $A = [\, a_{ij} \,]$，如 $a_{ij} \geq 0\,(i, j = 1, \cdots, n)$，則 A 稱爲非負矩陣。

定理14-3

(弗洛賓尼斯：**Forbenius**)

一個非負矩陣 A

1. 具有非負的特徵值。

2. 對應此非負特徵值，存在有非負的特徵向量。

【證】

1. 此處爲了簡單說明起見，以上的性質就 2×2 的方陣，予以證明。

設 $A=\begin{bmatrix} a_{11} & a_{12} \\ a_{21} & a_{22} \end{bmatrix}$

此處因 A 爲非負矩陣，所以 $a_{ij} \geq 0\,(i\,,\,j=1,2)$，此 A 的特徵值滿足

$$\left| A-\lambda\, I_2 \right| = 0$$

所以爲如下 2 次式之根，即

$$\begin{vmatrix} a_{11}-\lambda & a_{12} \\ a_{21} & a_{22}-\lambda \end{vmatrix} = \lambda^2-(a_{11}+a_{22})\lambda+a_{11}a_{22}-a_{12}a_{21}=0$$

此 2 次方程式的判別式爲

$$\begin{aligned} D &= (a_{11}+a_{22})^2-4(a_{11}a_{22}-a_{12}a_{21}) \\ &= (a_{11}-a_{22})^2+4a_{12}a_{21} \geq 0 \end{aligned} \qquad (\because\ a_{ij} \geq 0)$$

亦即 A 具有兩個相異之實數的特徵值，設爲 λ, μ，則

$$\lambda+\mu = a_{11}+a_{22} \geq 0 \qquad (\because\ a_{ij} \geq 0)$$

亦即，若 $\lambda \geq \mu$ 時，必然 $\lambda \geq 0$，此即存在非負的特徵值，稱爲弗洛賓尼斯根。

2. 設特徵方程式的兩根 λ, μ 可寫爲

$$\lambda\,,\,\mu = \frac{(a_{11}+a_{22}) \pm \sqrt{(a_{11}-a_{22})^2+4a_{12}a_{21}}}{2}$$

今設 $\lambda \geq \mu$ 時，

$$\lambda = \frac{(a_{11}+a_{22}) + \sqrt{(a_{11}-a_{22})^2+4a_{12}a_{21}}}{2}$$

可是因爲 $a_{12}a_{21} \geq 0$ ，所以

$$\lambda \geq \frac{(a_{11}+a_{22})+\sqrt{(a_{11}-a_{22})^2}}{2} = \frac{(a_{11}+a_{22})+|\, a_{11}-a_{22}\,|}{2}$$

設 $\min(a\,,b)=a \wedge b\,, \max(a\,,b)=a \vee b$ 時，上式中的 $|\, a_{11}-a_{22}\,|$ 可以寫成

$$|\, a_{11}-a_{22}\,| = a_{11} \vee a_{22} - a_{11} \wedge a_{22}$$

將此代入上式，並利用 $a_{11}+a_{22} = a_{11} \vee a_{22} + a_{11} \wedge a_{22}$ 得

$$\lambda \geq \frac{a_{11} \vee a_{22} + a_{11} \wedge a_{22} + (a_{11} \vee a_{22} - a_{11} \wedge a_{22})}{2} = a_{11} \vee a_{22}$$

亦即較大的根 λ 是 $\lambda \geq a_{11} \vee a_{22}$

所以 $\lambda \geq a_{11}$ 或 a_{22}

其次設 $\max(\lambda - a_{11}\,, \lambda - a_{22}) > 0$ ，此時，

$$x_1 = \frac{a_{11}}{\lambda - a_{11}}\,, x_{22} = 1$$

如將此代入

$$\begin{cases}(a_{11}-\lambda)x_1 + a_{12}x_2 = 0 \\ a_{21}\, x_1 + (a_{22}-\lambda)x_2 = 0\end{cases}$$

顯然可以滿足此方程式，而且至少 $x_2 = 1 > 0$

所以此 $\begin{bmatrix} x_1 \\ x_2 \end{bmatrix}$ 即爲 λ 的非負特徵向量。

另外， $\max(\lambda - a_{11}\,, \lambda - a_{22}) = 0$ 時，由於 $\lambda = a_{11} = a_{22} = 0$

所以 $\begin{vmatrix} \lambda - a_{11} & a_{12} \\ a_{21} & \lambda - a_{22} \end{vmatrix} = -a_{12}a_{21}$

因之如果 $a_{12}=0$ 時，特徵方程式只會成爲

$$a_{21}x_1=0$$

因之可設 $x_1=0, x_2=$任意 (因之取 $x_2>0$)

亦即具有非負的特徵值。

例題14-5

試就 $A=\begin{bmatrix}2 & 2\\ 1 & 3\end{bmatrix}$，求弗洛賓尼斯根與非負的特徵向量。

【解】

求如下的特徵方程式時

$$\begin{vmatrix}2-\lambda & 2\\ 1 & 3-\lambda\end{vmatrix}=\lambda^2-5\lambda+4=0$$

得 $\lambda=1,4$，因之 $\lambda=4$，

其次，求 $AX=4X$ 的特徵向量，亦即，解

$$\begin{cases}(2-\lambda)x_1+2x_2=0\\ x_1+(3-\lambda)x_2=0\end{cases}$$

即 $\begin{cases}-1x_1+2x_2=0\\ x_1-x_2=0\end{cases}$

由觀察知 $\begin{bmatrix}x_1\\ x_2\end{bmatrix}=\begin{bmatrix}1\\ 1\end{bmatrix}$

第14章 習題

14.1 試說明 $2x_1^2+2x_1x_2+2x_2^2-6x_1x_3-2x_2x_3+7x_3^2$ 爲正定。

14.2 試證 $ax_1^2-2bx_1x_2+cx_2^2$ 爲正定，若且唯若 $a>0$，且 $|A|=ac-b^2>0$。

14.3 試證二次式 $X'AX$ (其中 A 爲實數對稱矩陣) 爲正定的充分且必要條件爲所有行列式 $A_1=a_{11}, a_{22}$， $A_2=\begin{vmatrix} a_{11} & a_{12} \\ a_{21} & a_{22} \end{vmatrix}$,

$$A_3=\begin{vmatrix} a_{11} & a_{12} & a_{13} \\ a_{21} & a_{22} & a_{23} \\ a_{31} & a_{32} & a_{33} \end{vmatrix}, \cdots. \ A_n=|A|$$ 均爲正。

14.4 若 C 爲任意非奇異實數矩陣，則 $C'C$ 爲正定。

【提示：考慮 $X'IX=Y'C'ICY$ 】

14.5 每一正定矩陣 A 可寫成 $A=C'C$。

【提示：考慮 $D'AD=I$ 】

14.6 若一實數對稱矩陣 A 爲正定，對於任意正整數 p 而言，A^p 亦爲正定。

14.7 一實數對稱矩陣 A 的正定，若且唯若存在一非奇異矩陣 C 使得 $A=C'\cdot C$。

14.8 假設實數二次型式 $X'AX$ 可藉標準直交變換 $X=TY$ (T 爲標準直交) 化成

$$Y'DY=\lambda_1 y_1^2+\lambda_2 y_2^2+\cdots+\lambda_n y_n^2$$

其中 $\lambda_1, \lambda_2, \cdots \lambda_n$ 爲 A 的特徵值，今假設

$\lambda_1 \ge \lambda_2 \ge \cdots \ge \lambda_n$ ，那麼

$$Y'DY \ge \lambda_n Y'Y \text{ 且 } Y'DY \le \lambda_1 Y'Y$$

可見 $\lambda_1 = \max \frac{X'AX}{X'X}, \lambda_n = \frac{X'AX}{X'X}$

因此 $\lambda_1 \ge \frac{X'AX}{X'X} \ge \lambda_n$

利用以上試求

$$A = \begin{bmatrix} 2 & 1 & 0 \\ 1 & 3 & 0 \\ 0 & 0 & 2 \end{bmatrix}$$

的特徵值的近似界限。

14.9 試找出 $A = \begin{bmatrix} 1 & 2 & 1 \\ 2 & 1 & 3 \\ 1 & 1 & 1 \end{bmatrix}$ 的弗洛賓尼斯根。

14.10 試表示推移機率矩陣 $\begin{bmatrix} p_{11} & p_{12} \\ p_{21} & p_{22} \end{bmatrix}$ 的弗洛賓尼斯根。

14.11 試求非負矩陣考察 $\rho I - A$ ，此時當 $\rho < \lambda$ 時，則

$$(\rho I - A)^{-1} = \frac{1}{\rho}\left(I + \frac{A}{\rho} + \frac{A^2}{\rho^2} + \cdots \right) 。$$

14.12 試證二次式 $X'AX$ (其中 A 爲實數對稱矩陣) 爲正定的充分且必要條件爲所有行列式 $A_1 = a_{11}, a_{22}$ ， $A_2 = \begin{vmatrix} a_{11} & a_{12} \\ a_{21} & a_{22} \end{vmatrix}$,

$$A_3 = \begin{vmatrix} a_{11} & a_{12} & a_{13} \\ a_{21} & a_{22} & a_{23} \\ a_{31} & a_{32} & a_{33} \end{vmatrix}, \cdots. , A_n = \left| A \right| \text{ 均爲正。}$$

譜半徑及矩陣範數

定義15-1

$\rho(A)=\max\{|\lambda|\}$稱爲矩陣 A 的譜半徑(Spectral radius)。其中，λ 是矩陣 A 的特徵值。

例題15-1

已知矩陣 A 如下，試求譜半徑。

$$A=\begin{bmatrix}1 & 0 & -1\\ 1 & 2 & 1\\ 2 & 2 & 3\end{bmatrix}$$

【解】

由特徵方程式

$$\begin{vmatrix}1-t & 0 & -1\\ 1 & 2-t & 1\\ 2 & 2 & 3-t\end{vmatrix}=(1-t)(2-t)(3-t)=0$$

A 的譜半徑 $\rho(A)$ 即為

$$\rho(A) = \max\{|1|, |2|, |3|\} = 3$$

定理15-1

$A \in \Re^{n \times n}$ 為實數值矩陣，$\rho(A)$ 是它的譜半徑，若且唯若 $\rho(A) < 1$，則

$$\lim_{k \to \infty} A^k = 0$$

《證明省略》

定義15-2

對各自的 $i = 1, 2, \cdots\cdots, n$；$j = 1, 2, \cdots\cdots, n$ 而言，當

$$\lim_{k \to \infty} \left(A^k\right)_{ij} = 0 \quad （或 \lim_{k \to \infty} A^k = 0）$$

n 階矩陣 A 稱為收斂(convergent)。

例題15-2

說明矩陣 $A = \begin{bmatrix} \frac{1}{2} & 0 \\ \frac{1}{4} & \frac{1}{2} \end{bmatrix}$ 是收斂的。

【解】

計算 A 的次冪時，

$$A^2=\begin{bmatrix}\frac{1}{4} & 0\\ \frac{1}{4} & \frac{1}{4}\end{bmatrix}，A^3=\begin{bmatrix}\frac{1}{8} & 0\\ \frac{3}{16} & \frac{1}{8}\end{bmatrix}，A^4=\begin{bmatrix}\frac{1}{16} & 0\\ \frac{1}{8} & \frac{1}{16}\end{bmatrix}$$

一般而言

$$A^k=\begin{bmatrix}\frac{1}{2^k} & 0\\ \frac{k}{2^{k+1}} & \frac{1}{2^k}\end{bmatrix}$$

此處

$$\lim_{k\to\infty}\frac{1}{2^k}=0，\lim_{k\to\infty}\frac{k}{2^{k+1}}=0$$

$\therefore$ A 是收斂矩陣。

定理15-2

矩陣 A 收斂與下式是對等的。

1. $\rho(A)<1$

2. 存在有矩陣範數使得 $\|A\|<1$

《證明省略》

例題15-3

下列矩陣何者是收斂矩陣？

1. $A=\begin{bmatrix} 0.5 & 0.5 \\ 0 & -0.25 \end{bmatrix}$

2. $B=\begin{bmatrix} 0.5 & 10 \\ 0 & -0.5 \end{bmatrix}$

【解】

1. $A=\begin{bmatrix} 0.5 & 0.5 \\ 0 & -0.25 \end{bmatrix}$ ，$\|A\|_\infty =1$ ，inconclusive

$\|A\|_1 =0.75 < 1$，因之 A 是收斂的。

事實上，

$$A=\frac{1}{2}\begin{bmatrix} 0.5 & 0.5 \\ 0 & -0.25 \end{bmatrix} ，A^2=\frac{1}{2^2}\begin{bmatrix} 1 & 0.5 \\ 0 & 0.25 \end{bmatrix}$$

$$A^3=\frac{1}{2^3}\begin{bmatrix} 1 & 0.75 \\ 0 & -0.125 \end{bmatrix} \text{，etc.}$$

2. $B=\begin{bmatrix} 0.5 & 10 \\ 0 & -0.5 \end{bmatrix}$ ，$\|B\|_\infty =\|B\|_1 =10.5$ ，inconclusive

$\rho(A)=0.5$ ，因之 A 是收斂的。

事實上，

$$B=\frac{1}{2}\begin{bmatrix} 1 & 20 \\ 0 & -1 \end{bmatrix}, B^2=\frac{1}{2^2}\begin{bmatrix} 1 & 0 \\ 0 & 1 \end{bmatrix}, B^3=\frac{1}{2^3}\begin{bmatrix} 1 & 20 \\ 0 & -1 \end{bmatrix}, \text{etc.}$$

定義 15-3

設 $\Re^n = \{(x_1, x_2, \cdots, x_n), x_i \in \Re\}$，定義 $\Re^n$ 中的距離，使用範數(大小)。

向量 $X \in \Re^n$ 的範數(norm)以 $\|X\|$ 表示。對所有的向量 $X, Y \in \Re^n$，以及所有的實數 α 而言，以下是成立的：

1. $\|X\| \equiv 0$，$\|X\| = 0$ 與 $X = 0$ 是同值

2. $\|\alpha X\| = |\alpha| . \|X\|$

3. $\|X + Y\| \leq \|X\| + \|Y\|$

《證明省略》

定義 15-4

當向量 $X = (x_1, x_2, \cdots, x_n)$ 時，將向量 X 的距離當作 $(x_1, x_2, \cdots, x_n)$ 與 $(0, 0, \cdots, 0)$ 之最短距離時，則此距離的表示法稱爲 l_2 範數，亦即

$\|X\|_2 = (x_1{}^2 + x_2{}^2 + \cdots + x_n{}^2)^{\frac{1}{2}}$，稱爲 Euclidean norm。

又定義

$\|X\|_1 = \sum_1^n |x_i|$，稱爲 Taxicab norm 或 Manhattan norm。

另外，定義 l_∞ 範數爲

$\|X\|_\infty = \max_{1 \leq i \leq n} |x_i|$，稱爲 Maximum norm。

一般 p-norm 可表示爲 $\|X\|_p = \left(\sum_{i=1}^n |x_i|^p \right)^{\frac{1}{p}}$

例題15-4

試求向量 $X=(-1, 1, 2)$ 的 l_2 範數及 l_∞ 範數。

【解】

$$\|X\|_2=\sqrt{(-1,1,2)\cdot(-1,1,2)}=\sqrt{1+1+4}=\sqrt{6}$$

$$\|X\|_\infty=\max_{1\le i\le 3}|x_i|=\max\{-1,1,2\}=2$$

定理15-3

（**Cauchy-Schwartz** 的不等式）

對於 $X=(x_1,x_2,\cdots,x_n)$，$Y=(y_1,y_2,\cdots,y_n)$ 來說

$$|X\cdot Y|=\sum_{i=1}^{n}|x_i y_i|\le\left(\sum_{i=1}^{n}x_i^{\ 2}\right)^{\frac{1}{2}}\left(\sum_{i=1}^{n}y_i^{\ 2}\right)^{\frac{1}{2}}=\|X\|_2\cdot\|Y\|_2$$

【證】

$$0\le\|X-\lambda Y\|_2^2=(X-\lambda Y)\cdot(X-\lambda Y)$$
$$=\|X\|_2^2-2\lambda X\cdot Y+\lambda^2\|Y\|_2^2$$

這是對 λ 而言 2 次式大於 0，因之判別式 Δ 即小於或等於 0。

$$\Delta=|X\cdot Y|^2-\|X\|_2^2\cdot\|Y\|_2^2\le 0$$

可得

$$|X\cdot Y|\le\|X\|_2^2\cdot\|Y\|_2^2$$

定理15-4

對於 $X=(x_1,x_2,\cdots,x_n)$，$Y=(y_1,y_2,\cdots,y_n)$ 來說

$$\|X+Y\|_2 \le \|X\|_2 + \|Y\|_2$$

【證】

利用定義 15-3，

$$\|X+Y\|_2^2 = (X+Y)\cdot(X+Y)$$
$$= \|X\|_2^2 + 2X\cdot Y + \|Y\|_2^2$$
$$\le \|X\|_2^2 + 2\|X\|_2\|Y\|_2 + \|Y\|_2^2$$

因之，

$$\|X+Y\|_2 \le \left(\|X\|_2^2 + 2\|X\|_2\|Y\|_2 + \|Y\|_2^2 \right)^{\frac{1}{2}} = \|X\|_2 + \|Y\|_2$$

定義15-5

如 $X=(x_1,x_2,\cdots,x_n)$，$Y=(y_1,y_2,\cdots,y_n)\in\Re^n$，$X$ 與 Y 的 l_2, l_∞ 距離分別以如下表示。

$$\|X-Y\|_2 = \left(\sum_{i=1}^{n}(x_i-y_i)^2\right)^{\frac{1}{2}}$$

$$\|X-Y\|_\infty = \max_{1\le i\le n}|x_i-y_i|$$

例題15-5

試求向量 $X=(1, 1, 1)$ 與 $Y=(1.20001, 0.99991, 0.92538)$ 的 $\|X-Y\|_2$ 與 $\|X-Y\|_\infty$。

【解】

$$\|X-Y\|_2=\left((1-1.20001)^2+(1-0.99991)^2+(1-0.92538)^2\right)^{\frac{1}{2}}$$
$$=\left((0.20001)^2+(0.00009)^2+(0.07462)^2\right)^{\frac{1}{2}}$$
$$=0.21356$$

$$\|X-Y\|_\infty=\max\left\{|1-1.20001|,|1-0.99991|,|1-0.92538|\right\}$$
$$=\max\left\{0.20001,\ 0.00009,\ 0.07462\right\}$$
$$=0.2001$$

定理15-5

對 $X\in\Re^n$ 而言，下式經常成立：

$$\|X\|_\infty\le\|X\|_2\le\sqrt{n}\|X\|_\infty$$

【證】

假定 x 的第 i 成分滿足 $\|X\|_\infty=\max\limits_{1\le i\le n}|x_i|=|x_j|$

$$\|X\|_\infty^2=|x_j|^2=x_j^2\le\sum_{i=1}^n x_i^2=\|X\|_2^2$$

因之，

$$\|X\|_\infty\le\|X\|_2$$

又，

$$\|X\|_2^2=\sum_{i=1}^n x_i^2\le\sum_{i=1}^n x_j^2=nx_j^2=n\|X\|_\infty^2$$

因之，

$$\|X\|_2\le\sqrt{n}\|X\|_\infty$$

定義15-6

n 階矩陣 A 的範數(norm)以 $\|A\|$ 表示，對所有的矩陣 A，B 與所有的實數而言，以下是成立的：

1. $\|A\|\geq 0$ ，$\|A\|=0$ 與 $A=0$ 是同値

2. $\|\alpha A\|=|\alpha|.\|A\|$

3. $\|A+B\|\leq\|A\|+\|B\|$

4. $\|A.B\|\leq\|A\|.\|B\|$

定義15-7

設$\|\bullet\|$表 $\Re^n$ 中的向量範數，

$$\|A\|=\max_{\|X\|=1}\|AX\|$$

即爲矩陣範數（matrix norm）。

【說明】

矩陣的範數是測量矩陣如何延伸單位向量，最大的延伸數即爲矩陣的範數。此處所考察的矩陣的矩陣範數可以表示如下形式。

$\|A\|_\infty=\max_{\|X\|=1}\|AX\|_\infty$，$l_\infty$ 範數

$\|A\|_2=\max_{\|X\|=1}\|AX\|_2$，$l_2$ 範數

定理15-6

對$Z \neq 0$而言，下式成立：

$$\|AZ\| \leq \|A\| \cdot \|Z\|$$

【證】

對任何向量$Z \neq 0$來說，$X = \dfrac{Z}{\|Z\|}$成為單位向量

$$\max_{\|X\|=1} \|AX\| = \max_{Z \neq 0} \left\| A\left(\frac{Z}{\|Z\|}\right) \right\| = \max_{Z \neq 0} \frac{\|AZ\|}{\|Z\|}$$

$$\|A\| = \max_{Z \neq 0} \frac{\|AZ\|}{\|Z\|}$$

$$\therefore \|AZ\| \leq \|A\| \cdot \|Z\|$$

定理15-7

A為 n 次方陣，則

1. $\|A\|_1 = \max_{1 \leq j \leq n} \left\{ \sum_{i=1}^{n} |a_{ij}| \right\}$

2. $\|A\|_2 = \sqrt{\sum_{i=1}^{m} \sum_{j=1}^{n} |a_{ij}|^2}$

3. $\|A\|_\infty = \max_{1 \leq i \leq n} \left\{ \sum_{j=1}^{n} |a_{ij}| \right\}$

4. $\|A\|_{\max} = \max \left\{ |a_{ij}| \right\}$

《證明省略》

例題15-6

$$A=\begin{bmatrix} 1 & 2 & -1 \\ 0 & 3 & -1 \\ 5 & -1 & 1 \end{bmatrix}$$，試求 $\|A\|_\infty$, $\|A\|_1$, $\|A\|_2$, $\|A\|_{\max}$。

【解】

$$\sum_{j=1}^{3}|a_{1j}|=|1|+|2|+|-1|=4$$

$$\sum_{j=1}^{3}|a_{2j}|=0+|3|+|-1|=4$$

$$\sum_{j=1}^{3}|a_{3j}|=|5|+|-1|+|1|=7$$

$$\therefore\ \|A\|_\infty=\max\{4,4,7\}=7$$

$$\sum_{i=1}^{3}|a_{i1}|=|1|+|0|+|5|=6$$

$$\sum_{i=1}^{3}|a_{i2}|=|2|+|3|+|-1|=6$$

$$\sum_{i=1}^{3}|a_{i3}|=|-1|+|-1|+|1|=3$$

$$\therefore\ \|A\|_1=\max\{6,6,3\}=6$$

$$\therefore\ \begin{aligned}\|A\|_2&=\sqrt{1^2+2^2+(-1)^2+(0)^2+(3)^2+(-1)^2+(5)^2+(-1)^2+(1)^2}\\&=\sqrt{43}=6.557\end{aligned}$$

$$\therefore\ \|A\|_{\max}=5$$

定理15-8

（**Gelfand's formula**）

對任意矩陣範數 $\|A\|$ 來說，

$$\rho(A)=\lim_{k\to\infty}\left\|A^k\right\|^{\frac{1}{k}}$$

《證明省略》

例題15-7

已知矩陣 A 如下，試驗證 Gelfand's 定理成立。

$$A=\begin{bmatrix}9 & -1 & 2\\ -2 & 8 & 4\\ 1 & 1 & 8\end{bmatrix}$$

【解】

A 的特徵值爲 5, 10, 10， $\rho(A)=10$

$\|A\|_1=\|A\|_\infty=14$， $\|A\|_2=10.681$

$\left\|A^k\right\|^{\frac{1}{k}}$ 的計算如下表：

k	$\|A\|_1=\|A\|_\infty$	$\|A\|_2$
1	14	10.681
2	12.649	10.595
3	11.935	10.500
4	11.502	⋮
⋮	⋮	⋮
1000	10.000	10.000
⋮	⋮	⋮

$\therefore\ \lim_{k\to\infty}\left\|A^k\right\|^{\frac{1}{k}}=\rho(A)$

第 15 章 習題

15.1 試求出以下矩陣的譜半徑。

1. $\begin{bmatrix} 1 & -1 \\ -1 & 2 \end{bmatrix}$ *2.* $\begin{bmatrix} 1 & 1 \\ -2 & -2 \end{bmatrix}$

3. $\begin{bmatrix} 2 & 1 & 0 \\ 1 & 2 & 0 \\ 0 & 0 & 3 \end{bmatrix}$

15.2

當 $A_1 = \begin{bmatrix} 0 & 1 \\ \frac{1}{4} & \frac{1}{2} \end{bmatrix}$，$A_2 = \begin{bmatrix} \frac{1}{2} & 0 \\ 16 & \frac{1}{2} \end{bmatrix}$ 時，說明 A_1 是非收斂矩陣，但 A_2 是收斂矩陣。

15.3 試就如下向量求 $\|X\|_\infty$, $\|X\|_2$ 範數。

1. $X = (3, -4, 0, \frac{3}{2})$

2. $X = (1, 2, 3)$

15.4 試求以下矩陣 A 的 $\|A\|_\infty$ 範數。

1. $A = \begin{bmatrix} 10 & 15 \\ 0 & 1 \end{bmatrix}$

2. $A = \begin{bmatrix} 2 & -1 & 0 \\ -1 & 2 & -1 \\ 0 & -1 & 2 \end{bmatrix}$

15.5 矩陣 $A \in \Re^{n \times n}$ ，試驗證下式成立。

1. $\|A\|_2 \le \sqrt{n}\|A\|_2$

2. $\|A\|_{\max} \le \|A\|_2 \le n\|A\|_{\max}$

3. $\frac{1}{\sqrt{n}}\|A\|_\infty \le \|A\|_2 \le \sqrt{n}\|A\|_\infty$

15.6 矩陣 $A \in \Re^{n\times n}$ ，若 $\|A\|<1$，試驗證下式成立。

$$\frac{1}{1+\|A\|} \le \left|(I \pm A)^{-1}\right| \le \frac{1}{1-\|A\|}$$

15.7 試驗證矩陣 $A=\begin{bmatrix} 2 & -1 \\ -1 & 2 \end{bmatrix}$ 的譜半徑 $\rho(A)$ 的範圍。

1. $\rho(A) \le \|A\|_\infty$

2. $\rho(A) \le \left|A^2\right|^{\frac{1}{2}}$

3. $\rho(A) \le \left|A^3\right|^{\frac{1}{3}}$

第②篇

微分與差分篇

極值法概論

定義1-1

考慮單一自變數的函數 $y=f(x)$。並探討 x 的變數——以符號 Δx 表示，稱爲 x 的增量——對於 y 的影響，這裡，y 的變動 Δy 之大小不僅與 Δx 的大小有關，且與 x 的座標有關。由圖 1-1 可看出

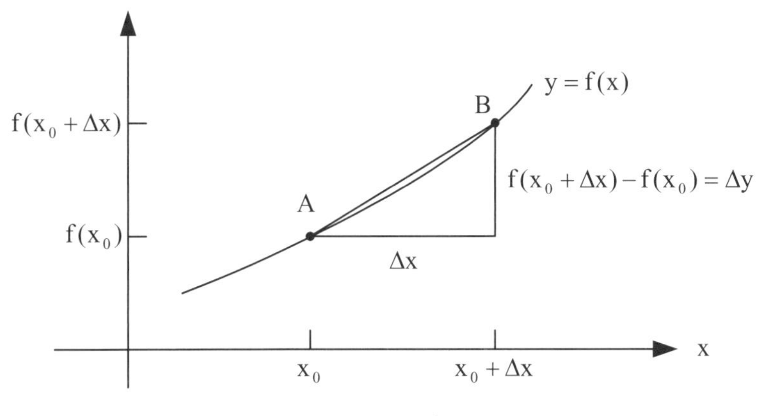

圖 1-1 示意圖

$\Delta y=f(x+\Delta x)-f(x)$

因此 $\frac{\Delta y}{\Delta x}=\frac{f(x+\Delta x)-f(x)}{\Delta x}$

$\frac{\Delta y}{\Delta x}$ 值所表示的是在區間 $[x, x+\Delta x]$ 內，y 值的平均變率 (average rate of change)，若令 Δx 趨近於 0，則 $\frac{\Delta y}{\Delta x}$ 的極限值稱為函數 f 的導數 (derivative)，並以符號 $\frac{dy}{dx}$ 或 $f'(x)$ 記之。亦即

$$\frac{dy}{dx}=\lim_{\Delta x\to 0}\frac{\Delta y}{\Delta x}=\lim_{\Delta x\to 0}\frac{f(x+\Delta x)-f(x)}{\Delta x}$$

導數所代表的意義是在某特定點 x 上，y 值的瞬間變率 (instantaneous rate of change)，由於導數是隨著 x 而改變，故稱 f' 為導函數。而由一個函數求得它的導函數的過程，稱為微分運算 (differentiation)。

【基本公式】

1. 若 $f(x)=c$，c 為一常數，則 $f'(x)=0$

2. 若 $f(x)=x^n$，n 為實數，則 $f'(x)=nx^{n-1}$

3. (加法法則) 若 $h(x)=f(x)\pm g(x)$，則 $h'(x)=f'(x)\pm g'(x)$

4. (乘法法則) 若 $h(x)=f(x)g(x)$，則

$h'(x)=f'(x)g(x)+f(x)g'(x)$

5. (除法法則) 若 $h(x)=\frac{f(x)}{g(x)}$，則 $h'(x)=\frac{f'(x)g(x)-f(x)g'(x)}{[g(x)]^2}$

6. (連鎖法則 Chain rule) 若 $h(x)=f(g(x))$，則

$h'(x)=f'(g(x))g'(x)$

7. 若 $h(x)=\ln x$，則 $h'(x)=\frac{1}{x}$

8. 若 $h(x)=\log_b x$，則 $h'(x)=(\log_b e)\dfrac{1}{x}$

9. 若 $h(x)=e^x$，則 $h'(x)=e^x$

10. 若 $h(x)=a^x$，則 $h'(x)=(\ln a)a^x$

11. 若 $h(x)=x^x$，則 $h'(x)=x^n(\ln x+1)$

12. 若 $y=f(x)$ 與 $x=g(y)$ 互爲反函數 (inverse function)，則

$$g'(y)=\frac{1}{f'(x)} \text{ 或 } \frac{dx}{dy}=\frac{1}{\dfrac{dy}{dx}}$$

例題1-1

若 $y=u(x)^{v(x)}$，求 $\dfrac{dy}{dx}$。

【解】

利用連鎖法則及公式 (10) 可得

$$\frac{dy}{dx}=u(x)^{\upsilon(x)}\cdot\ln u(x)\cdot\frac{d\upsilon}{dx}+\upsilon(x)u(x)^{\upsilon(x)-1}\cdot\frac{du}{dx}$$

【註】 $u(x)^{v(x)}=e^{\ln u^{v(x)}}=e^{v(x)\ln u(x)}$

定義1-2

若考慮含有 n 個自變數 $x_1,\cdots,x_n$ 的函數

$$y=f(x_1,\cdots,x_n)$$

則當 $x_2,\cdots,x_n$ 固定不變時，f 可視爲 x_1 的函數，因此依照前面的定義，可得導數

$$\lim_{\Delta x_1 \to 0} \frac{\Delta y}{\Delta x_1} = \lim_{\Delta x_1 \to 0} \frac{f(x_1 + \Delta x_1, x_2, \cdots, x_n) - f(x_1, x_2, \cdots, x_n)}{\Delta x_1}$$

此稱爲 y 對於 x_1 的偏導數 (Partial derivative) 以符號 $\frac{\partial y}{\partial x_1}$、$\frac{\partial f}{\partial x_1}$、$f_{x_1}$ 或 f_1 表之。

它所表示的是當其他變數固定不變時，只是由變數 x_1 的變動對於 y 所造成的影響程度。同樣的，我們也可以對其他的變數偏微分。

我們仍然可以依照前面的公式求取偏導數，只是在對 x_1 偏微分時，需將其他的變數 $x_2, \cdots, x_n$ 視爲常數。

例題1-2

試求 $z = 3x^2 - 6xy^2 + \ln(x^2 + y^2 + 1)$ 的偏導函數，及在點 $(1, -1)$ 之偏導數。

【解】

$$\frac{\partial z}{\partial x} - 6x - 6y^2 + \frac{2x}{x^2 + y^2 + 1}$$

$$\frac{\partial z}{\partial y} = -12xy + \frac{2y}{x^2 + y^2 + 1}$$

$$\left.\frac{\partial z}{\partial x}\right|_{(1,-1)} = 6 \cdot (1) - 6(-1)^2 + \frac{2 \cdot 1}{1^2 + (-1)^2 + 1} = \frac{2}{3}$$

$$\left.\frac{\partial z}{\partial y}\right|_{(1,-1)} = (-12)(1)(-1) + \frac{2(-1)}{1^2 + (-1)^2 + 1} = \frac{34}{3}$$

定義1-3

設 $y=f(x_1,\cdots,x_n)$，則

$$dy=\frac{\partial f}{\partial x_1}dx_1+\frac{\partial f}{\partial x_2}dx_2+\cdots+\frac{\partial f}{\partial x_n}dx_n$$

我們稱 dy 為“因變數” y 的全微分 (total differential)。

全微分 dy 所表示的是當所有的“自變數” $x_1,\cdots,x_n$ 一起變動而使得因變數 y 改變的量，因此當我們令 $dx_1=\Delta x_1,\cdots,dx_n=\Delta x_n$，且皆非常小時，$y$ 的增量 Δy 大約等於 dy，即

$$\Delta y\approx\frac{\partial f}{\partial x_1}x_1+\frac{\partial f}{\partial x_2}x_2+\cdots+\frac{\partial f}{\partial x_n}x_n=dy$$

例題1-3

設長方形兩鄰邊的長度分別為 $x=10$ 及 $y=15$，但因測量不甚精確，所測得之 x,y 分別為 10.1 及 15.2，試求長方形面積誤差的近似值。

【解】

面積 $A=xy$

$$dA\approx\frac{\partial A}{\partial x}dx+\frac{\partial A}{\partial y}dy=y\Delta x+y\Delta y=(5)(0.1)+(10)(0.2)=3.5$$

若直接以 x,y 值代入求 A，則

$$\Delta A=(10.1)(15.2)-(10)(15)=153.52-150=3.52$$

因此 dA 可視為 ΔA 的近似值。

定義1-4

若函數爲 $z = f(x_1, x_2, \cdots, x_n)$，

且 $x_1 = \phi_1(t), \cdots, x_n = \phi_n(t)$，則

$$\frac{dz}{dt} = \frac{\partial f}{\partial x_1}\frac{dx_1}{dt} + \cdots + \frac{\partial f}{\partial x_n}\frac{dx_n}{dt}$$

此即多變數函數微分的連鎖法則。

又若 $x_1, \cdots x_n$ 是另外兩個變數 r, s 的函數，即

$x_1 = \phi_1(r, s), \cdots, x_n = \phi_n(r, s)$，則

$$\frac{\partial z}{\partial r} = \frac{\partial f}{\partial x_1}\frac{\partial x_1}{\partial r} + \cdots + \frac{\partial f}{\partial x_n}\frac{\partial x_n}{\partial r} \text{，} \frac{\partial z}{\partial s} = \frac{\partial f}{\partial x_1}\frac{\partial x_1}{\partial s} + \cdots + \frac{\partial f}{\partial x_n}\frac{\partial x_n}{\partial s}$$

例題1-4

若 $z = x^2y^3$，且 $x = \frac{1}{2}t^2, y = 3t^3$，試求 $\frac{dz}{dt}$。

【解】

則由連鎖法得

$$\frac{dz}{dt} = \frac{\partial z}{\partial x}\frac{dx}{dt} + \frac{\partial z}{\partial y}\frac{dy}{dt} = (2xy^3)t + (3x^2y^2)(9t^2) = \frac{351}{4}t^{12}$$

又，若將 $x = \frac{1}{2}t^2, y = 3t^3$ 代入 $z = x^2y^3$ 中，則得

$$z = \left(\frac{1}{2}t^2\right)^2 (3t^3)^3 = \frac{27}{4}t^{13}$$

$\frac{dz}{dt} = \left(\frac{27}{4}\right)(13t^{12}) = \frac{351}{4}t^{12}$，結果與上同。

定義1-5

設函數 f 的導函數爲 f'，若 f' 的導數亦存在，以 f'' 表之，則稱 f'' 爲 f 的二階導函數 (Second order derivative)。若以符號 $\frac{dy}{dx}$ 表示一階導數時，則第二階導數以 $\frac{d^2y}{dx^2}$ 表之。一般而言，若 n 爲大於 2 的正整數，函數 f 的第 n 階導數可定義爲 f 的第 $n-1$ 階導數之導數。通常用下列符號表示 $\frac{d^ny}{dx^n}, f^{(n)}(x)$ 或 $D^nf(x)$。

若 f 爲 n 個自變數的函數 $(n \geq 2)$，我們亦可定義二階偏導數 (second order partial derivative)。例如

$$z = f(x, y)$$

一階偏導數 $\frac{\partial z}{\partial x}, \frac{\partial z}{\partial y}$

二階偏導數可定義爲 $\frac{\partial^2 z}{\partial x^2} = \frac{\partial}{\partial x}\left(\frac{\partial z}{\partial x}\right)$

$$\frac{\partial^2 z}{\partial y^2} = \frac{\partial}{\partial y}\left(\frac{\partial z}{\partial y}\right)$$

$$\frac{\partial^2 z}{\partial x \partial y} = \frac{\partial}{\partial x}\left(\frac{\partial x}{\partial y}\right)$$

$$\frac{\partial^2 z}{\partial y \partial x} = \frac{\partial}{\partial y}\left(\frac{\partial z}{\partial x}\right)$$

$\frac{\partial^2 z}{\partial y \partial x}$ 和 $\frac{\partial^2 y}{\partial x \partial y}$ 稱爲混合偏導數 (mixed or cross partial derivative) 若以上兩種混合偏導數皆爲連續，則 $\frac{\partial^2 z}{\partial y \partial x} = \frac{\partial^2 z}{\partial x \partial y}$

例題1-5

若 $z=x^2y+x^2y^2+3xy$，求 $\frac{\partial^2 z}{\partial y^2}, \frac{\partial^2 z}{\partial x\partial y}$

【解】

$$\frac{\partial z}{\partial y}=x^2+2x^2y+3x , \frac{\partial z}{\partial x}=2xy+2xy^2+3y$$

$$\frac{\partial^2 z}{\partial y^2}=2x^2 , \frac{\partial^2 z}{\partial x^2}=2y+2y^2$$

$$\frac{\partial^2 z}{\partial y\partial x}=\frac{\partial z}{\partial y}\left(\frac{\partial z}{\partial x}\right)=2x+4xy+3$$

$$\frac{\partial^2 z}{\partial x\partial y}=\frac{\partial z}{\partial x}\left(\frac{\partial z}{\partial y}\right)=2x+4xy+3$$

定義1-6

我們先考慮單一變數的函數 $y=f(x)$。在幾何上，導數 $f'(x)$ 代表曲線 $y=f(x)$ 在點 $(x, f(x))$ 之切線斜率，因此若 $f'(x_0)>0$ 時，函數 f 在 $(x, f(x))$ 點鄰近是嚴格遞增函數 (strictly increasing function)。同理，若 $f''(x_0)>0$，則 f' 在 x_0 點鄰近是嚴格遞增函數。今假定在 x_0 點，$f'(x_0)=0$，且 $f''(x_0)>0$，則 $f'(x)<0$，當 $x<x_0$，而 $f'(x)>0$，當 $x>x_0$，即 f 圖形上切線斜率由負值逐漸增加成正值，且經過 $(x_0, f(x_0))$ 之切線斜率為 0。因此由圖 1-2 可知 $f(x_0)$ 為函數 f 的相對值極小值。

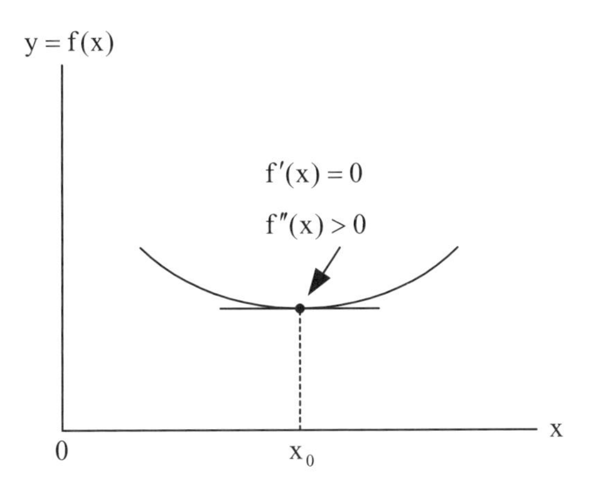

圖 1-2

若在 x_0 點，$f'(x_0)=0$，$f'(x_0)<0$，則 f' 在 x_0 點鄰近是嚴格遞減函數 (strictly decreasing function)，因此 $f'(x)>0$，當 $x<x_0$，而 $f'(x)<0$ 當 $x>x_0$。即切線斜率由正值逐漸減小成負值，並經過點 $(x_0 , f(x_0))$ 之切線斜率為 0。由圖 1-3 可知 $f(x_0)$ 為函數 f 的相對極大值。

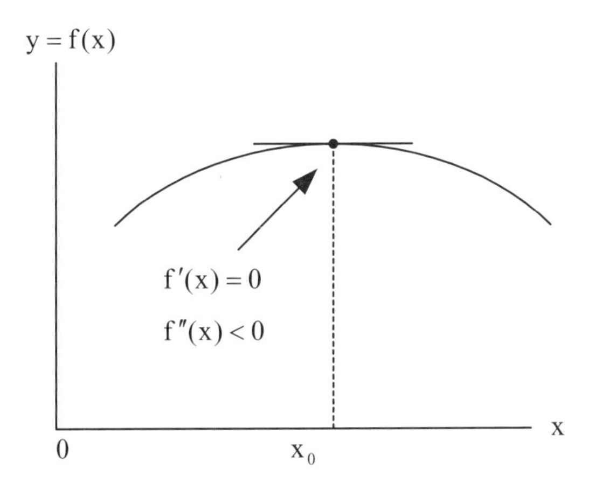

圖 1-3

定理1-1

設函數 f 及 f' 皆定義於區間 (a, b)。

設 x_0 在 (a, b) 內，且 $f'(x_0)=0$。

1. 若 $f''(x_0)>0$，則 f 在 x_0 點有相對極小值。

2. 若 $f''(x_0)<0$，則 f 在 x_0 點有相對極大值。

3. 若 $f(x_0)=0$，$f''(x_0)=0$ 且 $f'''(x_0)\neq 0$，則 x_0 爲 f 的反曲點。

例題1-6

某廠商所製造產品的需求函數爲

$$q=90-2p$$

其中 q 爲產量，p 爲產品之單位價格。若廠商的成本函數爲 $C=q^3-39.5^2+120q+125$，試問廠商應生產多少單位可使利潤最大？

【解】

廠商總收益爲 $R=p\cdot q=\left(45-\dfrac{q}{2}\right)q=45q-\dfrac{1}{2}q^2$

故廠商的利潤 $\pi=R-C=-q^3+39q^2-75q-125$

由 $\dfrac{d\pi}{dq}=0$ 得 $-3q^2+78q-75=0$

其解爲 $q=1, 25$

又 $\dfrac{d^2\pi}{dq^2}=-6q+78$

$$\left.\frac{d^2\pi}{dq^2}\right|_{q=1} = 72 > 0$$

$$\left.\frac{d^2\pi}{dq^2}\right|_{q=25} = -72 < 0$$

故當產量爲 25 單位時，廠商所獲得的利潤 ($\pi = 6750$) 爲最大。

定義1-7

設 $y = f(x_1, x_2, \cdots, x_n)$ 爲一函數。其二階偏導數爲符號 $f_{ij} = \dfrac{\partial^2 f}{\partial x_j \partial x_i}$ 表示。令矩陣

$$H = \begin{bmatrix} f_{11} & f_{12} & \cdots & f_{1n} \\ f_{21} & f_{22} & \cdots & f_{2n} \\ \vdots & & & \\ f_{n1} & f_{n2} & \cdots & f_{nn} \end{bmatrix}$$

H 稱爲 Hessian 矩陣。因 $f_{ij} = f_{ij}$，故 H 爲一對稱矩陣。

定義 H 的子矩陣如下：

$$H_1 = [f_{11}], H_2 = \begin{bmatrix} f_{11} & f_{12} \\ f_{21} & f_{22} \end{bmatrix}, \cdots, H_k = \begin{bmatrix} f_{11} & f_{12} & \cdots & f_{1k} \\ f_{21} & f_{22} & \cdots & f_{2k} \\ \vdots & & & \\ f_{k1} & f_{k2} & \cdots & f_{kk} \end{bmatrix}, \cdots, H_n = H$$

定理1-2

設 $y=f(x_1, x_2, \cdots, x_n)$ 為一函數。若點 x_0 滿足 $\frac{\partial f}{\partial x_i}(x_0)=0, i=1, \cdots, n$，且

1. 若在 x_0 點，行列式 $|H_k|>0, k=1, \cdots, n$，則 f 在 x_0 點有相對極小值。
2. 若在 x_0 點，$(-1)^k|H_k|>0, k=1, \cdots, n$，則 f 在 x_0 點有相對極大值。

【說明】

設 $z=f(x, y)$，且在點 (a, b) 上，

$$\frac{\partial f}{\partial x}(a, b)=\frac{\partial f}{\partial y}(a, b)=0$$

1. 若 $\Delta=\left(\frac{\partial^2 f}{\partial x^2}\right)\left(\frac{\partial^2 f}{\partial y^2}\right)-\left(\frac{\partial^2 f}{\partial x \partial y}\right)^2>0$，且 $\frac{\partial^2 f}{\partial x^2}>0$，則 f 在 (a, b) 點有相對極小值。
2. 若 $\Delta=\left(\frac{\partial^2 f}{\partial x^2}\right)\left(\frac{\partial^2 f}{\partial y^2}\right)-\left(\frac{\partial^2 f}{\partial x \partial y}\right)^2>0$，且 $\frac{\partial^2 f}{\partial x^2}<0$，則 f 在 (a, b) 點有相對極大值。
3. 若 $\Delta=\left(\frac{\partial^2 f}{\partial x^2}\right)\left(\frac{\partial^2 f}{\partial y^2}\right)-\left(\frac{\partial^2 f}{\partial x \partial y}\right)^2<0$，則 (a, b) 點為一鞍點 (saddle point)，即 $f(a, b)$ 不是極值。
4. 若 $\Delta=\left(\frac{\partial^2 f}{\partial x^2}\right)\left(\frac{\partial^2 f}{\partial y^2}\right)-\left(\frac{\partial^2 f}{\partial x \partial y}\right)^2=0$，則無法作任何結論。

例題1-7

設 $f(x, y, z) = x^2 + y^2 + 2z^2 + xy - yz - 5y$，求 f 的極值。

【解】

$$\frac{\partial f}{\partial x} = 2x + y$$

$$\frac{\partial f}{\partial y} = 2x + x - z - 5$$

$$\frac{\partial f}{\partial z} = 4z - y$$

由 $\frac{\partial f}{\partial x} = \frac{\partial f}{\partial y} = \frac{\partial f}{\partial z} = 0$，可解得 $x = -2, y = 4, z = 1$ 在 $(-2, 4, 1)$

點上，

$$\frac{\partial^2 f}{\partial x^2} = 2, \frac{\partial^2 f}{\partial y^2} = 2, \frac{\partial^2 f}{\partial z^2} = 4$$

$$\frac{\partial^2 f}{\partial x \partial y} = 1, \frac{\partial^2 f}{\partial x \partial x} = 0, \frac{\partial^2 f}{\partial y \partial z} = -1$$

因此 Hessian 矩陣為

$$H = \begin{bmatrix} 2 & 1 & 0 \\ 1 & 2 & -1 \\ 0 & -1 & 4 \end{bmatrix}$$

$$|H_1| = 2 > 0, |H_2| = \begin{vmatrix} 2 & 1 \\ 1 & 2 \end{vmatrix} = 3 > 0, |H_3| = \begin{vmatrix} 2 & 1 & 0 \\ 1 & 2 & -1 \\ 0 & -1 & 4 \end{vmatrix} = 10 > 0$$

故 f 在 $(-2, 4, 1)$ 點具有相對值小值。其值為 $f(-2, 4, 1) = -10$。

定義1-8

若考慮一新函數

$$L(x,y,\lambda)=f(x,y)+\lambda(b-g(x,y))$$

其中希臘字母 λ 代表一新的變數，稱爲拉氏乘數 (Lagrange multiplier)，L 爲變數 x,y,λ 的函數，稱爲拉氏函數 (Lagrangian function)。

當函數有限制條件時，可利用拉氏乘數法 (Lagrange multiplier) 來求。此時函數經常是多變數的函數，一個變數的函數的情形不存在，因爲若是一個變數時，利用等式限制條件，變數一般被固定在某特定值之故。

今就限制條件爲一個等式之情形加以敘述。

定理1-3

(二變數的函數之情形)

設 $z=f(x,y)$，以及有關限制條件的方程式爲 $g(x,y)=0$。關於定數 λ 的以下函數

$$F(x,y,\lambda)=f(x,y)+\lambda g(x,y)$$

若滿足極值條件

$$\frac{\partial F}{\partial x}=0,\ \frac{\partial F}{\partial y}=0,\ \frac{\partial F}{\partial \lambda}=0$$

之值爲 $\bar{x},\bar{y}$ 時，則 $f(\bar{x},\bar{y})$ 即爲在此限制條件下函數 $f(x,y)$ 之極值。

【證】

方程式 $g(x, y)=0$ 之解，設爲 $y=h(x)$，將此代入 $z=f(x, y)$ 時，得到合成函數 $z=f(x, h(x))$

利用合成函數的微分法

$$\frac{dz}{dx}=\frac{\partial f}{\partial x}+\frac{\partial f}{\partial y}\cdot\frac{dh}{dx}$$

此處設函數 $f(x, y)$ 在 $x=a, x=b$ 得出極值時，所以

$$\left(\frac{\partial f}{\partial x}\right)_{a,b}+\left(\frac{\partial f}{\partial y}\right)_{a,b}\left(\frac{dh}{dx}\right)_{a}=0$$

或者

$$f_x(a, b)+f_y(a,)h'(a)=0 \tag{1}$$

因爲 $g(x, y)$ 爲隱函數，所以其微分爲

$$\frac{dy}{dx}=-\frac{gx}{gy} \tag{2}$$

因爲 $\dfrac{dy}{dx}=h'(x)$，所以由 (18-2) 上式得出

$$h'(x)=-\frac{gx}{gy}$$

代入 $x=a, x=b$ 之値，得出 $h'(a)=-\dfrac{g_x(a, b)}{g_y(a, b)}$ 將此代入 (1) 式時，得

$$f_x(a, b)+g_x(a, b)\left(-\frac{f_y(a, b)}{g_y(a, b)}\right)=0 \tag{3}$$

令

$$\frac{f_y(a, b)}{g_y(a, b)}=-\lambda \tag{4}$$

整理 (4) 式得 $f_y(a, b)+\lambda g_y(a, b)=0$

因爲 $g(x, y)$，依隱函數的性質，

$$g(a, b)=0 \tag{5}$$

今此三個式子 (3)、(4)、(5) 即爲以下的函數

$$F(x, y, \lambda)=f(x, y)+\lambda g(x, y)$$

的極值條件，即

$$\begin{cases} \dfrac{\partial F}{\partial x}=f_x+\lambda g_x=0 \\ \dfrac{\partial F}{\partial y}=f_y+\lambda g_y=0 \\ \dfrac{\partial F}{\partial \lambda}=g=0 \end{cases}$$

定理1-4

(n 變數的函數之情形)

$f(x_1, x_2, \cdots, x_n)$ 在限制條件 $g(x_1, x_2, \cdots, x_n)=0$ 之下的極值條件，也是與 2 個變數的形式相同，即 $F(x_1, x_2, x_3, \cdots, x_n, \lambda)=f(x_1, x_2, \cdots, x_n)+\lambda g(x_1, x_2, \cdots, x_n)$ 其滿足極值條件

$$\frac{\partial F}{\partial x_1}=0, \frac{\partial F}{\partial x_2}=0, \cdots, \frac{\partial F}{\partial x_n}=0, \frac{\partial F}{\partial \lambda}=0$$

之值若爲 $\bar{x}_1, \bar{x}_2, \cdots, \bar{x}_n$ 時，則 $f(\bar{x}_1, \bar{x}_2, \cdots, \bar{x}_n)$ 即爲在此限制條件下，函數 $f(x_1, x_2, \cdots, x_n)$ 之極值。

例題1-8

求 $Z=f(x,y)=xy$, $x+y-k=0$ ($k>0$ 為定數) 之極值。

【解】

設 $F=xy+\lambda(x+y-k)$

$$\frac{\partial F}{\partial x}=y+\lambda=0\,,\ \frac{\partial F}{\partial y}=x+\lambda=0\,,\ \frac{\partial F}{\partial \lambda}=x+y-k=0$$

因此 $x=\dfrac{k}{2}$, $y=\dfrac{k}{2}$, $\lambda=-\dfrac{k}{2}$

$f(x,y)$ 的極值為

$$Z=f\left(\frac{k}{2},\frac{k}{2}\right)=\left(\frac{k}{2}\right)^2$$

由於上述之情形均為極值條件，但未附帶決定其為極大或極小的充分條件，故取十分小的正數 h_1 , h_2 ，

設 $x=\dfrac{k}{2}\pm h_1$, $y=\dfrac{k}{2}\pm h_2$

$$f\left(\frac{k}{2}+h_1,\frac{k}{2}+h_2\right)=\left(\frac{k}{2}+h_2\right)\left(\frac{k}{2}+h_2\right)$$

$$=\left(\frac{k}{2}\right)^2+\frac{k}{2}(h_1+h_2)+h_1\cdot h_2$$

$$f\left(\frac{k}{2}-h_1,\frac{k}{2}-h_2\right)=\left(\frac{k}{2}-h_1\right)\left(\frac{k}{2}-h_2\right)$$

$$=\left(\frac{k}{2}\right)^2-\frac{k}{2}(h_1+h_2)+h_1\cdot h_2$$

由於 $x+y-k=0$ ，所以 $h_1+h_2=0$

因爲

$$f\left(\frac{k}{2}+h_1,\frac{k}{2}+h_2\right)=\left(\frac{k}{2}\right)^2+h_1\ h_2>\left(\frac{k}{2}\right)^2=f\left(\frac{k}{2},\frac{k}{2}\right)$$

$$f\left(\frac{k}{2}-h_1,\frac{k}{2}-h_2\right)=\left(\frac{k}{2}\right)^2+h_1\ h_2>\left(\frac{k}{2}\right)^2=f\left(\frac{k}{2},\frac{k}{2}\right)$$

因此，$f\left(\frac{k}{2},\frac{k}{2}\right)=\left(\frac{k}{2}\right)^2$ 爲極小值。

定理1-5

對於一般型式的問題 (P)，如爲 $\max f(x_1,\cdots,x_n)$ 的型式時，可定義拉氏函數 $L(x_1,\cdots,x_n,\lambda_1,\cdots,\lambda_m)=f(x_1,\cdots,x_n)+\sum_{i=1}^{m}\lambda_i(b_i-g_i(x_1,\cdots,x_n))$，其中 $\lambda_1,\cdots,\lambda_m$ 爲拉氏函數。

經由拉氏函數求極值的必要條件爲

$$\frac{\partial L}{\partial x_1}(x_1,\cdots,x_n,\lambda_1,\cdots,\lambda_m)=1$$

$$\vdots$$

$$\frac{\partial L}{\partial x_n}(x_1,\cdots,x_n,\lambda_1,\cdots,\lambda_m)=1$$

$$\frac{\partial L}{\partial \lambda_1}(x_1,\cdots,x_n,\lambda_1,\cdots,\lambda_m)=1$$

$$\vdots$$

$$\frac{\partial L}{\partial \lambda_m}(x_1,\cdots,x_n,\lambda_1,\cdots,\lambda_m)=1$$

解此即可求出問題 (P) 的解。

例題1-9

考慮下面極值問題

$$\min f(x_1, x_2, x_3) = x_1^2 + x_2^2 + x_3^2$$
$$\text{s.t } g_1(x_1, x_2, x_3) = 2x_1 + 3x_2 - 4x_3 = 5$$
$$g_2(x_1, x_2, x_3) = x_1 - x_2 + 2x_3 = 3$$

【解】

令 $L(x_1, x_2, x_3, \lambda_1, \lambda_2) = x_1^2 + x_2^2 + x_3^2 - \lambda_1(5 - 2x_1 - 3x_2 + 4x_3)$

$-\lambda_2(3 - x_1 + x_2 - 2x_3)$

$$\frac{\partial L}{\partial x_1} = 2x_1 - 2\lambda_1 - \lambda_2 = 0$$

$$\frac{\partial L}{\partial x_2} = 2x_2 - 3\lambda_1 + \lambda_2 = 0$$

$$\frac{\partial L}{\partial x_3} = 2x_3 + 4\lambda_1 - 2z = 0$$

$$\frac{\partial L}{\partial \lambda_1} = 5 - 2x_1 - 3x_2 + 4x_3 = 0$$

$$\frac{\partial L}{\partial \lambda_2} = 3 - x_1 + x_2 - 2x_3 = 0$$

解爲 $x_1 = \frac{82}{31}, x_2 = \frac{13}{31}, x_3 = \frac{12}{31}, \lambda_1 = \frac{38}{31}, \lambda_2 = \frac{88}{31}$，而 f 的極小值爲 $\frac{7037}{961}$。

☞ **【極值問題 - 應用問題】**

就企業經營的觀 點來看，若存貨數量太大，則表示資金的積壓，且須負擔高額的倉儲成本。但若存貨不足時，又會造原商譽的損失及獲利機會的喪失。因此管理者除了須能適時適量地滿足需求外，還須儘量減少存貨相關的成本。

就買賣業或服務業而言，基本上，管理者在存貨控制上所要做的決策包括兩點：1.爲何時應該補充存貨，即所謂的訂購點 (reorder point)。2.爲應補充多少數量，即所謂的訂購數量 (order quantity)。貨品訂單發出至貨品到達，有一段等待的時間，稱之爲前置時間或備運時間 (lead time)，因此決定訂購數量時，亦須將前置時間內發生的需求列入考慮。

存貨系統相關的成本大約可分爲兩種：

1. 訂購成本 (ordering cost)：係每訂購一次時所發生的成本。包括請購手續的作業費用、運輸郵電費用、貨品檢驗費用等。

2. 倉儲成本 (holding or carrying cost)：包括倉儲設備費用、利息成本、保險費等。

通常當訂購數量減少時，存貨量及倉儲成本亦隨之減少。但因訂購次數的增加，導致訂購成本增加。因此存貨的總成本是隨著訂購量變化而變動的。其圖形表示如下：

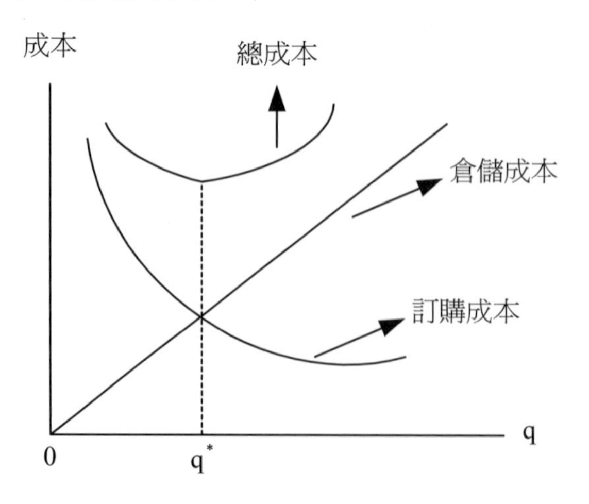

圖 1-4

☞【存貨模式 - 經濟訂購量模式】

下面我們介紹一種存貨模式，稱 爲經濟訂購量模式 (Economic order quantity，簡稱 EOQ)，可用來決定總成本最小的最適訂購量。

令

q = 一次訂購量，爲一決策變數。

d = 全年的需求量，爲已知常數。

c = 每次訂購的訂購成本，爲已知常數。

h = 每單位貨品的全年倉儲成本，爲已知常數。

假設需求率 (demand rate) 是均勻的，即每天的需求量是固定不變的。又假設前置時間爲零，且不允許缺貨的發生。

由於全年所需訂購的次數爲 d/q，而每次訂購的成本爲 c，故全年訂購成本爲 cd/q。另外，當訂購貨品剛到達時，存貨量最大 (等於 q)，而存貨量最低時爲 0，因此平均每天的存貨量等於 $\frac{q}{2}$ (見圖 1-5)。故全年的倉儲成本爲 $h \cdot q/2$。

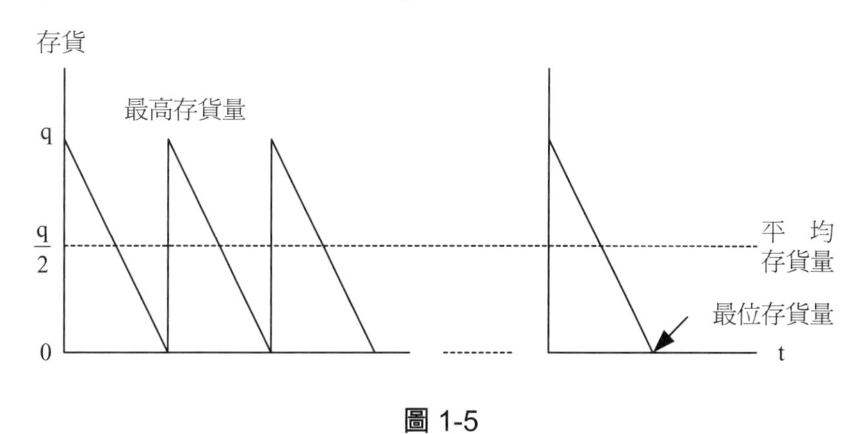

圖 1-5

將全年訂購成本加上全年倉儲成本，即得全年的總成本

$$C = c\frac{d}{q} + h\frac{q}{2}$$

利用一階導數為 0 的條件，

$$\frac{dC}{dq} = -\frac{Cd}{q^2} + \frac{h}{2} = 0$$

求得 $q = \sqrt{\frac{2cd}{h}}$

當 $q = \sqrt{\frac{2cd}{h}}$ ，$\frac{d^2c}{dq^2} = \frac{2cd}{q^2} = \frac{2cd}{q^3} > 0$ 。

因此由定理 1-1 知，當每次訂購量為 $q^* = \sqrt{\frac{2cd}{h}}$ 時，總成本為最小，且最小總成本為 $C^* = \sqrt{2cdh}$ 。

例題1-10

某百貨公司經銷之愛可牌手提箱，每年的需求量估計為 10000 個，若每次訂購成本為 90 元，手提箱的單價為 200 元，且年倉儲成本約為商品價值的 10 % 。試問經濟訂購量為若干？何時應訂購？

【解】

每件手提箱每年的倉儲成本 $h = (200)(10\,\%) = 20$ 元。又由題意知，

$$d = 10000$$
$$c = 90$$

故經濟訂購量

$$q=\sqrt{\frac{2(90)(10000)}{20}}=300$$

總成本爲 $C=\sqrt{2(90)(20)(10000)}=600$ 元。

由經濟訂購量，很快地可將每年所需訂購之次數求出。每年訂購次數 $n=\frac{d}{q^*}=\frac{10000}{300}=33.3$ 。

換言之，每隔 $t=\frac{365}{33.3}=10.96\approx 11$ 天即應訂購一次。

經濟訂購量模式除了使用方便外，還具 有另一重要特性。就是它對於參數的變數不甚敏感。更具體地說，訂購成本 (如例中的 90 元) 和倉儲成本 (如例中的 10 %) 等皆是由估計而得，這些估計數值可能會有誤差，也可能會隨著時間而改變，因此我們常關心，當訂購或倉儲成本改變時，經濟訂購量所受的影響有多大？

針對例題 1-10，我們將不同訂購、倉儲成本，經濟訂購量列表如下：

c (元)	h (%)	q^*
85	10	292
85	12	266
90	10	300
90	12	277
95	10	308
95	12	281
100	10	316
100	12	289

第 1 章 習題

1.1 試求下列各函數的導數，

1. $f(x)=\dfrac{2}{x+1}$

2. $f(x)=\dfrac{x^3+1}{x}$

3. $f(x)=x^x$

4. $f(x)=\ln(x+\sqrt{1+x^2})$

5. $f(x)=e^{ax}$

6. $f(x)=10^{nx}$

1.2 設 $y=f(x))=x^3+4$

1. 求反函數 $x=f^{-1}(y)$

2. 求 $\left.\dfrac{dy}{dx}\right|_{x=1}, \left.\dfrac{dx}{dy}\right|_{y=5}$

1.3 若 $y=x^4-\dfrac{x^2}{2}, x=2, \Delta x=0.1$，試求 dy 及 Δy

1.4 試求 $\dfrac{\partial z}{\partial x}, \dfrac{\partial z}{\partial y}$

1. $z=xy-\ln xy$

2. $z=ye^{\frac{x}{y}}$

3. $z=2x^2-2y^2-3x+4xy^2$

1.5 試求下列函數的極值。

1. $f(x)=3x^4+4x^3-12x^2+2$

2. $f(x)=x^2e^{-x}$

1.6 試求下列函數的極值。

1. $f(x)=xe^{-x}$，$0\le x\le 5$

2. $f(x)=x^3-x^2-8x-2$，$-3\le x\le 3$

3. $f(x)=x+\dfrac{4}{x+1}$，$0\le x\le 4$

1.7 某廠商產品的需求函數為 $p=302-0.01q$，總成本函數為 $c=0.01q^2+2q+100$

1. 求邊際收益

2. 求邊際成本

3. 求利潤最大時之生產量 q

1.8 在 x-軸，y-軸及直線 $y=150-1.5x$ 圍成的三角形裡置放一長方形，試求長方形最大的面積為若干？

1.9 試求下列函數的極值

1. $f(x,y)=x^3+2y^3-x^2-4y^2-x-8y$

2. $f(x,y)=x^2+y^3-4x-3y+5$

3. $f(x,y)=xy-\ln(x^2+y^2)$

1.10 某廠商生產兩種商品 A,B，其價格 p_A,p_B 與生產量 q_A,q_B 的關係為

$$p_A=12-3q_A$$
$$p_B=10-q_B$$

若成本函數為 $c=q_A^2+2q_A\,q_B+q_B^2$，其最大利潤為若干？

微分方程式概論

2-1 簡介

定義 2-1

凡是含有未知函數及其導數之方程式通稱 爲微分方程，微分方程視其自變數的多寡可分爲常微分與偏微分方程。只有一個自變數的微分方程稱爲常微分方程 (O.D.E.) 若有二個或二個以上之自變數者稱爲偏微分方程 (P.D.E.)。

例題 2-1

$xy' + (x^2+1)y = x^3$, $(y')^2 = 3 + xy$ ，…等屬 O.D.E.。

$\frac{\partial u}{\partial x} + \frac{\partial u}{\partial y} = 0$, $\frac{\partial^2 u}{\partial x^2} + \frac{\partial^2 u}{\partial x \partial y} = xy$ ，…等屬 P.D.E.。

定義 2-2

微分方程式中所含未知函數的最高階導數之階數稱為該微分方程式之階數。在微分方程式中未知函數的所有導數均化爲有理整式後，則最高階導數的次冪稱爲微分方程式之次數。微分方程式中，若未知函數及其導數的次冪均爲一次方且無相互乘積存在者，稱爲線性微分方程式，否則稱爲非線性微分方程式。

例題 2-2

$y' = \cos x$ (一階一次線性 O.D.E.)

$(y'')^2 + 4y = 0$ (二階二次非線性 O.D.E.)

$x^3 y''' + e^x y'' + y' = 0$ (三階一次線性 O.D.E.)

$\dfrac{\partial^2 u}{\partial x^2} + \dfrac{\partial^2 u}{\partial y^2} = y$ (二階一次線性 P.D.E.)

2-2 一階線性常微分方程式

定義 2-3

一階線性常微分方程式通式如下：

$$y' + f(x)y = \gamma(x) \quad a_0 < x < b_0 \tag{2.1}$$

其中 $f(x), \gamma(x)$ 在 $a_0 < x < b_0$ 範圍內爲連續函數。此方程式之特徵，在於它對於 y 與 y' 爲線性 (一次)，然而 f 與 γ 可爲 x 之任一給予函數。

若 $\gamma(x) = 0$，則方程式稱爲齊性方程式 (Homogeneous

equation)。否則稱爲非齊性方程式 (No homogeneous equation)[在此 $\gamma(x)\equiv 0$ 意指對 γ 之定義域內之所有 x 而言，恒有 $\gamma(x)=0$]。

滿足齊性方程式之解稱 爲齊性解，同理滿足非齊性方程式之解稱爲非齊性解。

定理 2-1

假設 $f(x)$ 與 $\gamma(x)$ 在某區間 $I=(a,b)$ 內爲連續函數，我們可求出 (2.1) 式在區間 I 內之通解。

【說明】

1. 對於齊性方程式

$$y'+f(x)y=0 \tag{2.2}$$

而言，這是非常簡單的。變數分離得

$$\frac{dy}{y}+f(x)dx=0$$

積分得 $\ln y+\int f(x)dx=c_1$

即
$$y(x)=ce^{-\int f(x)dx} \tag{2.3}$$

2. 對非齊性方程式

將 (2.1) 式改寫成如下形式

$$(fy-r)dx+dy=0 \tag{2.4}$$

故 (2.4) 之積分因子爲 $I(x)=e^{h(x)}$，其中 $h(x)=\int f(x)dx$

將此積分因子乘於 (2.1) 式之兩邊，可得

$$e^{h(x)}(y'+fy)=e^{h(x)}r$$

因爲 $h'(x)=f(x)$，所以上式可寫成

$$\frac{d}{dx}[ye^{h(x)}]=e^{h(x)}=e^{h(x)}r$$

於是積分兩邊而得

$$ye^{h(x)}=\int e^{h(x)}rdx+c$$

兩邊同除以 $e^{h(x)}$，得 (2.1) 式之通解公式爲

$$y(x)=e^{-h(x)}[\int e^{h(x)}rdx+c]$$

即 $$y(x)=e^{-f(x)dx}[\int e^{\int f(x)dx}rdx+c] \tag{2.5}$$

觀察 (2.3)，(2.5) 兩式知，(2.3) 式爲 (2.5) 式之一特例，亦即當 (2.5) 式中之 $r=0$ 時，可簡化爲 (2.3)式。因此 (2.5) 式可用來解 (2.1) 式之齊性解及非齊性解。

(2.5) 式爲一階線性 O.D.E.之通解公式。

2-3 可化為一階線性常微分方程式

定理 2-2

考慮如下非一階線性常微分方程式，即

$$g'(y)\frac{dy}{dx}+f(x)g(y)=r(x) \tag{2.6}$$

若取 $u=g(y)$，則 $\frac{du}{dx}=g'(y)\frac{dy}{dx}$ 代入 (2.6) 式，可得

$$\frac{du}{dx}+f(x)u=r(x)$$

此即爲一階線性常微分方程式了。

例題 2-3

求解 $xy'+(1-x)y=e^{2x}$, $x\neq 0$

【解】

利用通解公式，

原式可改寫爲 $y'+\left(\frac{1}{x}-1\right)y=\frac{1}{x}e^{2x}$

$$\therefore \text{通解爲 } y=e^{-\int\left(\frac{1}{x}-1\right)dx}\left[\int e^{\int\left(\frac{1}{x}-1\right)dx}\frac{1}{x}e^{2x}dx+c\right]$$

$$=e^{x}\cdot\frac{1}{x}\left[\int e^{-x}\cdot x\cdot\frac{1}{x}e^{2x}dx+c\right]$$

$$=\frac{1}{x}e^{2x}+\frac{c}{x}e^{x}$$

2-4 二階常係數齊性線性微分方程式

在一般工程應用上，二階常係數線性微分方程式經常出現，尤其是機械振動及電路問題。本節先討論此種方程式之齊性解的求法。

定理 2-3

二階常係數齊性微分方程式的標準式爲

$$a_2y''+a_1y'+a_0y=0\ ,\ a_2\neq 0 \tag{2.6}$$

或 $$(a_2D^2 + a_1D + a_0)y = 0 \tag{2.7}$$

我們可求出上式的通解，其中 a_2 , a_1 , a_0 均為常數。

【說明】

滿足 (2.6) 式之 $y(x)$ 必須具有 $D^k[y(x)] = cy(x)$ 之性質，其中 c 為常數，$k = 1, 2$。因指數函數適合上述性質，故

令 $$y(x) = e^{rx} \quad \text{為未定常數} \tag{2.8}$$

則 $$y'(x) = re^{rx}, \; y''(x) = r^2e^{rx}$$

代入 (2.6) 式得

$$(a_2r^2 + a_1r + a_0)e^{rx} = 0$$

因 $e^{rx} \neq 0$ ，故以 $y = e^{rx}$ 為解之必要條件為

$$a_2r^2 + a_1r + a_0 = 0 \tag{2.9}$$

此一純代數方程式，稱為 (2.6) 式之輔助方程式 (Auxiliary equation)。其根為

$$r_1 = \frac{1}{2a_2}(-a_1 + \sqrt{a_1^2 - 4a_2a_0})$$

$$r_2 = \frac{1}{2a_2}(-a_1 - \sqrt{a_1^2 - 4a_2a_0}) \tag{2.10}$$

觀察 (2.8) 式及 (2.10) 式知

$$y_1(x) = e^{r1x} \text{ 與 } y_2(x) = e^{r2x}$$

為微分方程式 (2.6) 之二個特解。

只要 $r_2 - r_1 \neq 0$, $e^{(r1+r_2)x} \neq 0$。因此，除 $r_1 = r_2$ 之特殊情形外，微分方程式 (2.6) 之通解 (或齊性解) 可由 $y_1(x)$ 與 $y_2(x)$ 之線性組合表示之，即

$$y(x) = c_1 y_1(x) + c_2 y_2(x)$$

依據初等代數學，特徵方程式 $a_2 r^2 + a_1 r + a_0 = 0$ 之二根的性質，可由其判別式決定，茲分別說明如下：

1. 兩相異實根 $(a_1^2 - 4a_2 a_0 > 0)$

則通解：$y(x) = c_1 e^{r1x} + c_2 e^{r2x}$

2. 兩共軛複根 $(a_1^2 - 4a_2 a_0 < 0)$

設 $r_1 = P + iq$, $r_2 = P - iq$，利用 Euler 公式

$$e^{i\theta} = \cos\theta + i\sin\theta,\ e^{-i\theta} = \cos\theta - i\sin\theta$$

得所求通解

$$\begin{aligned}
y(x) &= c_1 e^{r1x} + c_2 e^{r2x} \\
&= e^{px}[c_1(\cos qx + i\sin qx) + c_2(\cos qx - i\sin qx)] \\
&= e^{px}[(c_1 + c_2)\cos qx + (c_1 - c_2)i\sin qx] \\
&= e^{px}(A\cos qx + B\sin qx)
\end{aligned}$$

其中 $A = c_1 + c_2$, $B = (c_1 - c_2)\,i$

3. 兩相等實根 $(a_1^2 - 4a_2 a_0 = 0)$

設 $r_1 = r_2$，則通解

$$y(x) = (c_1 + c_2 x)e^{r1x}$$

例題 2-4

解 $y''-4y'+4y=0$

【解】

令 $y=e^{rx}$ 代入得

特徵方程式 $r^2-4r+4=0$

特徵根 $r=2\,,2$

$\therefore$通解： $y(x)=(c_1+c_2x)e^{2x}$

2-5 高階常係數齊性線性微分方程式

定理 2-4

n 階常係數齊性線性微分方程式的標準式爲

$$a_n y^{(n)}+a_{n-1}y^{(n-1)}+\cdots+a_1y'+a_0y=0\,,\ a_n\neq 0 \qquad (2.11)$$

或 $$P(D)y=(a_nD^n+a_{n-1}D^{n-1}+\cdots+a_1D+a_0)y=0 \qquad (2.12)$$

我們亦可求出上式的通解，其中 $a_n\,,a_{n-1}\,,\cdots,a_1\,,a_0$ 均爲常數。

【說明】

其解法完全與二階方程式之情況相似。因之以 $y=e^{rx}$ 代入 (2.1) 式，即得特徵方程式

$$a_nr^n+a_{n-1}r^{n-1}+\cdots+a_1r+a_0=0 \qquad (2.13)$$

解得上式，可得 n 個根。

1. n 個相異實根：$r_1 \neq r_2 \neq \cdots \neq r_n$

則通解為

$$y(x) = c_1 e^{r1x} + c_2 e^{r2x} + \cdots + c_n e^{rnx} \tag{2.14}$$

2. m 個相等實根：$r_1 = r_2 = \cdots = r_m = r$

則此 m 個相等實根所對應之解為

$$(c_1 + c_2 x + \cdots + c_m x^{m-1}) e^{rx} \tag{2.15}$$

3. m 對相等共軛複根：$r_1 = p + iq$, $r_2 = p - iq$

則此 m 對相等共軛複根所對應之解為

$$\begin{aligned} & e^{px}[(c_1 + c_2 x + \cdots + c_m x^{m-1})\cos qx + (c_{m+1} + c_{m+2} x + \cdots \\ & + c_{2m} x^{m-1})\sin qx] \end{aligned} \tag{2.16}$$

此處僅介紹線性的微分方程式，關於非線性之微分方程式，可參閱其他有關書籍，此處省略。

例題 2-5

求解 $y^{(4)} + 2y'' + y = 0$

【解】

令 $y = e^{rx}$ 代入得

特徵方程式 $r^4 + 2r^2 + 1 = 0$

因式分解 $(r^2 + 1)^2 = 0$

特徵根 $r = +i , +i , -i , -1$

$\therefore$通解：$y(x) = (c_1 + c_2 x)\cos x + (c_3 + c_4 x)\sin x$

第 2 章 習題

2.1 $(2x-10y^3)y'+y=0$

【解】$x=2y^3+\dfrac{c}{y^2}$

2.2 $y^2+(1+xy)y'=0$

【解】$x=\dfrac{1}{y}\ln g+c$

2.3 $y''-2iy=0$，其中 $i^2=-1$

【解】$y(x)=c_1e^{(1+i)x}+c_2e^{-(1+i)x}$

2.4 $y''-4y'+4y=0$, $y(0)=3$, $y'(0)=4$

【解】$y(x)=3e^{2x}-6xe^{2x}$

2.5 $y''-5y=0$

【解】$y(x)=c_1e^{5x}+c_2e^{-5x}$

2.6 $y''+6y'+9y=0$

【解】$y(x)=(c_1+c_2x)e^{-3x}$

2.7 $y''-2y'+10y=0$

【解】$y(x)=e^x(c_1\cos 3x+c_2\sin 3x)$

差分方程式概論

在現實的世界中，譬如政府所考慮的國民所得或投資等以一年為單位進行統計。將此種情況模型化在微分的概念是不適當的，因此無法利用微分方程式，取而代之，差分及差分方程式即為有力的武器。此外，在作業研究的等候理論中，此差分方程式亦是不可或缺的分析利器。

3-1 差分簡介

在本章裡我們以 y 或 $f(x)$ 表示定義域為實數 R 的函數。

定義3-1

設 h 為一個固定常數。則函數

$$\Delta_h f(x) = f(x+h) - f(x) \tag{3.1}$$

稱為 f 的一階差分函數 (first order difference function)，h 稱差分區間，而 Δ_h 稱為差分運算子 (difference operator)。

例題3-1

若 $f(x)=x^3$，則

$$\Delta_1 f(x)=f(x+1)-f(x)=(x+1)^3-x^3$$
$$=3x^2+3x+1$$
$$\Delta_2 f(x)=f(x+2)-f(x)=(x+2)^3-x^3$$
$$=6x^2+12x+8$$

若 $f(x)=a^x$，則

$$\Delta_1 f(x)=a^{x+1}-a^x=a^x+(a-1)$$
$$\Delta_2 f(x)=a^{x+3}-a^x=a^x+(a^3-1)$$

為了方便起見，我們通常將差分區間固定在 $h=1$ 上，並以符號 Δ 代表 Δ_h。至於 $h\neq 1$ 時，我們可令 $x=hz$，並定義函數

$$F(z)=f(hz)$$

函數 F 的差分函數

$$\Delta_1 F(z)=F(z+1)-E(z)$$
$$=f(h(z+1))-f(hz)$$
$$=f(x+h)-f(x)$$
$$=\Delta_h f(x)$$

因此，經過變數的轉換後，可將 h 差分區間的差分函數變為差分區間為 1 的差分函數。在本章中，除非特別說明，我們將假設 $h=1$。

有了一階差分後，當然我們也可以考慮函數 Δf 的一階差分函數 $\Delta(\Delta f)$，稱為 f 的二階差分函數，並以符號 $\Delta^2 f$ 表之。即

$$\begin{aligned}\Delta^2 f(x) &= \Delta(\Delta f(x)) = \Delta f(x+1) - \Delta f(x) \\ &= (f(x+2) - f(x+1)) - (f(x+1) - f(x)) \qquad (3.2) \\ &= f(x+2) - 2f(x+1) + f(x)\end{aligned}$$

同理可將此推廣至 f 的 n 階差分函數

$$\Delta^n f(x) = \Delta(\Delta^{n-1} f(x)),\, n = 1, 2, 3, \cdots$$

當 $n = 0$ 時，我們定義 $\Delta^0 f(x) = f(x)$。

又由 $\Delta^n f(x)$ 的定義可知，$\Delta^n f$ 與 $f(x), f(x+1), \cdots, f(x+n)$ 之各值有關。下面定理所述即爲以上諸值的關係式。

定理3-1

設 n 爲正整數，則

$$\Delta^n f(x) = f(x+n) - C_1^n f(x+n-1) + C_2^n f(x+n-2) + \cdots + (-1)^1 C_1^n f(x+n-i) + \cdots + (-1)^n f(x)$$

【證】

以歸納法證明之。

由 (3.1)，(3.2) 式，可知當 $n = 1$ 及 $n = 2$ 時，定理成立。

設 $n = k$ 時，定理成立，即

$$\Delta^k f(x) = f(x+k) - C_1^k f(x+k-1) + \cdots + (-1)^1 C_1^k f(x+k-i) + \cdots + (-1)^k f(x)$$

當 $n = k+1$ 時，

$$
\begin{aligned}
\Delta^{k+1} f(x) &= \Delta(\Delta^k f(x)) \\
&= \Delta^k f(x+1) - \Delta^k f(x) \\
&= [(f(x+k+1) - kf(x+k) + \frac{k(k-1)}{2!} f(x+k-1) - \cdots + \\
&\quad (-1)^k f(x+1)] - [f(x+k) - kf(x+k-1) + \frac{k(k-1)}{2!} f(x+k-2) - \cdots \\
&\quad + (-1)^k f(x))] \\
&= f(x+k+1) - (k+1) f(x+k) + \left[\frac{k(k-1)}{2!} + k\right] f(x+k-1) + \\
&\quad \cdots + (-1)^{k+1} f(x) \\
&= f(x+k+1) - C_1^{k+1} f(x+k) + C_2^{k+1} f(x+k-1) + \cdots + \cdots \\
&\quad (-1)^{k+1} f(x)
\end{aligned}
$$

即當 $n = k+1$ 時，定理亦成立。

例題3-2

定理 3.1 中，將 $n = 3, 4$ 分別代入可得

$$\Delta^3 f(x) = f(x+3) - 3f(x+2) + 3f(x+1) - f(x)$$
$$\Delta^4 f(x) = f(x+4) - 4f(x+3) + 6f(x+2) - 4f(x+1) + f(x)$$

差分運算具 有下面幾個特性，若能充分利用，可將運算過程予以簡化。

定理3-2

設 a, b 爲常數， f, g 爲實數函數，則

1. $\Delta a = 0$

2. $\Delta(af(x) + bg(x)) = a\Delta f(x) + b\Delta g(x)$

3. $\Delta(f(x)\cdot g(x)) = f(x+1)\Delta g(x) + g(x)\Delta f(x)$

4. $\Delta\left(\dfrac{f(x)}{g(x)}\right) = \dfrac{g(x)\Delta f(x) - f(x)\Delta g(x)}{g(x+1)g(x)}$

5. $\Delta(a^x) = a^x(a-1)$

6. 若 f 爲 n 次多項式，即

$$f(x) = a_0 + a_1x + a_2x^2 + \cdots + a_nx^n$$

則 $\Delta^n f(x) = a_n n!$

$\Delta^m f(x) = 0$, $m > n$

【證】

2. $\Delta(af(x)+bg(x))$

$= (af(x+1)+bg(x+1)) - (af(x)+bg(x))$

$= a(f(x+1)-f(x)) + b(g(x+1)-g(x))$

$= a\Delta f(x) + b\Delta g(x)$

3. $\Delta(f(x)\cdot g(x))$

$= f(x+1)g(x+1) - f(x)g(x)$

$= (f(x+1)g(x+1) - f(x+1)g(x)) + (f(x+1)g(x) - f(x)g(x))$

$= f(x+1)\Delta g(x) + g(x)\Delta f(x)$

6. $\Delta x^n = (x+1)^n - x^n$

$$= nx^{n-1} + \frac{n(n-1)}{2!}x^{n-2} + \cdots + 1$$

因此對多項式而言，每取一次差分，則降低一次，即當 $m > n$ 時，可由 (1) 與 (2) 之結果得

$$\begin{aligned}\Delta^m f(x) &= \Delta^m(a_0 + a_1x + \cdots + a_nx^n)\\ &= \Delta^m a_0 + \Delta^m a_1x + \cdots + \Delta^m a_nx^n\\ &= 0 + 0 + \cdots + 0\\ &= 0\end{aligned}$$

當 $m=n$ 時，

$$\Delta^n f(x)=\Delta^n a_0+\Delta^n a_1 x+\cdots+\Delta^n a_n x^n$$
$$=a_n\Delta^n x^n=a_n n!$$

例題3-3

設 $f(x)=x^2$, $g(x)=5\cdot 3^x$ ，$\Delta(f(x)\cdot g(x))$ ，及 $\Delta\left(\dfrac{f(x)}{g(x)}\right)$

【解】

$$\Delta f(x)=2x+1\,,\ \Delta g(x)=5\cdot\Delta 3^x=5(3-1)3^x=(10)3^x$$

$$\begin{aligned}\Delta(f(x)\cdot g(x))&=f(x+1)\Delta g(x)+g(x)\Delta f(x)\\&=(x+1)^2(10)3^x+(5)3^x\cdot(2x+1)\\&=3^x(10x^2+30x+15)\end{aligned}$$

$$\begin{aligned}\Delta\left(\frac{f(x)}{g(x)}\right)&=\frac{g(x)\Delta f(x)-f(x)\Delta g(x)}{g(x+1)g(x)}\\&=\frac{5\cdot 3^x\cdot(2x+1)-x^2\cdot 10\cdot 3^x}{5\cdot 3^{x+1}\cdot 5\cdot 3^x}\\&=\frac{-2x^2+2x+1}{5\cdot 3^{x+1}}\end{aligned}$$

由定理 3.2(6) 的證明中，可看出 x^n 的差分函數不像微分那麼簡潔。因而在取多項式的差分時，格外顯得不方便。下面我們定義一種新的函數，此函數在差分的處理上和 x^n 的微分一樣的方便。

定義3-2

對於任一正整數 n，函數

$$x^{(n)} = x(x-1)(x-2)\cdots(x-n+1) \tag{3-3}$$

稱爲 n 階階乘函數 (factorial function)。

定理3-3

若 n 爲正整數，則

$$\Delta x^{(n)} = nx^{(n-1)} \tag{3.4}$$

【證】

$$\begin{aligned}\Delta x^{(n)} &= (x+1)(x)(x-1)\cdots(x+n-2)-(x)(x-1)\cdots(x+n-1)\\ &= x(x-1)\cdots(x-n+2)((x+1)-(x+n-1))\\ &= nx(x-1)\cdots(x-n+2)\\ &= nx^{(n-1)}\end{aligned}$$

由定理 3-3 的結果，我們可得到

$$\begin{aligned}\Delta^2 x^{(n)} &= n(n-1)x^{(n-2)}\\ \Delta^3 x^{(n)} &= n(n-1)(n-2)x^{(n-3)}\\ &\vdots\\ \Delta^n x^{(n)} &= n!\end{aligned}$$

另外，爲了方便起見我們定義

$$x^{(0)} = 1$$

定義 3-2 中的階乘函數實際上就是一個多項式。因此，若能反過來以階乘函數的線性組合表示多項式，則多項式的差分可由定理 3-3 很快地求出。

定理3-4

若 $f(x)$ 為 n 次多項式，則

$$f(x)=\sum_{k=0}^{n}\frac{\Delta^k f(0)}{k\,!}x^{(k)} \tag{3.5}$$

【證】

設 $f(x)=a_0+a_1x^{(1)}+\cdots+a_kx^{(k)}+\cdots+a_nx^{(n)}$

則 $\Delta^k f(x)=k\,!a_k+a_{k+1}(k+1)(k)\cdots(2)x^{(1)}+\cdots+a_n(n)(n-1)\cdots(n-k+1)x^{(n-k)}$，$k=1,2,\cdots,n$

令 $x=0$，得

$$\Delta^k f(0)=k\,!a_k$$

即 $a_k=\dfrac{\Delta^k f(0)}{k\,!}$，$k=1,2,\cdots,n$。

例題3-4

設 $f(x)=x^3$，試以 $1, x^{(1)}, x^{(2)}, x^{(3)}$ 的線性組合表示 f，並求 Δx^3。

【解】

經計算知 $f(0)=0, \Delta f(0)=1, \Delta^2 f(0)=6, \Delta^3 f(0)=6$

代入 (3.5)，可得

$$x^3 = x^{(1)} + \frac{6}{2!}x^{(2)} + \frac{6}{3!}x^{(3)} = x^{(1)} + 3x^{(2)} + x^{(3)}$$

因此 $\Delta x^3 = \Delta x^{(1)} + \Delta 3x^{(2)} + \Delta x^{(3)}$

$$= 1 + 3 \cdot 2x^{(1)} + 3x^{(2)}$$

$$= 1 + 6x + 3(x)(x-1)$$

$$= 1 + 3x + 3x^2$$

與 3.1 的結果相同。

例題3-5

假設 1995 年至 1999 年的物價指數如表 3.1 所列 (以 1990 年爲基準)，試利用表中的數值估計 2000 年之物價指數

年	1995	1996	1997	1998	1999
指數	105	96	123	131	117

表 3.1

【解】

假定物價指數爲函數 f 的值，且

$$f(0) = 105\,,\ f(1) = 96\,,\ f(2) = 123\,,\ f(3)\,, 131\,,\ f(4) = 117$$

函數 f 的各階差分可用表 3.2 計算。

x	f	Δf	$\Delta^2 f$	$\Delta^3 f$	$\Delta^4 f$
0	105	19	36	−55	52
1	96	27	−19	−3	
2	123	8	−22		
3	131	−14			
4	117				

表 3.2

由 (3.5) 可得

$$f(x) \approx 105 - 9x^{(1)} + \frac{36}{2!}x^{(2)} - \frac{55}{3!}x^{(3)} + \frac{52}{4!}x^{(4)}$$

因此

$$f(5) = 105 - (9)(5) + (18)(5)(4) - \frac{55}{6}(5)(4)(3) + \frac{13}{6}(5)(4)(3)(2)$$
$$= 130$$

即 2000 年物價指數的估計值爲 130。

3.2 不定和分簡介

微積分裡微分的反運算即爲不定積分。同樣的，我們也可定義差分的反運算如下：

定義3-3

設 f 及 F 爲兩函數。若

$$\Delta F(x) = f(x)$$

則稱 F 爲 f 的不定和分函數 (indefinite summation) 並以符號 $F(x) = \Delta^{-1} f(x)$ 表示。

這裡我們稱 Δ^{-1} 爲不定和分運算子。Δ^{-1} 與 Δ 的關係正如同不定積分與微分的關係。例如

$$\Delta(\Delta^{-1} f(x)) = \Delta F(x) = f(x)$$

又若 $\Delta F(x) = f(x)$，則對於任意實數 α

$$\Delta(F(x)+\alpha)=\Delta F(x)+\Delta\alpha=f(x)+0=f(x)$$

即函數 $f(x)$ 的不定和分函數不是唯一的。

定理3-5

若 $F(x), G(x)$ 皆爲函數 f 的不定和分函數。

則 $F(x)-G(x)$ 必爲常數或是週期爲 1 的週期函數。

通常爲了方便說明起見，我們仍將週期爲 1 的週期函數視爲常數。即

$$\Delta^{-1}f(x)=\{F(x)+c \mid c \text{ 爲常數，} \Delta F(x)=f(x)\}$$

定理3-6

1. $\Delta^{-1}x^{(n)}=\dfrac{x^{(n+1)}}{n+1}+c$

2. $\Delta^{-1}a^{x}=\dfrac{a^{x}}{a-1}+c$

3. $\Delta^{-1}(af(x)+bg(x)=a\Delta^{-1}f(x)+b\Delta^{-1}g(x)$

4. (部份和分法) $\Delta^{-1}(f(x)\cdot\Delta g(x))$

$$=f(x)\cdot g(x)-\Delta^{-1}(g(x+1)\cdot\Delta f(x))$$

例題3-6

試求 $\Delta^{-1}(x+1)^{3}$

【解】

由於 $(x+1)^{3}=(x^{(3)}+6x^{(2)}+7x^{(1)}+1$

所以 $\Delta^{-1}(x+1)^3 = \Delta^{-1}(x^{(3)}+6x^{(2)}+7x^{(1)}+1)$

$$= \Delta^{-1}x^{(3)} + \Delta^{-1}6x^{(2)} + \Delta^{-1}7x^{(1)} + \Delta^{-1}1$$

$$= \frac{x^{(4)}}{4} + 2x^{(3)} + \frac{7}{2}x^{(2)} + x^{(1)} + c$$

$$= \frac{1}{4}x^4 + \frac{1}{2}x^3 + \frac{1}{4}x^2 + c$$

例題3-7

試求 $\Delta^{-1}(x \cdot 4^x)$

【解】

令 $f(x) = x\,, \Delta g(x) = 4^x$

則 $\Delta f(x) = 1\,, g(x) = \Delta^{-1}4^x = \dfrac{4^x}{3}$

由定理 3.6 (4)，可得

$$\Delta^{-1}(x \cdot 4^x) = x \cdot \frac{4^x}{3} - \Delta^{-1}\left(\frac{4^x}{3} \cdot 1\right)$$

$$= x \cdot \frac{4^x}{3} - \frac{4}{3}\Delta^{-1}(4^x)$$

$$= x \cdot \frac{4^x}{3} - \frac{4}{3}\frac{4^x}{3} + c$$

$$= \frac{4^x}{3}\left(x - \frac{4}{3}\right) + c$$

3.3 差分方程式簡介

在第一節裡我們曾經定義函數 $y = f(x)$ 的各階差分 $\Delta f\,, \Delta^2 f$，⋯等等。簡單地說，由 $f(x)$ 及其各階差分 $\Delta f(x)\,, \Delta^2 f(x)$，⋯⋯等所構

成之方程式，稱為差分方程式 (difference equation)。若差分方程式內所含差分之最高階數為 n，則稱此差分方程式為 n 階差分方程式 (n^{th} order difference equation)。

例題3-8

1. $4\Delta f(x)-5f(x)=x^2+1$ 為一階差分方程式

2. $\Delta^2 f(x)-x^2\Delta f(x)+2f(x)=0$ 為二階差分方程式

3. $\Delta^2 f(x)+(\Delta f(x))^3=0$ 亦為二階差分方程式

若將

$$\Delta f(x)=f(x+1)-f(x)$$
$$\Delta^2 f(x)=f(x+2)-2f(x+1)+f(x)$$
$$\vdots$$

代入差分方程式中，可得只含有 $f(x),f(x+1),f(x+2),\cdots$ 等之差分方程式。例如例題 3.8 中的 (1)、(2) 式分別可改寫為

$$4f(x+1)-(5x+4)f(x)=x^2+1$$
$$f(x+2)-(2+x^2)f(x+1)+(3+x^2)f(x)=x$$

因此差分方程式的通式可寫成

$$F(x,f(x),f(x+1),f(x+2),\cdots)=0 \tag{3-6}$$

若函數 $f(x)$ 滿足 (3.6) 式，則稱 $f(x)$ 為差分方程式 (3.6) 的解 (solution)。若差分方程式所有的解均可用一個通式寫出時，則稱此通式為差分方程式的解尚須滿足某些起始條件 (initial conditions)，則稱此為特解 (particular solution)。

例題3-9

由定理 3.3 可知差分方程式

$$f(x+1)-f(x)=2x$$

或 $\Delta f(x)=2x$

的通解為 $f(x)=x^{(2)}+C$ ，而滿足 $\Delta f(x)=2x$ 及起始條件 $f(0)=3$ 的特解為 $f(x)=x^{(2)}+3$ 。

除了一些特殊型式的差分方程式外，一般來講，差分方程式的解非常不容易求出。

考慮具 有下列型式的差分方程式：

$$a_0(x)f(x+n)+a_1(x)f(x+n-1)\cdots+a_n(x)f(x)=h(x) \qquad (3\text{-}7)$$

(3.7) 式稱為 n 階線性差分方程式 (linear difference equation)。其中 $a_0(x),\cdots,a_n(x)$ 稱為此差分方程式的係數函數，且 $a_0(x)\neq 0$ 。若 $h(x)=0$ ，則稱 (3.7) 為齊次差分方程式 (homogeneous linear difference equation)。否則稱之為非齊次差分方程式 (no homogeneous linear difference equation)。如果 $a_0(x),a_1(x),\cdots,a_n(x)$ 均為常數函數，則稱 (3.7) 為線性常係數差分方程式 (linear difference equation with constant coefficient)。本章討論的重點即為如種線性常係數的差分方程式。

下面這個定理，我們稱 之為"解唯一存在定理"。因為它保證滿足差分方程式及起始條件的特解存在，而且是唯一的。

定理3-7

設 $k, d_0, d_1, \cdots, d_{n-1}$ 為任意數 $n+1$ 個實數，則必僅有一個函數 $f(x)$ 滿足下列差分方程式及 n 個起始條件：

$$a_0(x)f(x+n)+a_1(x)f(x+n-1)+\cdots+a_n(x)f(x)=h(x)$$

$$f(k)=d_0\,,\, f(k+1)=d_1\,,\cdots,\, f(k+n-1)=d_{n-1}$$

以下兩個定理敘述差分方程式的特性。

定理3-8

若 $f_1(x), f_2(x), \cdots, f_n(x)$ 為齊次線性差分方程式

$$a_0(x)f(x+n)+a_1(x)f(x+n-1)+\cdots+a_n(x)f(x)f(x)=0 \quad (3\text{-}8)$$

的 n 個線性獨立的特解，則差分方程式 (3.8) 的通解可寫成

$$f(x)=c_1f_1(x)+c_2f_2(x)+\cdots+c_nf_n(x)$$

其中 $c_1, c_2, \cdots, c_n$ 為任意 n 個實數。

定理3-9

若 $f_p(x)$ 為非齊次線性差分方程式

$$a_0(x)f(x+n)+a_1(x)f(x+n-1)+\cdots+a_n(x)f(x)=h(x) \quad (3\text{-}9)$$

的一個特解，而 $f_e(x)$ 為 (3.9) 所對應之齊次差分方程式的通解，則差分方程式 (3.9) 的通解可寫成

$$f(x)=f_c(x)+f_p(x)$$

3.4 一階線性常係數差分方程式

一階線性常係數差分方程式的標準型式為

$$f(x+1)=af(x)+h(x) \text{，} a \text{ 為常數且 } a\neq 0 \tag{3.10}$$

$$f(x+1)=af(x) \tag{3.11}$$

當 $x=0$, $f(1)=af(0)$

$x=1$, $f(2)=af(1)=a^2f(0)$

$x=2$, $f(3)=af(2)=a^3f(0)$

$\vdots$

$x=k$, $f(k)=a^kf(0)$

令 $c=f(0)$ 為任意實數，則得 (3.11) 式的通解為

$$f(x)=ca^x$$

倘若 $h(x)\equiv b$，b 為一非零之常數，即

$$f_p(x+1)=af(x)+b \tag{3.12}$$

令 $f_p(x)=a^xg(x)$

則 $f_p(x+1)=a^{x+1}g(x+1)$

代入 (3.12) 式後，得

$$g(x+1)-g(x)=b\cdot a^{-(x+1)}$$

或 $\Delta g(x)=b\cdot a^{-(x+1)}$

因此 $g(x)=\Delta^{-1}(b\cdot a^{-(x+1)})$

由定理 3.6(2) 知，

$$\Delta^{-1}(b \cdot a^{-(x+1)}) = b\Delta^{-1}\left(\frac{1}{a}\right)^{x+1}$$

$$= b\frac{1}{\frac{1}{a}-a}\left(\frac{1}{a}\right)^{x+1}$$

$$= \frac{ab}{1-a}a^{-(x+1)}, \ a \neq 1$$

故 $f_p(x) = a^x g(x) = a^x \frac{ab}{1-a}a^{-(x+1)} = \frac{b}{1-a}$

即，當 $a \neq 1$ 時，

$$f_p(x) = \frac{b}{1-a}$$

為 (3.12) 式的一個特解。因此 (3.12) 式的通解為

$f(x) = ca^x + \frac{b}{1-a}$，其中 c 為任意實數。

如果 $a = 1$，則 (3.12) 式變成

$$f(x+1) - f(x) = b$$

或 $\Delta f(x) = b$，因此 $f(x) = \Delta^{-1}b = bx + c$ 其中 c 為任意實數。

以上的結果可歸納如下：

定理3-10

一線階性差分方程式

$$f(x+1) = af(x) + b$$

1. 當 $b = 0$ 時，其通解為 $f(x) = ca^x$

2. 當 $b \neq 0$ 且 $a \neq 1$ 時，其通解爲 $f(x) = ca^x + \frac{b}{1-a}$

3. 當 $b \neq 0$ 且 $a = 1$ 時，其通解爲 $f(x) = bx + c$

以上各通解式中的 c 均爲任意實數。

例題3-10

試求 $f(x+1) = 3f(x) + 3$ 的解。

【解】

此時 $a = 4, b = 3$，由定理 3.9，可知其解爲

$$f(x) = c \cdot 4^x + \frac{3}{1-4} = c \cdot 4^x - 1$$

例題3-11

試求 $2f(x+1) + f(x) = 9$ 的解。

【解】

此差分方程式的標準型爲

$$f(x+1) = -\frac{1}{2} f(x) + \frac{9}{2}$$

即 $a = -\frac{1}{2}, b = \frac{9}{2}$

其解爲

$$f(x) = c \cdot \left(-\frac{1}{2}\right)^x + \frac{\frac{9}{2}}{1-\left(-\frac{1}{2}\right)} = c \cdot \left(-\frac{1}{2}\right)^x + 3$$

以上所討論的差分方程中， $h(x)\equiv 0$ 或 $h(x)\equiv b\neq 0$ ，現在我們考慮更一般化的非齊次差分問題。即求取差分方程式 (3.10) 的通解。由前一節裡，我們知道通解可寫成

$$f(x)=f_c(x)+f_p(x)$$

而 $f_c(x)$ 爲齊次式的通解，即 $f_c(x)=ca^x$ 。因此下面我們將探討如何求得 (3.10) 式的一個特解。

由第一節的一些差分公式裡 (如定理 3.2，3.3)，我們可看出，指數函數的差分仍然是指數函數，多項式函數的差階也是多項式函數。因此在求 (3.10) 式的特解時，如果 $h(x)$ 是指數函數、多項式函數、或某種線性組合時，我們可假設 $f_p(x)$ 亦具有相同的函數型態。將 $f_p(x)$ 代入差分方程式 (3.10) 後，比較等號兩端各項的係數，可求出所要的 $f_p(x)$ 。這個方法，我們稱之爲未定係數法 (method of undetermined coefficients)。現以下面幾個例題說明未定係數法的求解步驟。

例題3-12

試求 $f(x+1)-3f(x)=8x^2+4$ 的通解。

【解】

令 $f_p(x)=A_2x^2+A_1x+A_0$

代入差分方程中可得，

等號左邊 $=(A_2(x+1)^2+A_1(x+1)+A_0-3(A_2x^2+A_1x+A_0)$

等號右邊 $=8x^2+4$

對於所有的 x ，等號左邊應等於等號右邊，即等號兩邊之

x^2 , x 項係數及常數項必須完全相同。

x^2 項係數：$-2A_2 = 8$

x 項係數：$2A_2 - 2A_1 = 0$

x^0 項係數：$A_2 + A_1 - 2A_0 = 4$

此為含有三個未知數的三個方程式，其解為

$$A_0 = -6 , A_1 = -4 , A_2 = -4$$

故得一特解 $f_p(x) = -4x^2 - 4x - 6$

而差分方程式的通解則為

$f(x) = f_c(x) + f_p(x) = c \cdot 3^x - 4x^2 - 4x - 6$ ，c 為任意實數。

例題3-13

試求滿足 $f(x+1) - 3f(x) = 5(2)^x$ 及 $f(0) = 1$ 的解。

【解】

令 $f_p(x) = A \cdot 2^x$ 代入差分方程式後，

等號左邊 $= A \cdot 2^{x+1} - 3A2^x = (-A)2^x$

等號右邊 $= 5 \cdot 2^x$

比較兩邊 2^x 項的係數可得

$$A = -5$$

即 $f_p(x) = (-)2^x$

因此通解為 $f(x) = c \cdot 3^x - 5 \cdot 2^x$

又由 $f(0) = 1$ 可得 $1 = c - 5 , c = 6$ ，即 $f(x) = 6 \cdot 3^x - 5 \cdot 2^x$

為滿足 $f(x+1) - 3f(x) = 5 \cdot 2^x$ 及 $f(0) = 1$ 的解。

例題3-14

試求 $f(x+1)-3f(x)=x\cdot 2^x$ 的通解

【解】

令 $f_p(x)=(Ax+B)\cdot 2^x$，代入差分方程式後，得

等號左邊 $=(A(x+1+B)\cdot 2^{x+1}-3(Ax+B)\cdot 2^x$

$=-A(x\cdot 2^x)+(2A-B)\cdot 2^x$

等號右邊 $=x\cdot 2^x$

比較 $x\cdot 2^x$ 及 2^x 項係數，可得

$$-A=1$$
$$2A-B=0$$

即 $A=-1, B=-2$

$$f_p(x)=(-x-2)\cdot 2^x$$

通解為 $f(x)=c\cdot 3^x+(-x-2)\cdot 2^x$，$c$ 為任意實數

例題3-15

試求 $f(x+1)-2f(x)=5\cdot 2^x$ 的通解。

【解】

此題與例題 3-11 的差別只在於 $f(x)$ 項的係數不同。雖然題目非常相似，但是特解的求法卻不相同。首先我們觀察齊次式的通解為

$$f_e(x)=c\cdot 2^x$$

假如與例題是 3.11 一樣，仍令 $f_p(x)=A\cdot 2^x$，則 $f_p(x)$ 只能滿足齊次差分方程 $f(x+1)-2f(x)=0$，也就是說，$f_p(x)=A\cdot 2^x$ 不可能成爲非齊次的特解。因此在這裡，我們令

$$f_p(x)=Ax\cdot 2^x$$

代入原式中，可得

$$\begin{aligned}A(x+1)2^{x+1}-2Ax\cdot 2^x&=5\cdot 2^x\\2A\cdot 2^x&=5\cdot 2^x\\2A&=5\\A&=\frac{5}{2}\end{aligned}$$

因此 $f_p(x)=\frac{5}{2}x\cdot 2^x$

而通解爲 $f(x)=c\cdot 2^x+\frac{5}{2}x\cdot 2^x$，$c$ 爲任意實數。

3.5 二階線性常係數差分方程式

二階線性常係數差分方程式的標準型爲

$$f(x+2)+bf(x+1)+cf(x)=h(x) \tag{3.13}$$

與一階差分方程討論的方式一樣，我們先考慮齊次式

$$f(x+2)+bf(x+1)+cf(x)=h(x) \tag{3.14}$$

假設齊次式 (3.14) 式的特解具有下面的型式：

$$f(x)=r^x\ ,r\neq 0$$

則 $f(x+1)=r\cdot r^x$

$f(x+2)=r^2\cdot r^x$

代入 (3.14) 中，得

$$r=\frac{-b\pm\sqrt{b^2-4ac}}{2}$$

因爲對於任意 x , $r^x\neq 0$

因此 $$r^2+br+c=0 \tag{3.15}$$

方程式 (3.15) 稱爲特徵方程式 (characteristic equation)，其根爲

$$r=\frac{-b\pm\sqrt{b^2-4ac}}{2}$$

由於特徵方程式根的差異將導致不同解的型式，故分述如下：

1. 特徵方程式有兩相異實根 r_1 , r_2

此時，r_1 及 r_2 皆爲齊次式 (3.14) 式的特解。由於 $r_1\neq r_2$ ，r_1^x 與 r_2^x 爲線性獨立，因此由定理 3.7 可知 (3.14) 式的通解可寫成

$$f_e(x)=c_1r_1^x+c_2r_2^x\text{ , }c_1\text{ , }c_2\text{ 爲任意數。} \tag{3.16}$$

2. 特徵方程式有重根 r_1 。

此時 $r_1=-\dfrac{b}{2}$ ，且 r_1^x 爲 (3.14) 式的特解。但是只有一個特解是不夠的，我們必須再找出另一個與 r_1^x 相獨立的特解。

令 $f(x)=xr_1^x$ ，

代入 (3.14) 式的左端，

$$
\begin{aligned}
&(x+2)r_1^{x+2}+b(x+1)r_1^{x+1}+cxr_1^x \\
&=(r_1^2+br_1+c)xr_1^x+(2r_1^2+br_1)r_1^x \\
&=0\cdot xr_1^x+0\cdot r_1^x \\
&=0
\end{aligned}
$$

其中 $2r_1^2+br_1=0$ 是因爲 $r_1=-\dfrac{b}{2}$。

因此 xr_1^x 爲 (3.14) 式的另一特解。

故 (3.14) 式的通解爲

$$f_e(x)=c_1r_1^x+c_2xr_1^x\text{，}c_1\text{，}c_2 \text{ 爲任意實數。} \tag{3.17}$$

3. 特徵方程式有兩共軛複數根 $\alpha+\beta i$，$\alpha-\beta i$。

此時 $\alpha=-\dfrac{b}{2}$，$\beta=\dfrac{\sqrt{4c-b^2}}{2}$

又，$\alpha+\beta i=r_0(\cos\theta+i\sin\theta)$

$\alpha-\beta i=r_0(\cos\theta-i\sin\theta)$

其中

$$r_0=\sqrt{\alpha^2}+\beta^2=\sqrt{c} \tag{3.18}$$

$$\cos\theta=\frac{a}{\sqrt{\alpha^2+\beta_2}}=\frac{-\left(\dfrac{b}{2}\right)}{\sqrt{c}}\text{，}0\le\theta\le\pi \tag{3.19}$$

我們不難證明 $r_0^x\cos\theta x$ 及 $r_0^x\sin\theta x$ 爲線性獨立，且爲 (3.14) 式的特解，因此 (3.14) 式的通解爲

$$f(x)=c_1r_0^x\cos\theta x+c_2r_0^x\sin\theta x \tag{3.20}$$

例題3-16

求解 $f(x+2)+1\cdot 2f(x+1)+0.64f(x)=0$

【解】

特徵方程式 $r^2+1\cdot 2r+0.64=0$

的根爲 $r=\dfrac{-1\cdot 2\pm\sqrt{1.44-2.56}}{2}$ 爲兩共軛複數。

由 (3.18)，(3.19) 式得

$$r_0=\sqrt{c}=\sqrt{0.64}=0.8$$

$$\cos\theta=\frac{-0.6}{0.8}=-0.75$$

$$\theta\approx 2.42$$

因此由 (3.20) 式通解爲

$$f(x)=(0.8^x)[c_1\sin(2\cdot 42x)+c_2\cos(2.42x)]$$

例題3-17

求解 $f(x+2)-4f(x+1)+4f(x)=0$, $f(0)=1$, $f(1)=6$

【解】

特徵方程式的根爲 $r=\dfrac{4\pm\sqrt{16-16}}{2}=2$

因爲 $r=2$ 是重根，由 (3.17) 式可得通解

$$f(x)=c_1\cdot c_2\cdot x\cdot 2^x$$

起始條件 $f(0)=c_1=1$ ， $f(1)=2c_1+2c_2=6$

解得 $c_1=1, c_2=2$

所求之特解爲

$$f(x)=2^x+(2x)\cdot 2^x$$

接著我們討論非齊次二階線性差分方程式 (3.13) 的求解問題。與一階差分方程式的作法一樣，我們可先求出齊次式的通解 $f_c(x)$，再利用未定係數法決定一個非齊次式的特解 $f_p(x)$，差分分方程式 (3.13) 的通解即爲 $f(x)=f_c(x)+f_p(x)$。

例題3-18

試求 $f(x+2)-f(x+1)-2f(x)=(10)\,3^x$ 的通解。

【解】

特徵方程式的根爲 $r=\dfrac{1\pm\sqrt{1+8}}{2}=2\,,-1$

因此 $f_c(x)=c_1 2^x+c_2(-1)^2$

令 $f_p(x)=A\cdot 3^x$

則 $A\cdot 3^{x+2}-A\cdot 3^{x+1}-2A\cdot 3^x=(10)\,3^x$

$$(4A)\,3^x=(1)\,3^x$$
$$4A=10$$
$$A=2.5$$

即 $f_p(x)=(2.5)\,3^x$

故通解爲 $f(x)=c_1 2^x+c_2(-1)^x+(2.5)\,3^x$

例題3-19

試求 $f(x+2)-5f(x+1)+6f(x)=(8)\ 2^x$ 的通解。

【解】

特徵方程式的根爲

$$r=\frac{5\pm\sqrt{25-24}}{2}=3\ ,2$$

即 $$f(x)=2^x\ ,f(x=3^x \tag{3.21}$$

爲齊次式的特解。

此時，若依方程式等號右邊的函數型，而令

$$f_p(x)=A2^x$$

則由 (3.21) 知，此必不滿足非齊次差分方程式。

因此，本題中，我們令 $f_p(x)=A\cdot 3^x$

代入原式後，

$$A2^x(-2)=(8)2^x$$
$$-2A=8$$
$$A=-4$$

即 $f_p(x)=(-4)x\cdot 2^x$

因此通解可寫成 $f(x)=c_1 2^x+c_2 3^x+(-4)x\cdot 2^x$

3.6 高階線性常係數差分方程式

考慮 n 階齊次線性常係數差分方程式

$$f(x+n)+a_1 f(x+n-1)+\cdots+a_n f(x)=0 \tag{3.22}$$

我們定義特徵方程式如下：

$$r^n+a_1 r^{n-1}+\cdots+a_n=0 \tag{3.23}$$

由方程式理論我們知道 (3.23) 式必有 n 個根。這些根可能是實根、重根或共軛複數根。

假如此 n 個根爲相異的實根 $r_1, r_2, \cdots, r_n$ ，則

$$f(x)=c_1 r_1^x+c_2 r_2^x+\cdots+c_n r_n^x$$

爲 (3.22) 式的通解。

假如某一實根 r 爲 k 重根，則

$$c_0 r^x+c_1 x r^x+c_2 x^2 r^x+\cdots+c_{k-1} x^{k-1} r^x$$

構成 (3.22) 式通解的 k 項。

假如特徵方程式含有共軛複數根，且均爲 k 重根，則

$$r_0^x \sin\theta x(c_0+c_1 x+\cdots+c_{k-1}x^{k-1})$$
$$r_0^x \cos\theta x(d_0+d_1 x+\cdots+d_{k-1}x^{k-1})$$

爲 (3.22) 式通解中的 $2k$ 項。

例題3-20

試求 $f(x+3)-4f(x+2)-3f(x+1)+18f(x)=0$ 的通解。

【解】

特徵方程式 $r^3-4r^2-3r+18=0$ 的根爲 $3, 3, -2$ 因此，通解爲

$$f(x)=3^x(c_0+c_1 x)+c_2(-2)^x$$

例題3-21

試解 $f(x+4)+2f(x+2)+f(x)=0$

【解】

$r^4+2r^2+1=0$ 的根爲 $r=i\,,i\,,-i\,,i$

對於 $r=i\,,-1\,,r_0=\sqrt{0^2+1^2}=1\,,\cos\theta=\dfrac{0}{1}=0\,,\theta=\dfrac{\pi}{2}$

故通解爲

$$f(x)=\sin\frac{\pi}{2}x(c_0+c_1x)+\cos\frac{\pi}{2}x(d_0+d_1x)$$

其中 $c_0\,,c_1\,,d_0\,,d_1$ 爲任意實數。

至於高階非齊次差分方程式的求解方法，因與一階、二階差分方程式完全一樣，故不再贅述。

例題3-22

(複利計算問題)

陳先生於今晨喜獲麟兒。爲了籌措將來孩子上大學的教育基金，陳先生立刻前往銀行開設新存款戶，並考慮下面兩種存款方式：一爲立即存入 100,000 元，二爲先存入 6,000 元，並於每年小孩生日時存入 6,000 元，試問在 4 % 的年利率下，何種存款方式可使得 18 年後的存款總金額較大。

【解】

設 $A_t=t$ 年後的存款金額

1. 第一種存款方式：

$$A_1 = (1.04)\,100{,}000$$
$$A_2 = (1.04)\,A_1$$
$$\vdots$$
$$A_t = (1.04)\,A_{t-1}$$

此爲一階齊次常係數差分方程式。由定理 3.9 可得通解

$$A_t = c(1.04)^t$$

由 $t=0$, $A_0 = 100{,}000$ 可得 $c = 100{,}000$

因此 $A_t = 100{,}000(1.04)^t$

18 年後的存款金額爲

$$A_{18} = 100{,}000(1.04)^{18} = 202{,}581$$

2. 第二種存款方式：

$$A_1 = (1.04)6{,}000 = 6{,}240$$
$$A_2 = (1.04)(A_1 + 6{,}000) = (1.04)A_1 + 6{,}240$$

$$A_3 = (1.04)(A_2 + 6{,}000) = (1.04)A_2 + 6{,}240$$
$$\vdots$$
$$A_t = (1.04)A_{t-1} + 6{,}240$$

此爲一階非齊次常係數差分方程式，由定理 3.9 知其通解爲

$$A_t = c\cdot(1.04)^t + \frac{6240}{1-1.04}$$
$$= c\cdot(1.04)^t - 156{,}000$$

由起始條件 $t=0$, $A_0 = 0$ ，得 $c = 156{,}000$

$$A_t = 156{,}000(1.04)^t - 156{,}000$$

因此 18 年後存款總金額為

$$A_{18} = 156{,}000(1.04)^{18} - 156{,}000 = 160{,}025$$

以上的分析顯示陳先生選擇第一種存款方式較為划算。

例題3-23

(等候線問題)

某超級市場出口處有一收銀員負責收錢找錢的工作。平均而言，收銀員服務一位顧客需費時 3 分鐘。假設顧客以隨機的方式出現在收銀機前，其平均平達率為每小時 18 人。由於超級市場的經理對於收銀員有時空閒無事，又有時收銀機前排有長隊感到困擾，因此決定弄清楚下面幾個問題：

1. 收銀員有多少時間是空閒的？

2. 平均有多少顧客在收銀機前等待離去？

3. 平均每位顧客須等待多久 (包括接受服務的時間)？

4. 顧客等待 12 分鐘以上才輪到接受服務的機率是多少？

【解】

設 $\lambda =$ 每分鐘平均到達率 (arrival rate) $= \dfrac{3}{10}$ 人/分鐘

$\mu =$ 每分鐘平均服務率 (service rate) $= \dfrac{1}{3}$ 人/分鐘

$\dfrac{1}{\lambda} =$ 相鄰兩顧客之間隔時間 $= \dfrac{10}{3}$ 分鐘

$\dfrac{1}{\mu} =$ 每位顧客平均的服務時間 $= 3$ 分鐘

由 λ, μ 的意義，可知收銀員忙碌的時間佔總時間的比例爲

$$\frac{\lambda}{\mu}=\frac{9}{10}$$

亦即收銀員有 10 % 的時間是空閒無事的。當然這並不表示收銀機前沒有人排隊等待，因爲顧客是隨機出現的。

令　P_n = 有 n 個顧客在排隊等候 (包括正在付錢的顧客) 的機率，$n=1,2,3,\cdots\cdots$

$\lambda\Delta t$ = 在時間 t 與 $t+\Delta t$ 之間有一位顧客加入隊伍的機率

$1-\lambda\Delta t$ = 在時間 t 與 $t+\Delta t$ 之間沒有顧客加入隊伍的機率

$\mu\Delta t$ = 在時間 t 與 $t+\Delta t$ 之間有一位顧客服務完畢離開的機率

$1-\mu\Delta t$ = 在時間 t 與 $t+\Delta t$ 之間沒有顧客離開的機率

其中 Δt 代表非常短的時間間隔。

在 $t+\Delta t$ 時間收銀機前有 $n\,(n=1,2,3,\cdots\cdots)$ 個顧客的機率可由下面三種狀況來計算：

另外，在時間　$t+\Delta t$ 時收銀機前沒有顧客的機率也可由下面兩種狀況來計算：

1. 在 t 時間，收銀機前沒有顧客，而在 $t+\Delta t$ 時間之前亦無顧客到達。

2. 在 t 時間，收銀機前有一位顧客，而在 $t+\Delta t$ 時間之前有一人離去。

即　$P_0=P_0(1-\lambda\Delta t)+P_1(\mu\Delta t)(1-\lambda\Delta t)$

或 $-\lambda P_0 + \mu P_1 - P_1(\lambda\mu\Delta t) = 0$

令 $\Delta t \to 0$，可得 $\mu P_1 - \lambda P_0 = 0$

或 $$P_1 = \frac{\lambda}{\mu} P_0 = 0 \qquad (3.25)$$

差分方程式 (3.24) 的特徵方程式爲

$$r^2 - \frac{\lambda+1}{\mu} r + \frac{\lambda}{\mu} = 0$$

其根爲 $\frac{\lambda}{\mu}$ 及 1。

故 $P_n = c_1\left(\frac{\lambda}{\mu}\right)^n + c_2$

由 (3.25) 式可知

$$P_1 = c_1\left(\frac{\lambda}{\mu}\right)^1 + c_2 = \frac{\lambda}{\mu} P_0$$

即 $c_1 = P_0$, $c_2 = 0$

故得 $P_n = \left(\frac{\lambda}{\mu}\right)^n P_0$

因爲 $\frac{\lambda}{\mu} = \frac{9}{10}$，$P_0 =$ 收銀員空閒的機率 $= \frac{1}{10}$，可得 $P_n = \frac{1}{10}\left(\frac{9}{10}\right)^n$

設 $L =$ 在收銀機前等待離去的平均人數

則 $L = \sum_{n=1}^{\infty} nP_n = \sum_{n=1}^{\infty} n \frac{1}{10}\left(\frac{9}{10}\right)^n = \frac{1}{10}\sum_{n=1}^{\infty} n\rho^n$

其中 $\rho = \frac{9}{10}$

由於 $\frac{1}{1-\rho}=1+\rho+\rho^2+\rho^3+\cdots\cdots$ 的逐項微分可得

$$\frac{1}{(1-\rho)^2}=1+2\rho+3\rho^2+4\rho^3+\cdots\cdots$$

所以

$$L=\left(\frac{1}{10}\right)\rho\sum_{n=1}^{\infty}n\rho^{n-1}=\left(\frac{1}{10}\right)\rho\cdot\frac{1}{(1-\rho)^2}=9$$

即平均來講，有 9 位顧客在收銀機前等待離去。

設 $W=$ 每位顧客平均等待時間 (包括服務時間)。

則 $W=L\cdot\frac{1}{\mu}=9\cdot 3=27$ 分鐘

顧客在收銀機前等待　12 分鐘以上即等於是說，此顧客前有四人或四人以上在排隊，因此其機率

$$\begin{aligned}p&=P_4+P_5+P_6+\cdots\cdots\\&=1-P_0-P_1-P_2-P_3\\&=1-\frac{1}{10}-\frac{9}{100}-\frac{81}{1000}-\frac{729}{10000}\\&=0.66\end{aligned}$$

第 3 章 習題

3.1 試求 Δf , $\Delta^2 f$, $\Delta^3 f$

1. $f(x)=2x^2-3$

2. $f(x)=x^3+6x^2+11x+6$

3.2 若 $f(x)=3x^2+4x-1$ ， $g(x)=6x^3+4x-5$

試求 $\Delta(f(x)g(x))$ 及 $\Delta\left(\dfrac{f(x)}{g(x)}\right)$

3.3 求下列各差分方程式的階數，並以 $f(x)$, $f(x+1)$, $\cdots$ 表之。

1. $4[\Delta^2 f(x)]^4-6\Delta^3 f(x)=5$

2. $6f(x)\Delta^2 f(x)-3x^2 f^2(x)\Delta f(x)+4f(x)=0$

3.4 試解下列各差分方程式

1. $f(x+1)+2f(x)=(-2)^x$ ， $f(0)=1$

2. $f(x+1)-3f(x)=x^2-2x+3$

3. $f(x+1)-3f(x)=5^x(4x+3)$

3.5 試求下列各差分方程式的解：

1. $f(x+2)-3f(x+1)+3f(x)=5$ ， $f(0)=5$ ， $f(1)=8$

2. $f(x+2)+1.2f(x+1)-1.6f(x)=3x+13$ ，

$f(0)=0$ ， $f(1)=-7.2$

3. $f(x+2)-10f(x+1)+25f(x)=x\cdot 5^x$

4. $f(x+2)-f(x+1)-2f(x)=5^x$

5. $f(x+2)-f(x+1)-2f(x)=5^x(4x+3)$

3.6 某公司決策者希望公司能以每年銷售額增加 2% 的速度成長。設 $f(t)$ 為第 t 年的銷售額。在此成長的趨勢下，請寫出 $f(t)$ 應滿足的差分方程式，並求其通解。

第 ③ 篇

應用篇

穩度與預測的問題

1-1 穩度與預測的問題

特徵值與特徵向量的重要應用之一是探討有關穩度存在性的問題，以及在預測的問題中簡化方陣乘冪的過程。

例題 1-1

設某汽車出租公司估計顧客需要的情形。決定每年在不變動車輛總數的原則下，調整一次出租汽車的陣容。爲了簡單起見，假設顧客需要的類別只依出廠的年限分爲一年型，兩年型及三年型三種。依估計的結果決定調整的過程如下：

一年型：去年的兩年型汽車中換新 20%，以及三年型汽車全部換新。

兩年型：去年的一年型汽車中全部保留（即爲今年的兩年型）。

三年型：去年的兩年型汽車中未換新的換份 (即原兩年型的 80 %)。

試說明該公司在第 t 年各型車輛的調整比例如何？

【解】

設 x_{it} 爲於第 t 年 i 年型的車輛數，則可以向量 $X_t = [x_{1t}, x_{2t}, x_{3t}]'$ 表示在第 t 年該公司出租汽車的陣容。因此，下一年該公司出租汽車的陣容即爲

$$X_{t+1} = \begin{bmatrix} 0 & \frac{1}{5} & 1 \\ 1 & 0 & 0 \\ 0 & \frac{4}{5} & 0 \end{bmatrix} X_t$$

若令 $A = \begin{bmatrix} 0 & \frac{1}{5} & 1 \\ 1 & 0 & 0 \\ 0 & \frac{4}{5} & 0 \end{bmatrix}$，則 $X_{t+1} = AX_t$。雖然該公司每年出租汽車的車輛總數不變，但是否各類別的車輛數仍然保持不變呢？即 $X_{t+1} = X_t$ 是否成立？這個問題就是特徵值理論關於 $AX_t = X_t$ 是否成立的情形；這也相當於 X_t 是否爲矩陣 A 關於特徵值 1 的特徵向量。爲了解答這個問題，首先必須曉得 1 是否爲矩陣 A 的特徵值。由特徵方程式：

$$\begin{bmatrix} -\lambda & \frac{1}{5} & 1 \\ 1 & -\lambda & 0 \\ 0 & \frac{4}{5} & -\lambda \end{bmatrix} = -\lambda^3 + \frac{1}{5}\lambda + \frac{4}{5} = 0$$

知 1 爲這個方程式的根，亦即 1 爲矩陣 A 的特徵值。因此，有

滿足 $AX_t = X_t$ 的非常向量 X_t 存在，即存在不全爲零的 x_{1t}, x_{2t}, x_{3t}，使得 $X_t = [x_{1t}, x_{2t}, x_{3t}]'$，且滿足聯立方程式：

$$\begin{cases} -x_{1t} + \frac{1}{5}x_{2t} + x_{3t} = 0 \\ x_{1t} - x_{2t} = 0 \\ \frac{4}{5}x_{2t} + x_{3t} = 0 \end{cases}$$

對任何 $k \neq 0, X_t[x_{1t}, x_{2t}, x_{3t}]' = [5k, 5k, 4k]'$ 均爲此聯立方程式的非零解向量，即爲矩陣 A 關於特徵值 1 的特徵向量，此時，$X_{t+1} = AX_t = X_t$。因此，如果該公司在第 t 年的車輛依一年型、兩年型及三年型的比例爲 5：5：4，則在第 $t+1$ 年的各類別車輛數仍然與第 t 年的的情形一樣。如果調整的過程都如此，則該公司今後每年的出租汽車陣容就都相同。否則，汽車的陣容就會改變。

例題 1-2

於上例中，假設由於顧客的逐漸增加，以及每單位成本的收入也成某一個固定的相對比率增加，該公司決定除了如上例的調整外，再由所得中提一些出來增添新車，其數量設爲去年中輛總數的 k 倍。於是在第 $t+1$ 的一年型車輛共有

$$\left(\frac{1}{5}x_{2t} + x_{3t}\right) + k(x_{1t} + x_{2t} + x_{3t}) = kx_{1t} + \left(\frac{1}{5} + k\right)x_{2t} + (1+k)x_{3t}$$

而兩年型與三年型出租汽車仍然只有調整之後的數目，試說明該公司對車輛之調整比例如何。

【解】

因此，在第 $t+1$ 年出租汽車的陣容 X_{t+1} 爲

$$X_{t+1}=\begin{bmatrix} k & \frac{1}{k}+k & 1+k \\ 1 & 0 & 0 \\ 0 & \frac{4}{5} & 0 \end{bmatrix} X_t$$

若令 $B=\begin{bmatrix} k & \frac{1}{5}+k & 1+k \\ 1 & 0 & 0 \\ 0 & \frac{4}{5} & 0 \end{bmatrix}$，則 $X_{t+1}=BX_t$。

此例中該公司的出租汽車數每年增加 k 倍，但是否每一類別的汽車比例仍然沒有改變呢？這個問題相當於：是否存在某一實數 λ 及非零實向量 X_t。使得 $BX_t=\lambda X_t$？由特徵方程式

$$\begin{vmatrix} k-\lambda & \frac{1}{5}+k & 1+k \\ 1 & -\lambda & 0 \\ 0 & \frac{4}{5} & -\lambda \end{vmatrix} = -\lambda^3+k\lambda^2+\left(\frac{1}{5}+k\right)+\frac{4}{5}(1+k)=0$$

曉得 $\lambda=(1+k)$ 爲其一根；同時，由聯立方程式

$$\begin{cases} -x_{1t}+\left(\frac{1}{5}+k\right)x_{2t}+(1+k)x_{3t}=0 \\ x_{1t}-(1+k)x_{2t}=0 \\ \frac{4}{5}x_{2t}-(1+k)x_{3t}=0 \end{cases}$$

可知，當 $d\neq 0$ 時，$X_t=[x_{1t}, x_{2t}, x_{3t}]'=[5(1+k)^2 d, 5(1+k)d, 4d]'$ 爲其非零解向量，即均爲矩陣 B 關於特徵 $(1+k)$ 的特

徵向量。因此，如果該公司在第 t 年的出租汽車數依類型的比例為 $5(1+k)^2:5(1+k):4$ ，則在第 $(t+1)$ 年的出租汽車陣容 X_{t+1} 就是第 t 年陣容的 $(1+k)$ 倍。譬如，設 $k=\frac{1}{5}$ ，則該公司於第 t 年的出租汽車依各型分類數量比為 18：15：10 並於第 $(t+1)$ 年的出租汽車依各型分類數量比仍為 18：15：10。倘非此比例，則該公司於第 $(t+1)$ 年出租汽車的陣容就不依 18：15：10 的比例成長了。

例題 1-3

假設有甲、乙、丙三家製造某電視零件的電子公司，其國內市場平均每年的變動情形如下：

1. 甲公司保持去年顧客的 $\frac{1}{2}$，而有 $\frac{1}{2}$ 的顧客轉向乙公司。

2. 乙公司保持去年顧客的 $\frac{1}{2}$，而有 $\frac{1}{4}$ 的顧客轉向甲公司，$\frac{1}{4}$ 的顧客轉向丙公司。

3. 丙公司保持去年顧客的 $\frac{1}{2}$，而有 $\frac{1}{2}$ 的顧客轉向乙公司。

試求 5 年後各公司的市場比例。

【解】

設 a_t, b_t, c_t 分別為甲、乙、丙三家公司在第 t 年所佔有的市場比例，且 $a_t+b_t=1$，記 $V_t=[a_t, b_t, c_t]'$，則下一年這三家公司所佔有的市場比例向量為

$$V_{t+1}=\begin{bmatrix}a_{t+1}\\b_{t+1}\\c_{t+1}\end{bmatrix}=\begin{bmatrix}\frac{1}{2}&\frac{1}{4}&0\\\frac{1}{2}&\frac{1}{2}&\frac{1}{2}\\0&\frac{1}{4}&\frac{1}{2}\end{bmatrix}\begin{bmatrix}a_t\\b_t\\c_t\end{bmatrix}$$

令 $P=\begin{bmatrix}\frac{1}{2}&\frac{1}{4}&0\\\frac{1}{2}&\frac{1}{2}&\frac{1}{2}\\0&\frac{1}{4}&\frac{1}{2}\end{bmatrix}$，則 $V_{t+1}=PV_t$；設 $A=4P$，則

$$A=\begin{bmatrix}2&1&0\\2&2&2\\0&1&2\end{bmatrix}$$

因此，由矩陣 A 的特徵方程式

$$\begin{vmatrix}2-\lambda&1&0\\2&2-\lambda&2\\0&1&2-\lambda\end{vmatrix}=-\lambda(\lambda-2)(\lambda-4)$$

得矩陣 A 的特徵值爲 $\lambda_1=0,\lambda_2=2,\lambda_3=4$；今由 $(AX=\lambda X)$ 式，分別求得矩陣 A 關於特徵值 $\lambda_1,\lambda_2,\lambda_3$ 的特徵向量

$$X_1=\begin{bmatrix}1\\-2\\1\end{bmatrix},X_2=\begin{bmatrix}1\\0\\-1\end{bmatrix},X_3=\begin{bmatrix}1\\2\\1\end{bmatrix}$$

因爲 $P=\frac{1}{4}A$，所以矩陣 P 的特徵值爲 $\frac{1}{4}\lambda_1,\frac{1}{4}\lambda_2,\frac{1}{4}\lambda_3$；即分

別爲 $0, \frac{1}{2}, 1$；而且 X_1, X_2, X_3 仍然分別爲矩陣 P 關於特徵

值 $0, \frac{1}{2}, 1$ 的特徵向量；因此，矩陣 P^t 可以寫成

$$P^t = \begin{bmatrix} 1 & 1 & 1 \\ -2 & 0 & 2 \\ 1 & -1 & 1 \end{bmatrix} \begin{bmatrix} 0 & 0 & 0 \\ 0 & \left(\frac{1}{2}\right)^t & 0 \\ 0 & 0 & 1 \end{bmatrix} \begin{bmatrix} 1 & 1 & 1 \\ -2 & 0 & 2 \\ 1 & -1 & 1 \end{bmatrix}^{-1}$$

如果這三家公司在今年所佔有的市場比例向量

$V_1 = \left[\frac{1}{3}, \frac{1}{3}, \frac{1}{3}\right]'$，則 t 年以後其所佔有的市場比例爲

$$V_{t+1} = PV_t = P^2V_{t-1} = \cdots = P^tV$$

$$= \begin{bmatrix} 1 & 1 & 1 \\ -2 & 0 & 2 \\ 1 & -1 & 1 \end{bmatrix} \begin{bmatrix} 0 & 0 & 0 \\ 0 & \left(\frac{1}{2}\right)^t & 0 \\ 0 & 0 & 1 \end{bmatrix} \begin{bmatrix} 1 & 1 & 1 \\ -2 & 0 & 2 \\ 1 & -1 & 1 \end{bmatrix}^{-1} \begin{bmatrix} \frac{1}{3} \\ \frac{1}{3} \\ \frac{1}{3} \end{bmatrix}$$

譬如五年後，即 $t = 5$，則此三家公司所佔有的市場比例爲

$$V_6 = \begin{bmatrix} 1 & 1 & 1 \\ -2 & 0 & 2 \\ 1 & -1 & 1 \end{bmatrix} \begin{bmatrix} 0 & 0 & 0 \\ 0 & \left(\frac{1}{2}\right)^5 & 0 \\ 0 & 0 & 1 \end{bmatrix} \begin{bmatrix} \frac{1}{4} & -\frac{1}{4} & \frac{1}{4} \\ \frac{1}{2} & 0 & -\frac{1}{2} \\ \frac{1}{4} & \frac{1}{4} & \frac{1}{4} \end{bmatrix} \begin{bmatrix} \frac{1}{3} \\ \frac{1}{3} \\ \frac{1}{3} \end{bmatrix} = \begin{bmatrix} \frac{1}{4} \\ \frac{1}{4} \\ \frac{1}{4} \end{bmatrix}$$

則五年以後，甲公司的市場比例佔 $\frac{1}{4}$，乙公司的市場比例佔

$\frac{1}{2}$，丙公司的市場比例佔 $\frac{1}{4}$。

例題 1-4

假設某銀行每年都以共一百萬元投資甲，乙兩個投資市場，每次投資的期限均為一年。依照該銀行的投資政策，每年投資的變動情形如下：

1. 上年投資甲市場的 90 % 仍再投資甲市場，10 % 轉向投資乙市場。
2. 上年投資乙市場的 99 % 仍再投資乙市場，1 % 轉向投資甲市場。

試求銀行於第 t 年後的投資分配比例為何。

【解】

設 a_t, b_t 分別於第 t 年投資甲、乙兩市場的投資額，記 $V_t = [a_t , b_t]'$，則第 $t+1$ 年投資甲、乙兩市場的投資額分配向量

$$V_{t+1} = \begin{bmatrix} 0.9 & 0.01 \\ 0.1 & 0.99 \end{bmatrix} V_t$$

令 $P = \begin{bmatrix} 0.9 & 0.01 \\ 0.1 & 0.99 \end{bmatrix}$，則 $V_{t+1} = PV_t$，設矩陣 $A = 100\,P$，則

$$A = \begin{bmatrix} 90 & 1 \\ 10 & 99 \end{bmatrix}$$

由其特徵方程式

$$\begin{vmatrix} 90-\lambda & 1 \\ 10 & 99-\lambda \end{vmatrix} = (\lambda - 89)(\lambda - 100) = 0$$

得矩陣 A 的特徵值 $\lambda_1 = 89 , \lambda_2 = 100$；由聯立方程式

$$AX_1 = \lambda_1 X_1 \text{ 與 } AX_2 = \lambda_2 X_2$$

分別求得矩陣 A 關於 λ_1 與 λ_2 的特徵向量

$$X_1 = \begin{bmatrix} 1 \\ -1 \end{bmatrix} \text{ 與 } X_2 = \begin{bmatrix} 1 \\ 10 \end{bmatrix}$$

由於 $A = 100\,P$，因此知矩陣 P 的特徵值為 0.89 及 1，且 X_1 , X_2 仍分別為矩陣 P 關於特徵值 0.89 與 1 的特徵向量。於是，矩陣 P^t 可以寫成：

$$\begin{aligned} P^t &= \begin{bmatrix} 1 & 1 \\ -1 & 10 \end{bmatrix} \begin{bmatrix} (0.89)^t & 0 \\ 0 & 1 \end{bmatrix} \begin{bmatrix} 1 & 1 \\ -1 & 10 \end{bmatrix}^{-1} \\ &= \begin{bmatrix} \dfrac{1+10(0.89)^t}{11} & \dfrac{1-(0.89)^t}{11} \\ \dfrac{10-10(0.89)^t}{11} & \dfrac{10-(0.89)^t}{11} \end{bmatrix} \end{aligned}$$

如果該銀行今年的投資額分配向量 $V_1 = [\,5\,,5\,]'$ (單位：十萬)，則 t 年以後的投資額分配向量

$$V_{t+1} = P^t V_1 = \begin{bmatrix} \dfrac{10+45\,(0.89)^t}{11} \\ \dfrac{100-45\,(0.89)^t}{11} \end{bmatrix}$$

例題 1-5

考慮購買某項債券的問題。設

x_{1t} = 在第 t 年年終結算時，購買此項債券已超過 $i-1$ 但未超過 i 年的筆數。

p_1 = 每筆購買已超過 $i-1$ 年但未超過 i 年的債券，於一年之內還會保留的機率。

f_1 = 每筆購買已超過 $i-1$ 年但未超過 i 年的債券所有者於隔年會另外再購買此項債券的平均筆數。

n = 購買此項債券最大可能保留的年限。其中 $i=1,2,\cdots,n;t=1,2,3,\cdots$；又設

$x_{0,t}$ = 於第七年年終估計隔年會買此項債券的新客戶購買筆數。爲了簡單起見，假設每次估計隔年會買此項債券的新客戶購買筆數均爲前次估計的 k 倍，即 $x_{0,t+1}=kx_{0,t}$；又

$$
\begin{aligned}
x_{1,t+1} &= x_{0,t}+f_1x_{1,t}+f_2x_{2,t}+\cdots+f_nx_{n,t} \\
x_{2,t+1} &= p_1x_{1,t} \\
x_{3,t+1} &= p_2x_{2,t} \\
&\vdots \\
x_{n,t+1} &= p_{n-1}x_{n-1,t}
\end{aligned}
$$

試對此問題進行分析。

【解】

以上情形可用矩陣表示爲

$$
\begin{bmatrix} x_{0,t+1} \\ x_{1,t+1} \\ x_{2,t+1} \\ \vdots \\ x_{n,t+1} \end{bmatrix}
=
\begin{bmatrix} k & 0 & 0 & \cdots & 0 & 0 \\ 1 & f_1 & f_2 & \cdots & f_{n-1} & f_n \\ 0 & p_1 & 0 & \cdots & 0 & 0 \\ 0 & 0 & p_2 & \cdots & 0 & 0 \\ \cdots & \cdots & \cdots & \cdots & \cdots & \cdots \\ 0 & 0 & 0 & \cdots & p_{n-1} & 0 \end{bmatrix}
\begin{bmatrix} x_{0,t} \\ x_{1,t} \\ x_{2,t} \\ \vdots \\ x_{n,t} \end{bmatrix}
$$

設 $X_{t+1}=\begin{bmatrix} x_{0,t+1} \\ x_{1,t+1} \\ x_{2,t+1} \\ \vdots \\ x_{n,t+1} \end{bmatrix}$，$A=\begin{bmatrix} k & 0 & 0 & \cdots & 0 & 0 \\ 1 & f_1 & f_2 & \cdots & f_{n-1} & f_n \\ 0 & p_1 & 0 & \cdots & 0 & 0 \\ 0 & 0 & p_2 & \cdots & 0 & 0 \\ \cdots & \cdots & \cdots & \cdots & \cdots & \cdots \\ 0 & 0 & 0 & \cdots & p_{n-1} & 0 \end{bmatrix}$，

$$X_t=\begin{bmatrix} x_{0,t} \\ x_{1,t} \\ x_{2,t} \\ \vdots \\ x_{n,t} \end{bmatrix}，A=\begin{vmatrix} k & 0 & 0 & \cdots & 0 & 0 \\ 1 & f_1 & f_2 & \cdots & f_{n-1} & f_n \\ 0 & p_1 & 0 & \cdots & 0 & 0 \\ 0 & 0 & p_2 & \cdots & 0 & 0 \\ \cdots & \cdots & \cdots & \cdots & \cdots & \cdots \\ 0 & 0 & 0 & \cdots & p_{n-1} & 0 \end{vmatrix}，X_t=\begin{bmatrix} x_{0,t} \\ x_{1,t} \\ x_{2,t} \\ \vdots \\ x_{n,t} \end{bmatrix}$$

則 $X_{t+1}=AX_t$。由矩陣 A 的第一列可以曉得 k 爲其特徵值，假定我們希望在第 $t+1$ 年年終結算時發現各種不同年限的債券筆數均爲第 t 年年終結算時的 k 倍，只要找出矩陣 A 關於特徵值 k 的特徵向量 X_t 即可。這個問題即在探討債券的發行是否均勻。

例題 1-6

如上例之假設，考慮有一種債券每年定期檢查發行的情形。爲了方便起見，假設購買此種債券最大可能保留年限爲 3 年，而且由過去的資料顯示，平均每筆購買未超過一年的債券於一年內會保留的機率爲 $\frac{5}{8}$；超過一年但未超過兩年者於一年內會保留的機率爲 $\frac{1}{2}$；每年購買此項債券的新客戶平均爲前一年的 $\frac{5}{4}$ 倍；同時，由過去的資料還估計得 $f_1=\frac{1}{8}, f_2=\frac{1}{4}, f_3=\frac{1}{4}$。則由

上例的記號，$p_1=\frac{5}{8}, p_2=\frac{1}{2}, n=3, k=\frac{5}{4}$。假設於去年的檢查結果發現有 1000 筆爲新客戶所購買，即 $x_{0,1}=1000$；而其他三種年限的筆數分別爲 $x_{1,1}=920, x_{2,1}=720, x_{3,1}=560$；則今年的情形估計爲

$$X_2=\begin{bmatrix}\frac{5}{4} & 0 & 0 & 0\\ 1 & \frac{1}{8} & \frac{1}{4} & \frac{1}{4}\\ 0 & \frac{5}{8} & 0 & 0\\ 0 & 0 & \frac{1}{2} & 0\end{bmatrix}\begin{bmatrix}1000\\920\\720\\560\end{bmatrix}=\begin{bmatrix}1250\\1435\\575\\360\end{bmatrix}$$

試估計 t 年後債券發行情形。

【解】

設 $A=\begin{bmatrix}\frac{5}{4} & 0 & 0 & 0\\ 1 & \frac{1}{8} & \frac{1}{4} & \frac{1}{4}\\ 0 & \frac{5}{8} & 0 & 0\\ 0 & 0 & \frac{1}{2} & 0\end{bmatrix}$，知 $\frac{5}{4}$ 爲矩陣 A 的特徵值。

由方程式 $(A-\frac{5}{4}I)X_1=0$，可得 $X_1=[38d, 40d, 20d, 8d]'$，$d\neq 0$ 爲其非零解向量。因此，如果今年發行的情形爲向量 $X_1=[38d, 40d, 20d, 8d]'$ 的形式，則以後每年發行的情形均爲前一年的 $\frac{5}{4}$ 倍；t 年以後，則爲

$$X_{t+1}=A^tX_1=\left(\frac{5}{4}\right)^t[38d, 40d, 20d, 8d]'$$

例題 1-7

假前有一個長期投資機會，利潤的結算每三年一期，但第一期不計利潤，以後每期的利潤與前一期的投資額相同。現有一個團體決定作如此的投資，投資額爲一百萬元，每次所得的利潤與投資額繼續再投資下去，求此投資團體在第 n 期的投資額變成多少。

【解】

設 x_n 爲第 n 期的投資額，則

$$x_n = x_{n-1} + x_{n-2}, n = 3, 4, \cdots,$$

令 $x_1 = 1, x_2 = 1$，則 $x_3 = 2, x_4 = 3, x_5 = 5, \cdots$。依類推；其中 x_1 即爲第一期投資的一百萬元，設 $y_t = x_{t-1}$，$t = 2, 3, \cdots$，此 y_t 即爲第 $t-1$ 期的投資額，亦即第 t 期結算的利潤。由此可得方程式

$$\begin{cases} x_n = x_{n-1} + y_{n-1} \\ y_n = x_{n-1} \end{cases}$$

以矩陣表示則爲

$$\begin{bmatrix} x_n \\ y_n \end{bmatrix} = \begin{bmatrix} 1 & 1 \\ 1 & 0 \end{bmatrix} \begin{bmatrix} x_{n-1} \\ y_{n-1} \end{bmatrix}$$

設 $A = \begin{bmatrix} 1 & 1 \\ 1 & 0 \end{bmatrix}, X_t = \begin{bmatrix} x_t \\ y_t \end{bmatrix}$，$t = 2, 3, \cdots$，因此，上式可以寫成

$$X_n = AX_{n-1}，n = 3, 4, \cdots$$

如果 $n=3$，則 $X_3 = AX_2 = A\begin{bmatrix}1\\1\end{bmatrix}$；

如果 $n=4$，則 $X_4 = AX_3 = A^2\begin{bmatrix}1\\1\end{bmatrix}$

因此，

$$X_n = A^{n-2}X_2 = A^{n-2}\begin{bmatrix}1\\1\end{bmatrix}$$

由上式可知，欲知第 n 期的投資額與此期結算時的利潤，只需計算矩陣 A^{n-2} 即可得到。由矩陣 A 的特徵方程式

$$\begin{vmatrix}1-\lambda & 1\\ 1 & -\lambda\end{vmatrix} = \lambda^2 - \lambda - 1 = 0$$

得特徵值 $\lambda_1 = \frac{1}{2}(1+\sqrt{5})$ 與 $\lambda_2 = \frac{1}{2}(1-\sqrt{5})$。由 Cayley-Hamilton 定理可導出

$$A^k = \frac{\lambda_2\lambda_1^k - \lambda_1\lambda_2^k}{\lambda_2 - \lambda_1} I_2 + \frac{\lambda_2^k - \lambda_1^k}{\lambda_2 - \lambda_1} A$$

因此，

$$X_n = \begin{bmatrix}x_n\\ y_n\end{bmatrix} = \begin{bmatrix}\frac{1}{\sqrt{5}}\left\{\left(\frac{1+\sqrt{5}}{2}\right)^n - \left(\frac{1-\sqrt{5}}{2}\right)^n\right\}\\ \frac{1}{\sqrt{5}}\left\{\left(\frac{1+\sqrt{5}}{2}\right)^{n-1} - \left(\frac{1-\sqrt{5}}{2}\right)^{n-1}\right\}\end{bmatrix}$$

故

$$X_n = \frac{1}{\sqrt{5}}\frac{1}{\sqrt{5}}\left\{\left(\frac{1+\sqrt{5}}{2}\right)^n - \left(\frac{1-\sqrt{5}}{2}\right)^n\right\}$$

即此投資團體的投資政策在第 n 期的投資額就由原投資額一百萬元增加爲

$$\frac{1}{\sqrt{5}}\left\{\left(\frac{1+\sqrt{5}}{2}\right)^n - \left(\frac{1-\sqrt{5}}{2}\right)^n\right\} \text{ 百萬元。}$$

第 1 章 習題

1.1 如例題 1-5 的債券問題，設矩陣

$$A=\begin{bmatrix}\frac{5}{4} & 0 & 0 & 0\\ 1 & \frac{1}{8} & \frac{1}{4} & \frac{1}{8}\\ 0 & \frac{5}{8} & 0 & 0\\ 0 & 0 & \frac{1}{5} & 0\end{bmatrix}$$

1. 求 A 的特徵值與特徵向量。

2. 由今年檢查發行的情形，知

$X_1=[2000,1840,1440,1120]^T$ 試預測明年檢查的結果。

3. 今年檢查的發行情形，向量 X_1 要如何才可使以後每年均以固定倍數成長？此倍數爲多少？

4. 若 X_1 如 **2.**所列，試預測三年以後的發行情形？

1.2 設 A 爲 2 階方陣且其特徵值爲相異二數 λ_1 與 λ_2。試由 Cayley Hamilton 定理證明：對任意正整數 k，均有

$$A^k=\frac{\lambda_2\lambda_1^k-\lambda_1\lambda_2^k}{\lambda_2-\lambda_1}I_2+\frac{\lambda_2^k-\lambda_1^k}{\lambda_2-\lambda_1}\cdot A$$

1.3 於例題 1-7 中，若改變利潤的計算額爲前一期投資額的半數，則此投資團體於第 n 期投資的投資額爲多少？

1.4 於例題 1-7 中，若前兩期不計利潤，則此投資團體於第 n 期投資額爲多少？

馬可夫鏈的問題

在這一節裡我們將討論矩陣理論對於馬可夫鏈 (Markov Chain) 的應用。此類問題在前面我們曾經提過，它是一種特殊型態的機率問題，可以推測未來的結果，而且也是一種特殊的差分方程問題，在商業與經濟的決策抉擇問題上有很大的用處。就如保險公司為了汽車駕駛人投保的問題，必須要了解一般汽車駕駛人肇禍的傾向，以及未來的保險歲月中可能肇禍的次數，作為制定保險費的參考；其中投保人可分成幾類，每一類的投保人在每一年期間可能會轉移到另一類，轉移的機率不但保持不變，而且僅與目前所屬的類別有關，這就是馬可夫鏈的性質。通常在這一種問題中，稱以上所謂的“類”為“情況” (state)，而且轉移的機率以矩陣表示，稱為機率矩陣或隨機矩陣 (stochastic matrix) 或遞移矩陣 (transition matrix)。因此，對於馬可夫鏈的問題，將第 2 篇提及之定義以及定理再予以列出，雖然有些重覆，但可以加深學習印象。

定義2-1

設某系統所可能處的情況共有 n 種，則具有下列三種性質的一連串試驗過程稱爲馬可夫鏈：

1. 於任何時刻，該系統必處於此 n 種情況的一種。
2. 每次試驗，該系統可能由目前所處的情況轉移至另一情況，也可能不改變其所處的情況。
3. 每次試驗中，該系統由第 i 種情況轉移至第 j 種情況的機率只與這兩個情況有關且爲固定常數。記此機率爲 p_{ij}。

我們可以將定義 2-1 中所提的轉移機率以矩陣表示爲 $P=[p_{ij}]_{n\times n}$，即

$$P=\begin{bmatrix} p_{11} & p_{13} & \cdots & p_{1n} \\ p_{21} & p_{22} & \cdots & p_{2n} \\ \cdots & \cdots & \cdots & \cdots \\ p_{n1} & p_{n2} & \cdots & p_{nn} \end{bmatrix}$$

由定義可知：(1) 對所有 $i=1,2,\cdots,n$；$j=1,2,\cdots,n$；$p_{ij}\geq 0$，且 (2) 每一列的和 $\sum_{j=1}^{n} p_{ij}=1$，其中 $i=1,2,\cdots,n$；所以稱此矩陣爲機率矩陣或隨機矩陣；又其中每一元素 p_{ij} 均爲轉移機率，也稱之爲遞移矩陣。

例題2-1

像下列的矩陣

$$P=\begin{bmatrix} 0.80 & 0.15 & 0.05 \\ 0 & 0.70 & 0.30 \\ 0 & 0 & 1.00 \end{bmatrix}$$

即爲遞移矩陣。

例題2-2

設有甲、乙、丙三家公司決定每年在同一時間內各自推出一種新式樣的家庭用品，在這個時間內三家公司各自擁有 $\frac{1}{3}$ 的市場；一年之中，市場的情況有了下列的轉變：

1. 甲公司保持 40 % 的顧客，而有 30 % 轉向乙公司，30 % 轉向丙公司。

2. 乙公司保持 30 % 的顧客，而有 60 % 轉向甲公司，30 % 轉向丙公司。

3. 丙公司保持 30 % 的顧客，而有 60 % 轉向甲公司，30 % 轉向乙公司。

假設此種轉變繼續下去。則此系統的遞移矩陣即爲

$$P=\begin{bmatrix} 0.4 & 0.3 & 0.3 \\ 0.6 & 0.3 & 0.1 \\ 0.6 & 0.1 & 0.3 \end{bmatrix}$$

由定義 1-1 所述，該系統於任一時刻必處於 n 種情況中的一種；爲了方便起見，我們分別以 $s_1, s_2, \cdots, s_n$ 代表此 n 種情況，則該系統於任一時刻均有可能屬於 $s_1, s_2, \cdots,$ 或 s_n；假設其機率分別爲 $a_1, a_2, \cdots, a_n$，且以列向量表示這些機率爲 $V=[a_1, a_2, \cdots, a_n]$；由於 $a_j \geq 0$，$i=1,2,\cdots,n$；且 $\sum_{i=1}^{n} a_i = 1$，所以稱此種向量爲機率向量。由定義 1-1 的第二個性質，可以視“每次試驗”爲“每一時期”或“每一階段”。因此設 $V_k=[a_{k1}, a_{k2}, \cdots, a_{kn}]$爲第 k 個時期開始時該系統可能處於各情況的機率分配。當 $k=1$ 時，V_1 即表示第一個時期剛開始時，該系統可能處於各情況的機率分配。當 $k=1,2,\cdots,n$，時由機率理論可以很簡單地得到

定理2-1

設 P 爲某一馬可夫鏈的遞移矩陣，則 $V_{k+1}=V_1P^k$。

例題2-3

由例題 2-2 的假設知，$V_1=\left[\frac{1}{3}, \frac{1}{3}, \frac{1}{3}\right]$，且遞移矩陣爲

$$P=\begin{bmatrix} 0.4 & 0.3 & 0.3 \\ 0.6 & 0.3 & 0.1 \\ 0.6 & 0.1 & 0.3 \end{bmatrix}$$

則兩年後，各公司的市場比率可以由 $V_3=V_1P^2$ 得知，即

$$V_3 = V_1P^2 = \left[\frac{1}{3}, \frac{1}{3}, \frac{1}{3}\right]\begin{bmatrix} 0.4 & 0.3 & 0.3 \\ 0.6 & 0.3 & 0.1 \\ 0.6 & 0.1 & 0.3 \end{bmatrix}$$

$$= \left[\frac{1}{3}, \frac{1}{3}, \frac{1}{3}\right]\begin{bmatrix} 0.52 & 0.24 & 0.24 \\ 0.48 & 0.28 & 0.24 \\ 0.48 & 0.24 & 0.28 \end{bmatrix}$$

$$= \left[\frac{37}{75}, \frac{19}{75}, \frac{19}{75}\right]$$

即兩年後，甲公司擁有 $\frac{37}{75}$ 的市場，甲乙兩公司與丙公司均各自擁有 $\frac{19}{75}$ 的市場。

由定理 2-1 的結論，我們可以再考慮另一種形式的轉移機率。設該系統於某一時期開始時所處的情況爲 s_i，經過 k 次轉移之後，其所處的情況爲 s_j 的機率爲 $p_{ij}^{(k)}$，則稱其矩陣表示

$$P^{(k)} = \begin{bmatrix} p_{11}^{(k)} & p_{12}^{(k)} & \cdots & p_{1n}^{(k)} \\ p_{21}^{(k)} & p_{22}^{(k)} & \cdots & p_{2n}^{(k)} \\ \cdots & \cdots & \cdots & \cdots \\ p_{n1}^{(k)} & p_{n2}^{(k)} & \cdots & p_{nn}^{(k)} \end{bmatrix}$$

爲 k-步遞移矩陣 (k-step transition matrix)。由機率理論可以簡單地得到以下定理。

定理2-2

設 P 爲某馬可夫鏈的遞移矩陣，則其 k-步遞移矩陣爲矩陣 P 的 k 次冪；即 $P^{(k)} = P^k$ 。

例題2-4

設遞移矩陣如例題 2-2，即

$$P=\begin{bmatrix}0.4 & 0.3 & 0.3\\ 0.6 & 0.3 & 0.1\\ 0.6 & 0.1 & 0.3\end{bmatrix}$$

則於例題 2-3 中知，2-步遞移矩陣為

$$P^{(2)}=P^2=\begin{bmatrix}0.52 & 0.24 & 0.24\\ 0.48 & 0.28 & 0.24\\ 0.48 & 0.24 & 0.28\end{bmatrix}$$

由此矩陣可以得知，任選一個甲公司的顧客，兩年之後仍為甲公司顧客的可能性只有 52 %；轉為乙公司的可能性只有 24 %；轉為丙公司的可能性也只有 24 %。依此類推。

例題2-5

今有三類司機投保人，設其遞移矩陣如下，即

$$P=\begin{bmatrix}0.80 & 0.15 & 0.05\\ 0 & 0.70 & 0.30\\ 0 & 0 & 0.00\end{bmatrix}$$

即其 2-步遞移矩陣

$$P^{(2)}=P^2=\begin{bmatrix}0.640 & 0.225 & 0.135\\ 0 & 0.490 & 0.510\\ 0 & 0 & 1\end{bmatrix}$$

由此矩陣可知：任何屬於第一類司機的投保人於兩年後仍為第一類司機的機率為 0.640，轉為第二類的機率為 0.135。依此類推。

於例題 2-4 所用的遞移矩陣可以曉得，該馬可夫鏈的任何兩個情況之間均可互相轉移；但例題 2-5 所描述的馬可夫鏈則否。

定義2-2

設矩陣 P 為某馬可夫鏈的遞移矩陣，若存在正整數 m，使得矩陣 P^m 的任何元素均為正數，則稱 P 為正規遞移矩陣 (Regular transition matrix)。

例題2-6

設遞移矩陣如例題 2-2，即

$$P = \begin{bmatrix} 0.4 & 0.3 & 0.3 \\ 0.6 & 0.3 & 0.1 \\ 0.6 & 0.1 & 0.3 \end{bmatrix}$$

則 P 為正規遞移矩陣

例題2-7

設遞移矩陣如例題 2-5，即

$$P = \begin{bmatrix} 0.80 & 0.1 & 0.05 \\ 0 & 0.7 & 0.30 \\ 0 & 0 & 1.00 \end{bmatrix}$$

其中第三類司機 (即情況 s_3) 永遠不可能轉移至第一類 (即情況 s_1) 與第二類 (即情況 s_2)；因此，不可能存在某一正整數 m，使得 P^m 的元素均為正數，故 P 不為正規遞移矩陣。

例題2-8

設遞移矩陣

$$P=\begin{bmatrix}0 & 1\\ \frac{1}{4} & \frac{3}{4}\end{bmatrix}$$

則 $P^2=\begin{bmatrix}0 & 1\\ \frac{1}{4} & \frac{3}{4}\end{bmatrix}\begin{bmatrix}0 & 1\\ \frac{1}{4} & \frac{3}{4}\end{bmatrix}=\begin{bmatrix}\frac{1}{4} & \frac{3}{4}\\ \frac{3}{16} & \frac{13}{16}\end{bmatrix}$

雖然遞移矩陣 P 中，情況 s_1 不會在下一個時期轉移至本身，但於再下一個時期會轉移回本身的機率為 $\frac{1}{4}$，其他元素也均為正的，故 P 為一個正規遞移矩陣。

馬可夫鏈在商業上與經濟上主要是應用於預測某商業系統或經濟系統在未來某一時期所處各情況的可能性；藉此，我們可以觀察此系統的長期趨向。如果此系統經過一段充分長時期的轉移之後，其所處各情況的機率向量均為固定向量 V，且此向量與第一個時期的機率向量 V_1 無關的話，就稱此固定向量為此系統的穩定情況向量(Steady state vector)。假設此系統的遞移矩陣為 P；那麼以上的定義即有下列性質：

1. $\lim\limits_{n\to\infty}V_n=V$ (註：$\lim\limits_{x\to x_0}[a_{ij}(x)]_{m\times n}=[\lim\limits_{x\to x_0}a_{ij}(x)]_{m\times n}$)

2. 對任何機率向量 X，$\lim\limits_{n\to\infty}XP^n=V$

3. $V=VP$

由以上性質 ***3.***得，$V'=P'V'$；此向量 V' 即為矩陣 P' 關於特徵值 1 的特徵向量。由於 V 是列向量且為一個機率向量，以後就稱它為矩

陣 P 關於特徵值 1 的特徵機率列向量。一般而論，滿足 $V = VP$ 的向量 V 不一定是穩定情況向量，況且穩定情況向量不一定存在，但是倘若穩定情況向量存在，那麼它一定是遞移矩陣 P 關於特徵值 1 的機率列向量。

例題2-9

假設有一個推銷員，依照他以前推銷某產品的經驗，如果今天推銷一些出去了，那麼明天一定推銷不出去；反之，則明天一定可以推銷一些出去。這個推銷系統的情況有兩個，一個是“推銷一些出去”，另一個是“推銷不出去”；其遞移矩陣爲

$$P = \begin{bmatrix} 0 & 1 \\ 1 & 0 \end{bmatrix}$$

試對此問題進行探討。

【解】

則其 n-步遞移矩陣爲如下的情形：

1. 如果 n 爲偶數，則 $P^n = I_2$

2. 如果 n 爲奇數，則 $P^n = P$

因此，倘使這位推銷員肯定今天可以推銷一些出去，即 $V_1 = [1, 0]$，則其未來的情形爲

1. 如果 n 爲偶數，則 $V_n = [0, 1]$

2. 如果 n 爲奇數，則 $V_n = [1, 0]$

由此可知，無論 n 爲如何之大，機率向量 V_n 恒不可能爲某一固定向量。但是，如果此推銷員不曉得今天是否可以推銷一些

出去，其可能性各佔一半，即 $V_1=\left[\frac{1}{2},\frac{1}{2}\right]$；那麼，無論 n 爲何數，$V_n=\left[\frac{1}{2},\frac{1}{2}\right]$ 恒成立，即機率向量 V_n 恒爲固定向量，但它並不是穩定情況向量。事實上，此系統沒有穩定情況向量。

例題2-10

設遞移矩陣如例題 2-4，即

$$P=\begin{bmatrix}0.9 & 0.1\\ 0.01 & 0.99\end{bmatrix}$$

試對此問題進行探討。

【解】

則其 n-步遞移矩陣

$$P^n=\begin{bmatrix}\frac{1+10(0.89)^n}{11} & \frac{10-10(0.89)^n}{11}\\ \frac{1-(0.89)^n}{11} & \frac{10-(0.89)^n}{11}\end{bmatrix}$$

因此，$\lim\limits_{n\to\infty}P^n=\begin{bmatrix}\frac{1}{11} & \frac{10}{11}\\ \frac{1}{11} & \frac{10}{11}\end{bmatrix}$

現在我們來求矩陣 P 關於特徵值 1 的特徵機率列向量，設爲 $V=[v_1,v_2]$，則由方程組 $V=VP$，得聯立方程式：

$$\begin{cases}0.9v_1+0.01v_2=v_1\\ 0.1v_1+0.99v_2=v_2\end{cases}$$

且 $v_1 + v_2 = 1$

得 $v_1 = \frac{1}{11}, v_2 = \frac{10}{11}$ ，即 $V = \left[\frac{1}{11}, \frac{10}{11}\right]$ 。因此得知， $\lim_{n\to\infty} P^n$ 的每一列均為向量 V。設 $X = [x_1, x_2]$ 為任一機率列向量，則

$$\lim_{n\to\infty} XP^n = \lim_{n\to\infty}\left[\frac{1+10(0.89)^n}{11}x_1 + \frac{1-(0.89)^n}{11}x_2 + \frac{10-10(0.89)^n}{11}x_1 + \frac{10+(0.89)^n}{11}x_2\right]$$

$$= \left[\frac{1}{11}(x_1+x_2), \frac{10}{11}(x_1+x_2)\right]$$

$$= \left[\frac{1}{11}, \frac{10}{11}\right]$$

$$= V$$

關於遞移矩陣的特徵值與特徵向量有如下的兩個定理：

定理2-3

設 $P = [p_{ij}]_{n\times m}$ 為一個遞移矩陣，則

1. 1 恒為矩陣 P 的特徵值，

2. 若 λ 為矩陣 P 的任一特徵值，則 $|\lambda| \le 1$，

3. 若 P 為正規遞移矩陣，且 λ 為 P 的特徵值，則 $\lambda = 1$ 或 $|\lambda| < 1$。

定理2-4

設 P 爲一個正規遞移矩陣，則

1. P 關於特徵值 1 的特徵機率列向量 V 唯一存在，且 V 的各元素均是正數。此向量即爲穩定情況向量，

2. $\lim_{n\to\infty} P^n = S$ ；其中矩陣 S 的每一列均爲穩定情況向量，

3. 若 X 爲任一機率向量，則 $\lim_{n\to\infty} XP^n = V$ 。

由定理 2-3，任何遞移矩陣必有特徵值 1，因此，無論所說的遞移矩陣是什麼樣的形式，只要第一時期的機率向量 V_1 爲其關於特徵值 1 的特徵機率列向量，那麼，無論經過多少次的轉移，所得的機率向量仍然不變；於例題 2-9 的機率向量 $V_1 = \left[\frac{1}{2}, \frac{1}{2}\right]$ 即爲遞移矩陣 P 關於特徵值 1 的特徵向量，但此系統的穩定情況向量並不存在；這也就是我們定義穩定情況向量要加上“與第一時期的機率向量 V_1 無關”的理由。接著我們再舉例說明定理 2-4。

例題2-11

如例題 2-2 的假設，其遞移矩陣

$$P = \begin{bmatrix} 0.4 & 0.3 & 0.3 \\ 0.6 & 0.3 & 0.1 \\ 0.6 & 0.1 & 0.3 \end{bmatrix}$$

試對此問題進行探討。

【解】

P 爲正規遞移矩陣；因此，由定理 2-3，我們可以直接求出長

時期以後各公司分別擁有市場的比率。此比率即爲此系統的穩定情況向量，亦即矩陣 P 關於特徵值 1 的特徵機率列向量。設其爲 $V=[v_1, v_2, v_3]$，由方程組 $VP=V$

得

$$\begin{cases} 0.4v_1+0.6v_2+0.6v_3=v_1 \\ 0.4v_1+0.3v_2+0.1v_3=v_2 \\ 0.4v_1+0.1v_2+0.3v_3=v_3 \end{cases}$$

且 $v_1+v_2+v_3=1$

此聯立方程式的唯一解爲 $v_1=\dfrac{1}{2}, v_2=\dfrac{1}{4}, v_3=\dfrac{1}{4}$；因此，經過長時期之後，此三家公司擁有市場的比率向量 $V=\left[\dfrac{1}{2}, \dfrac{1}{4}, \dfrac{1}{4}\right]$，即甲公司將會擁有 50 % 的市場，其餘兩家公司將各擁有 25 % 的市場。

最後，我們來考慮情況轉移可能產生的代價。譬如某位計程車司機固定於臺北與基隆兩地載客往來，如果他在基隆，則下次叫車的乘客可能要到臺北，也可能要到基隆市內某地，如果在臺北，也是一樣的情形。依照往例，平均每趟基隆與臺北之往來所得的車資爲 100 元，但在同地區內行駛每趟平均所得車資 20 元。這些車資就是情況轉移所產生的代價。假如 r_{ij} 爲在一個時期內由第 i 個情況轉移至第 j 個情況所產生的代價，它可能是利潤，也可能是成本。譬如載客的計程車所得的代價只計其利潤，但空車來回的代價即爲消耗油資的成本。因此，r_{ij} 可能爲正，也可能爲負。倘使現在有 n 個情況，則設在一時期內轉移情況所可能產生的代價以矩陣表示爲

$$R=\begin{bmatrix} r_{11} & r_{12} & \cdots & r_{1n} \\ r_{21} & r_{22} & \cdots & r_{2n} \\ \cdots & \cdots & \cdots & \cdots \\ r_{n1} & r_{n2} & \cdots & r_{nn} \end{bmatrix}$$

我們可以藉著馬可夫鏈的性質，利用矩陣理論來研究 m 次轉移可能產生的期望總代價。設 $t_i(m)$ 表示由第 i 個情況開始轉移 m 次之次期望所得的總代價，則 $t(m)=[t_1(m), t_2(m), \cdots, t_m(m)]^T$ 表示由 n 個情況開始轉移 m 次期望所得總代價的向量；由機率論中期望值的意義，設 $P=[p_{ij}]_{n\times n}$ 爲遞移矩陣，則得

$$\begin{aligned} t_i(m) &= \sum_{j=1}^{n} p_{ij}[r_{ij}+t_j(m-1)] \\ &= \sum_{j=1}^{n} p_{ij}r_{ij} + \sum_{j=1}^{n} p_{ij}t_j(m-1) \end{aligned}$$

其中 $\sum_{j=1}^{n} p_{ij}r_{ij}$ 表示由第 i 個情況轉移至下一個情況所可能產生的期望代價。因此，由 $t_i(k)$ 的定義，得

$$t_i(m)=t_i(1)+\sum_{j=1}^{n} p_{ij}t_{ij}(m-1) \quad i=1, 2, 3, \cdots, n$$

因此，由上式可得向量表示爲

$$t(m)=t(1)+P\cdot t(m-1)$$

又由 $t_i(1)$ 的定義，向量 $t(1)=[t_1(1), t_2(1), \cdots, t_n(1)]'$ 中的每一個元素恰好依序爲矩陣 PR' 的主對角線的每一元素。

假如遞移矩陣 P 爲正規矩陣，則由定理 2-4 穩定情況向量 $V=[v_1, v_2, \cdots, V_n]$ 存在；因此，長時期的穩定情況的期望代價爲

$$E=\sum_{i=1}^{n} v_i t_i(1)=V\cdot t(1)$$

例題2-12

於例題 2-11 所舉的比喻中，依照往例載客的經驗，如果此計程車在基隆行駛，每次載客到臺北的機率爲 0.6，到基隆市內的機率 0.4；如果此計程車在臺北行駛，則行次載客到基隆的機率爲 0.3，到臺北市內的機率 0.7；則此系統的遞移矩陣與代價矩陣分別爲

$$P=\begin{bmatrix} 0.4 & 0.6 \\ 0.3 & 0.7 \end{bmatrix},\ R=\begin{bmatrix} 20 & 100 \\ 100 & 20 \end{bmatrix}$$

試求每趟的期望車資是多少？

【解】

$$PR'=\begin{bmatrix} 0.4 & 0.6 \\ 0.3 & 0.7 \end{bmatrix}\begin{bmatrix} 20 & 100 \\ 100 & 20 \end{bmatrix}=\begin{bmatrix} 68 & 52 \\ 78 & 44 \end{bmatrix}$$

因此，$t(1)=\begin{bmatrix} 68 \\ 44 \end{bmatrix}$

此即表示計程車如在基隆，則下一趟載客所得的車資期望數爲 68 元；如在台北，則下一趟載客所得車資期望數爲 44 元。同時，

$$t(2)=t(1)+Pt(1)$$
$$=\begin{bmatrix}68\\44\end{bmatrix}+\begin{bmatrix}0.4 & 0.6\\0.3 & 0.7\end{bmatrix}\begin{bmatrix}68\\44\end{bmatrix}=\begin{bmatrix}121.6\\95.2\end{bmatrix}$$

此即表示計程車如在基隆，則對二趟所得車資的期望數爲 121.6 元；如在台北，則下兩趟所得車資期望數爲 95.2 元。

由於 P 爲正規遞移矩陣由定理 2-4 知道穩定情況向量 $V=[v_1, v_2]$ 存在，因此解

$$[v_1, v_2]\begin{bmatrix}0.4 & 0.6\\0.3 & 0.7\end{bmatrix}=[v_1, v_2]$$

得 $V=\left[\dfrac{1}{3},\dfrac{2}{3}\right]$。所以，以後每趟的穩定情況的期望車資爲

$$E=\left[\frac{1}{3},\frac{2}{3}\right]\begin{bmatrix}68\\44\end{bmatrix}=52$$

此即表示該計程車於基隆與台北的行車很多趟之後，無論剛開始行車是在基隆或台北，每趟的期望車資所得爲 52 元。

第 2 章 習題

2.1 下列向量中，何者爲機率向量？

1. $[1/3, 1/2, 5/6, -2/3]$

2. $[-1, 0, 2]$

3. $[1/3, 1/6, 1/12, 5/12]$

4. $[1/2, 0, 1/2]$

2.2 下列矩陣中，何者爲正規遞移矩陣？

1. $\begin{bmatrix} 0 & 1 & 0 \\ 1/2 & 0 & 1/2 \\ 0 & 1 & 0 \end{bmatrix}$

2. $\begin{bmatrix} 0 & 0 & 1 \\ 0 & 1/2 & 1/2 \\ 1 & 0 & 0 \end{bmatrix}$

3. $\begin{bmatrix} 1/2 & 1/3 & 1/6 \\ 1/10 & 1/2 & 1/5 \\ 1/3 & 1/3 & 1/3 \end{bmatrix}$

4. $\begin{bmatrix} 0 & 1/2 & 1/2 \\ 1/4 & 1/2 & 1/4 \\ 1/3 & 1/3 & 1/3 \end{bmatrix}$

2.3 試求上題的正規遞移矩陣所決定的穩定情況向量。

2.4 假設市場上所銷售的日光燈有甲、乙、丙三種不同牌型，於一次市場調查中發現，每次顧客購買新的日光燈，可能買來所用的牌型，也可能買別種牌型；依估計得其每年轉移的機率以矩陣表示如下：

$$P=\begin{bmatrix}0.7 & 0.2 & 0.1\\0.3 & 0.5 & 0.2\\0.3 & 0.3 & 0.4\end{bmatrix}$$

而目前使用甲種牌型的人佔 30%，乙種牌型的佔 20%，丙種牌型的佔 50%。試問：

1. 兩年後使用各種牌型日光燈的人所佔的百分比爲多少？

2. 此系統的穩定情況向量是什麼？並解釋之。

2.5 設市場上只有甲、乙、丙三種廠牌的汽車，且這三家廠商均擁有顧客購買汽車的資料及一般購買新車的傾向如下：

目前使用的廠牌	下次購買的情形		
	買甲廠牌 (%)	買乙廠牌 (%)	買丙廠牌 (%)
甲廠牌	40	30	30
乙廠牌	20	50	30
丙廠牌	25	25	50

1. 如果目前某顧客使用的汽車是丙廠牌，則下兩次再購買的可能情形如何？

2. 如果目前某顧客使用的汽車是乙廠牌，則再來的第 4 次購買情形可能如何？

3. 長時間以後，一般顧客購買的情形是否會穩定下來？如果是的話，那麼此穩定的購買情形將如何？

2.6 某汽車出租公司專由甲、乙、丙三處機場出租，依以往的慣例，租車的顧客都可以在甲、乙、丙三處還車，而且其還車地點的可能性如下：

		還車處		
借車處	甲	4/5	1/5	0
	乙	1/5	0	4/3
	丙	1/5	1/5	3/5

1. 計算向量 $V=[v_1, v_2, v_3]]$，使得 $V=VP$ 且 $\sum_{i=1}^{3} v_1 = 1$。

2. 於 *1.*中所得向量是否爲穩定情況向量？試說明理由。

3. 如果該公司計劃在甲、乙、丙三處機場之一建立汽車保養廠，你認爲在那一個機場設立最好？爲什麼？

2.7 設某部機器可能由“正常地操作”轉移至“需要修理”或由“需要修理”轉移至“正常地操作”，其遞移矩陣

$$P=\begin{bmatrix} 0.8 & 0.2 \\ 0.4 & 0.6 \end{bmatrix}$$

如果該部機器於一天裡正常地操作著，即可賺得 1000 元。但如果該部機器需要修理，則一天會損失 500 元。

1. 試計算每天的期望利潤。

2. 設該部機器如果發生故障，而且需要很快地修復，使得在修復後的一天中必定可以正常操作，需成本 1200 元；如果此項情況轉移於是發生一個工作天終了以後，那麼，在需要修理時總是趕快修復的原則下，試問每個時期的穩定情況期望酬報是多少？

3. 試問以上的兩種原則，即 *1.*不立刻修理，*2.*立刻修理，以備隔天可以正常地操作；所提供的穩定情況報酬何者爲高？

吸收性的馬可夫鏈的問題

此處我們來討論矩陣理論在一種特殊的馬可夫鏈 --吸收性的馬可夫鏈—上的應用。上節談到的情況轉移現象中，可能會有一種特殊的情形出現，即一旦所考慮的系統轉移到某情況，則以後的轉移永遠不會脫離該情況。譬如，一旦投保駕駛人轉移到第三類情況，則以後永遠保留在第三類情況。

定義 3-1

如果馬可夫鏈中有某一情況發星後即不會脫離，則稱 此情況爲吸收情況 (absorbing state)。

由此定義可以很容易從遞移矩陣 P 中判別出吸收情況，第 i 個情況爲吸收情況的現象即相當於矩陣 P 中的第 i 列中主對角線元素爲 1，其他均爲 0。

例題 3-1

設某馬可夫鏈的遞移矩陣爲

$$\begin{bmatrix} 0.2 & 0.4 & 0.4 \\ 0 & 1 & 0 \\ 0 & 0 & 1 \end{bmatrix}$$

則其中第二種情況與第三種情況均爲吸收情況。

定義 3-2

任何具 有下列兩個性質的馬可夫鏈稱 爲吸收性的馬可夫鏈 (absorbing markov chain)

1. 至少含有一個吸收情況，並且

2. 由任何非吸收情況開始轉移，均有到達吸收情況的機會。

定義 3-2 的第二個性質，並非是任何一次轉移均有此種機會。當然也不一定由任何一個非吸收情況都可能轉移到每一個吸收情況。

例題 3-2

假設某一位商人購買一批貨品，惟恐不良品太多，決定實施抽樣調查，隨意由該批貨品中一個一個的抽出來檢查，直到下列兩種情形之一發生才停止：

1. 連續抽出三個貨品均不是不良品，則簽收該批貨品。

2. 尙未抽到第三個貨品爲合格品之前，就發現有不良品，則退回該批貨品。

試就此問題進行分析。

【解】

那麼，此問題中所有可能的情況有 $s_1, s_2, s_3, s_4, s_5, s_6, s_7$ 等七種：

情況	合格品個數	不良品個數	
$s_1(0.0)$	0	0	剛要開始抽查
$s_2(1.0)$	1	0	
$s_3(2.0)$	2	0	
$s_4(3.0)$	3	0	吸收情況
$s_5(0.1)$	0	1	吸收情況
$s_6(1.1)$	1	1	吸收情況
$s_7(2.1)$	2	1	吸收情況

如果該批貨品的製造廠依照以往的檢查，平均有 1% 的不良品，則其遞移矩陣爲

$$\begin{bmatrix} 0 & 0.99 & 0 & 0 & 0.01 & 0 & 0 \\ 0 & 0 & 0.99 & 0 & 0 & 0.01 & 0 \\ 0 & 0 & 0 & 0.99 & 0 & 0 & 0.01 \\ 0 & 0 & 0 & 1 & 0 & 0 & 0 \\ 0 & 0 & 0 & 0 & 1 & 0 & 0 \\ 0 & 0 & 0 & 0 & 0 & 1 & 0 \\ 0 & 0 & 0 & 0 & 0 & 0 & 1 \end{bmatrix}$$

由此矩陣知，一旦此抽樣調查系統進入情況 s_4, s_5, s_6, s_7，則下一個轉移到本身的機率均爲 1，即不會再脫離。即情況 s_4, s_5, s_6, s_7 均爲吸收情況，而且無論由 s_1, s_2, s_3 等非吸收情況的那一個開始轉移，均可能轉移到吸收情況。所以，此例的馬可夫鏈爲一個吸收性的馬可夫鏈。

上例的馬可夫鏈也可以變換行與列，使其重排如下的形式：

$$P=\left[\begin{array}{cccc|ccc} 1 & 0 & 0 & 0 & 0 & 0 & 0 \\ 0 & 1 & 0 & 0 & 0 & 0 & 0 \\ 0 & 0 & 1 & 0 & 0 & 0 & 0 \\ 0 & 0 & 0 & 1 & 0 & 0 & 0 \\ \hline 0 & 0.01 & 0 & 0 & 0 & 0.99 & 0 \\ 0 & 0 & 0.01 & 0 & 0 & 0 & 0.99 \\ 0.99 & 0 & 0 & 0.01 & 0 & 0 & 0 \end{array}\right]=\left[\begin{array}{c|c} I_4 & O \\ \hline A & N \end{array}\right]$$

其中 $O=[\,0\,]_{4\times 3}$，A 為 3×4 階矩陣，N 為 3×3 階方陣。實際上，任何吸收性的馬可夫鏈的遞移矩陣都可以寫成以上的分割形式。倘若遞移矩陣 $P=[p_{ij}]_{n\times n}$ 有 k 個吸收情況，則可以變換行或列，將其寫成如下的形式：

$$P=\left[\begin{array}{c|c} I_k & O \\ \hline A & N \end{array}\right]$$

其中 O 為 $k\times(n-k)$ 階的零矩陣，A 為 $(n-k)\times k$ 階矩陣，N 為 $(n-k)$ 階方陣。以上的分割形式稱為標準形式。

在吸收性的馬可夫鏈中所要考慮的問題有三個：

1. 如果由非吸收情況開始，則平均有多少次轉移它仍然在非吸收情況？

2. 由某一個非吸收情況開始，平均轉移多少次才會進入吸收情況？

3. 倘若由某一個非吸收情況開始，則最後會轉移到某一個吸收情況的可能性多大？

以上三個問題可以用下一個定理來解決。

定理 3-1

設某一個含有 k 個吸收情況的吸收性馬可夫鏈的遞移矩陣 $P=[P_{ij}]_{n\times n}$ 寫成如下的標準形式：

$$P=\left[\begin{array}{c|c} I_k & O \\ \hline A & N \end{array}\right]$$

則

1. 矩陣 $(I_{(n-k)}-N)^{-1}$ 的所有元素分別是由一種非吸收情況開始轉移，它會轉移到一種非吸收情況的平均次數。

2. 矩陣 $(I_{(n-k)}-N)^{-1}A$ 的所有元素分別是由一種非吸收情況開始轉移，最後會轉移到一種吸收情況的機率。

設 $M=(I_{(n-k)}-N)^{-1}=[m_{ij}]_{(n-k)\times(n-k)}$，其中元素 m_{ij} 表示爲由非吸收情況 s_{k+1} 開始轉移，會轉移到非吸收情況 s_{k+j} 的平均次數，因此，矩陣 m 的第 i 列元素之和 $m_{i_1}+m_{i_2}+\cdots+m_{i_{(n-k)}}$ 即爲由非吸收情況 s_{k+1} 開始轉移，在未進入吸收情況之前的平均轉移次數。因此，由非吸收情況 s_{k+i} 開始轉移，一直到進入吸收情況的平均次數爲 $m_{i_1}+m_{i_2}+\cdots+m_{i_{(n-k)}}+1$。此即第二個問題的解。至於第一個問題與第三個問題的解就列於定理 3-1 的結果 (1) 與 (2) 中。

例題 3-3

於例 3-2 中，矩陣

$$N=\begin{bmatrix}0 & 0.99 & 0\\ 0 & 0 & 0.99\\ 0 & 0 & 0\end{bmatrix}$$

試就吸收性的馬可夫鏈的三個問題進行分析。

【解】

由定理 3-1 的結果 (1)，得

$$I_3-N=\begin{bmatrix}1 & -0.99 & 0\\ 0 & 1 & -0.99\\ 0 & 0 & 1\end{bmatrix}$$

$$[I_3-N]^{-1}=\begin{bmatrix}1 & 0.99 & 0.9801\\ 0 & 1 & 0.99\\ 0 & 0 & 1\end{bmatrix}$$

此結果即表示，如果檢查系統由情況 s_1 開始，則此轉移過程中平均有 1 次在 s_1，有 0.99 次在 s_2，有 0.9801 次在 s_3。如果檢查過程由情況 s_3 開始，即已經抽出一個貨品爲合格品了，那麼此轉移過程一定不會經過 s_1，但平均有 1 次在 s_2，有 0.99 次在 s_3。如果由 s_3 開始，即已經抽出兩個貨品均爲合格品了，則此轉移過程一定不會經過 s_1 與 s_2，但平均有 1 次在 s_3，即開始的這一次，這也就是說，一旦離開 s_3，那麼再也會轉移到非吸收情況了。

關於第二個問題，可以將答案列如下表：

開始的情況	進入吸收情況的平均次數
s_1	$1+0.99+0.9801+1=3.9701$
s_2	$0+1+0.99+1=2.99$
s_3	$0+0+1+1=2$

至於第三個問題，由定理 3-1 的結果 (2) 可以得到。

$$[I_{(n-k)}-N]^{-1}A=\begin{bmatrix}1 & 0.99 & 0.9801\\ 0 & 1 & 0.99\\ 0 & 0 & 1\end{bmatrix}\begin{bmatrix}0 & 0.01 & 0 & 0\\ 0 & 0 & 0.01 & 0\\ 0.99 & 0 & 0 & 0.01\end{bmatrix}$$

$$=\begin{bmatrix}0.970299 & 0.01 & 0.0099 & 0.009801\\ 0.9801 & 0 & 0.01 & 0.0099\\ 0.99 & 0 & 0 & 0.01\end{bmatrix}$$

此結果即表示，如果檢查由情況 s_1 開始轉移，則會進入吸收情況 s_4 的機率為 0.970299，進入吸收情況 s_5 的機率為 0.01，進入吸收情況 s_6 的機率為 0.0099，進入吸收情況 s_7 的機率為 0.009801；因此，此位商人簽收該批貨品的機率為 0.970299；會退回的機率為 $0.01+0.0099+0.0099+0.009801=0.029701$。同理，如果檢查貨品由 s_2 開始轉移，則會簽收的機會為 0.9801，退回的機率為 $0+0.01+0.0099=0.0199$。如果由 s_3 開始轉移，則會簽收的機率為 0.99，會退回的機率為 $0+0+0.01=0.01$。

例題 3-4

保險公司經多年的經驗與研究發現汽車駕駛人若曾經肇禍者較易再失事，面臨不斷增加的修護損失及賠償請求，公司決定依駕駛人的肇禍記錄增加投保人的保險費，爲便於說明，分汽車駕駛人爲三類：

s_t ：未曾肇禍者，s_2 ：肇禍一次者，s_3 ：肇禍的次數至少兩次者且其遞移矩陣

$$P=\begin{bmatrix}0.80 & 0.15 & 0.05\\ 0 & 0.70 & 0.30\\ 0 & 0 & 1.00\end{bmatrix}$$

試就此問題進行分析。

【解】

由遞移矩陣 P 知，此馬可夫鏈具有吸收性；其吸收情況爲第三類，即 s_3 ；因此，可以由以上的敘述來解決下列問題：

1. 一位剛開始開車的汽車駕駛人，平均可以保持多少年無肇禍的記錄？

2. 曾有一次肇禍記錄者，平均多少年以後才會有肇禍兩次以上的記錄？

爲了運用定理 3-1，首先必須變換遞移矩陣 P 的行與列，使其成爲標準形式：

$$\left[\begin{array}{c:cc}1.00 & 0 & 0\\ \hdashline 0.05 & 0.80 & 0.15\\ 0.30 & 0 & 0.70\end{array}\right]$$

則 $A=\begin{bmatrix}0.05\\ 0.30\end{bmatrix}, N=\begin{bmatrix}0.80 & 0.15\\ 0 & 0.70\end{bmatrix}$

因此，$I_2 - N = \begin{bmatrix} 0.20 & -0.15 \\ 0 & 0.30 \end{bmatrix}$

且 $[I_2 - N]^{-1} = \begin{bmatrix} 5 & \frac{5}{2} \\ 0 & \frac{10}{3} \end{bmatrix}$

問題 (1) 即爲由情況 S_1 開始，平均有多少轉移到本身？由於一旦轉移到 S_2 就不能再轉移到 S_1，一次轉移的時期爲一年，所以問題 (1) 可以說成：由情況 S_1 開始，平均會保留在本身多少年？由定理 3-1 知，矩陣 $(I_2 - N)^{-1}$ 的元素 5，即爲此問題的解。即一位剛開始開車的汽車駕駛人，平均可以保持無肇禍記錄 5 年。

問題 (2) 即爲由情況 S_2 開始，平均多少年才會轉移到 S_3？此問題的解爲 $0 + \frac{10}{3} + 1 = \frac{13}{3}$。即曾有一次肇禍記錄者，平均 $\frac{13}{3}$ 年以後才會再增加肇禍記錄。

第 3 章 習題

3.1 判別下列矩陣何者可為吸收性馬可夫鏈的遞移矩陣，且有多少個吸收情況？

1. $\begin{bmatrix} 0 & 0 & 1 \\ \frac{1}{3} & \frac{2}{3} & 0 \\ 1 & 0 & 0 \end{bmatrix}$

2. $\begin{bmatrix} 1 & 0 & 0 \\ \frac{1}{3} & \frac{2}{3} & 0 \\ 0 & 0 & 1 \end{bmatrix}$

3. $\begin{bmatrix} \frac{1}{3} & \frac{4}{3} & 0 \\ 0 & \frac{1}{2} & \frac{1}{2} \\ 0 & 0 & 1 \end{bmatrix}$

4. $\begin{bmatrix} 0 & 0 & 0 \\ \frac{1}{2} & 0 & 0 \\ \frac{1}{2} & 0 & 1 \end{bmatrix}$

5. $\begin{bmatrix} 1 & 0 & 0 \\ 0 & 1 & 0 \\ 0 & 0 & 1 \end{bmatrix}$

6. $\begin{bmatrix} 0 & 0 & 1 \\ 0 & 1 & 0 \\ 1 & 0 & 0 \end{bmatrix}$

3.2 試將上題的吸收性馬可夫鏈的遞移矩陣寫成標準形式。

3.3 試由上題的遞移矩陣，計算出矩陣

$$M=(I-N)^{-1} \text{ 與 } L=(I-N)^{-1}A$$

3.4 試問一個吸收性馬可夫鏈的遞移矩陣是否可能爲一個正規的遞移矩陣？

3.5 設遞移矩陣

$$P=\begin{bmatrix} \frac{1}{5} & \frac{3}{10} & \frac{2}{5} & \frac{1}{10} \\ 0 & 1 & 0 & 0 \\ 1 & 0 & 0 & 0 \\ 0 & 0 & 0 & 1 \end{bmatrix}$$

及第一個時期的機率向量 $V_1=[1,0,0,0]$，則

1. 以後的轉移中，平均會有多少次轉移到 S_3？

2. 平均要轉移多少次才會進入吸收情況？

3. 最後轉移到 S_2 與 S_4 的機會分別爲多少？

3.6 某生產工廠的產品平均有 1% 的不良品，假設產品要包裝之前必須一箱一箱的經過貨品檢查，如果含有太多的不良品，則不能包裝。檢查的手續是由該箱的產品中，隨意地一個一個抽出來檢查直到下情形之一發生爲止：

1. 連續檢查三個均爲合格品，則可以包裝該箱。

2. 尚未發現三個合格品之前，就有不良品出現，則該箱產品不能包裝。

問任何一箱產品接受檢查，結果可以包裝的可能性多大？

3.7 假設有一個規模不大的金屬零件製造公司，每一個金屬零件的製造必須經過兩個過程，首先是經過車床加工，隨後再用磨光機磨光。一個金屬零件經過這兩個過程中的任何一個均有可能有以下的情形：

1. 製造不良且不能修復。

2. 製造不良但還可以由同一過程重新加工。

3. 製造優良，再繼續完成下去。

已知以上情形發生的機率分別　0.2，0.3，0.5，則

(1) 將上述製造情形寫成一個馬可夫鏈,並寫出其遞移矩陣。

(2 以上過程所成的馬可夫鏈是否具有吸收性？倘若有，則有多少個吸收情況？

(3) 一個金屬零件平均需要經過多少次製造過程，才不必再繼續加工？

(4) 假如現有 100 個金屬零件已不必再加工，那麼平均會有多少個是成功的產品？

AHP 分析法

4.1 階層的構造

關於決策首先是存在有「問題」，接著是有幾個成爲最終選擇對象的「替代案」。爲了從替代案之中選出一個，在兩者之間存在著「評價基準」。以圖解的方式可以表示成如下。

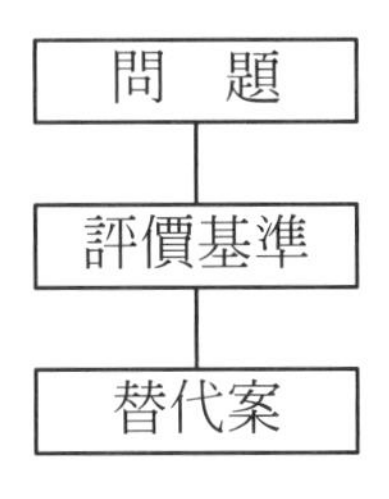

今具體的說明選定新車的情形。如圖 4.1 之說明。

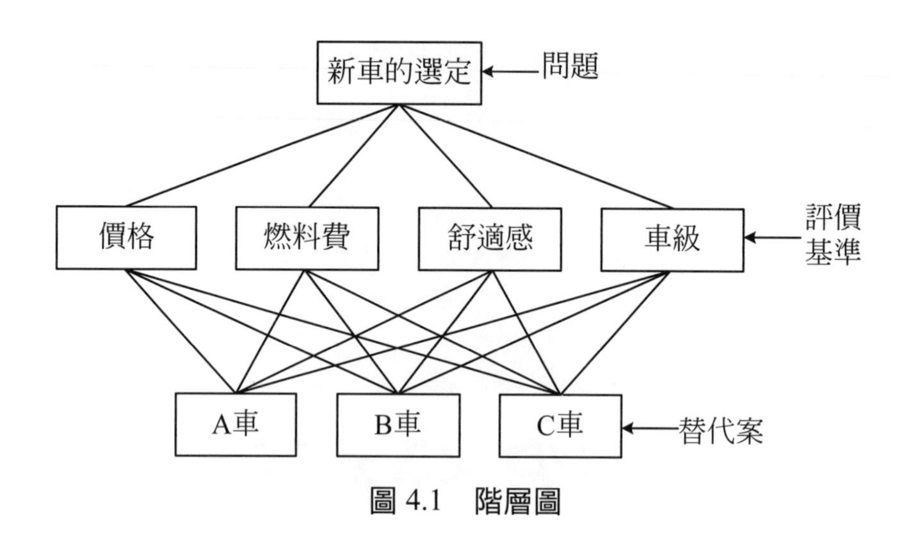

圖 4.1 階層圖

此種表現法一般稱爲階層構造(階層圖)，本章使用此構造作爲基本工具。

對於此圖的意義或許用不著說明如將「問題」加以分解時，可歸結於四個「評價基準」，接著從各基準比較檢討「備選車」以連結上下之線來表示。評價基準或替代案的數目增多時，連結上下之連線就會變多而變得不容易看，因之，即有表示成圖 4.2 的情形，它的意義是與圖 4.1 相同的。

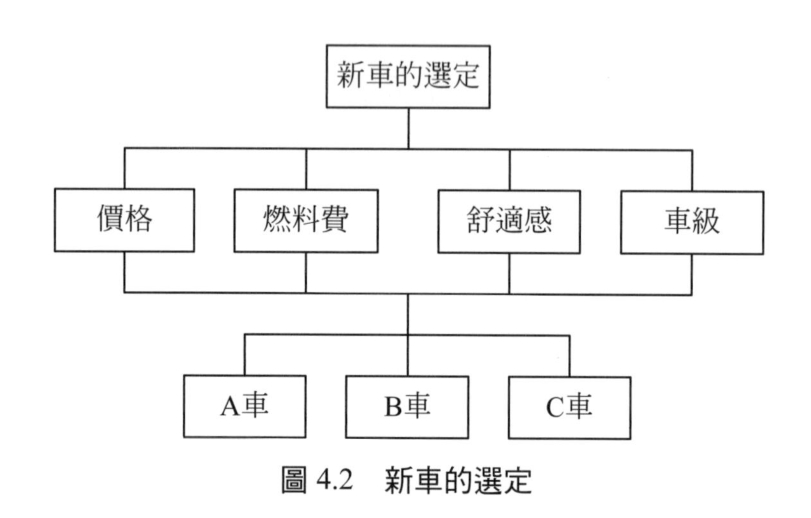

圖 4.2 新車的選定

4.2 一對比較

階層構造形成時，即對各水準的評價項目進行一對比較。對於此比較可反映出該人的價值觀。試以車子的情形來考慮看看。此處有四個基準，分別是「價格」、「燃料費」、「舒適感」、「車級」。首先是「價格」對「燃料費」的比較。比較時請參考表 4.1 所說明的數值。

譬如，比較「價格」與「燃料費」，對於將價格的低廉看成比燃料費的合算稍爲重要的人來說，此值設爲「3」，並記到表 4.2 的「價格」與「燃料費」的交點空格中。

表 4.1　一對比較值

一對比較值	意　　義
1	兩項目約同樣重要
3	前項目較後者稍爲重要
5	前項目較後者重要
7	前項目較後者相當重要
9	前項目較後者絕對性的重要
2,4,6,8	用於補間
上面數值的倒數	由後面的項目看前面的項目時所使用

表 4.2

對	價格	燃料費	舒適感	車級
價格		3		
燃料費				
舒適感				
車級				

其次，在「價格」與「舒適感」方面，假設重視價格。此時空格的值當作「5」。此外，在「價格」與「車級」方面，假設相當重視重價格。此時在價格與車級的交點空格內記入「7」。「價格」對「價格」的交點當然是記入「1」。如此表 4.3 的「價格」的橫欄空格均記入完

成。在「價格」的縱欄空格內，則記入橫欄數值的倒數。亦即，「燃料費」對「價格」則是「1/3」：「舒適感」對「價格」是「1/5」；「車級」對「價格」是「1/7」。如此完成表 3 的「價格」的縱欄。接著是燃料費的橫欄。對於「燃料費」與「燃料費」的交點空格當然記入「1」。「燃料費」對「舒適感」假定燃料費視爲優先，則記入「5」。「燃料費」對「車級」，假定燃料費遙遙優先於「車級」，則記入「7」。如此完成了「燃料費」的橫欄。如果如此決定的話，那麼將其數字的倒數記入到縱欄內。如此完成表 4.4。

表 4.3

對	價格	燃料費	舒適感	車級
價格	1	3	5	7
燃料費	1/3			
舒適感	1/5			
車級	1/7			

表 4.4

對	價格	燃料費	舒適感	車級
價格	1	3	5	7
燃料費	1/3	1	5	7
舒適感	1/5	1/5		
車級	1/7	1/7		

最後評價「舒適感」對「車級」。舒適感如果稍爲優先的話，則當作「3」。將其倒數記入縱軸內。如此完成了「舒適感」的橫欄、縱欄。於是完成了表 4.5 的一對比較表。雖然此表反映了評價者的價值基準，而此人的喜好大概就是價格低廉而且燃料費合算的車子吧。

相反的，重視「車級」與「舒適感」的人，它的一對比較表的例子說明在表 4.6 中。各位讀者不妨將自己的喜好記入到下面的表 4.7 之中看看。

表 4.5

對	價格	燃料費	舒適感	車級
價格	1	3	5	7
燃料費	1/3	1	5	7
舒適感	1/5	1/5	1	3
車級	1/7	1/7	1/3	1

表 4.6

對	價格	燃料費	舒適感	車級
價格	1	1	1/3	1/5
燃料費	1	1	1/5	1/7
舒適感	3	5	1	1/3
車級	5	7	3	1

表 4.7　你的喜好

對	價格	燃料費	舒適感	車級
價格				
燃料費				
舒適感				
車級				

那麼，將前面的作業加以整理。

(1) 製作評價項目對評價項目的二元表(此表稱爲矩陣表，橫向稱爲列，縱向稱爲行)。
(2) 依據表 4.1 的一對比較值，將數值記入到表的空格內。此時如果某空格已記入數值時，將它的倒數記到相反位置的空格內。

《記入上應注意》

此數值的決定畢竟是一對項目的比較，所以不需要透視全體來決定。開始進行時只顧全體的整合性，正確的感覺恐有無法發揮之嫌。一定要專心於二個項目的比較。如此一來利用後面說明的計算，整體上的重要度即可求得。

4.3 比重的決定

以汽車爲例來說明。具有表 4.5 所示的一對比較值的人是打算要購買低廉車的。從此表到底要如何評價各基準項目所具有的比重呢？

計算此比重有二種方式。第一種方式是考慮到持有函數用桌上型計算機的人所使用，第二種方式是考慮到持有個人電腦的人所使用的。利用後者的方式所計算的數值則有比較高的可靠性，此處就第一種方式作爲它的近似計算來說明。關於第二種方式與 AHP 的數學原理，請參階層構造分析法入門一書。

《第一種方式（函數計算機）》

將表 4.8 的一對比較表上的橫向數字取其幾何平均。亦即，將橫向排列的四個數字相乘計算它的四次方根。其計算使用「函數計算機」。將如此所求得的四個幾何平均相加（縱向合計爲 5.93）。以此值除各幾何平均均值，其結果即爲各評價項目的比重。由於全體的和爲 1，因之 100 倍即表示百分比。亦即此人購買車子對價格所考慮的比重爲 54%，燃料費的比重爲 31%，舒適感爲 10%，車級爲 5%左右。此即將該人的價格觀以數字來表現。

表 4.8　比重的計算

對	價格	燃料費	舒適感	車級	幾何平均(將橫向的數字相乘再取 4 次方)	比重
價格	1	3	5	7	$\sqrt[4]{1\times3\times5\times7}=3.2$	3.20/5.93=0.540
燃料費	1/3	1	5	7	$\sqrt[4]{\frac{1}{3}\times1\times5\times7}=1.85$	1.85/5.93=0.312
舒適感	1/5	1/5	1	3	$\sqrt[4]{\frac{1}{5}\times\frac{1}{5}\times1\times3}=0.59$	0.59/5.93=0.099
車級	1/7	1/7	1/3	1	$\sqrt[4]{\frac{1}{7}\times\frac{1}{7}\times\frac{1}{3}\times1}=0.29$	0.29/5.93=0.049

縱向合計：5.93

例題 1

試從表 4.6 的一對比較表計算各項目的比重。

【解】第一方式：

如下表，「車級」與「舒適感」的比重較高。

對	價格	燃料費	舒適感	車級	幾何平均	比重	
價格	1	1	1/3	1/5	0.508	0.090	價格　9%
燃料費	1	1	1/3	1/7	0.411	0.073	燃料費 7%
舒適感	3	5	1	1/3	1.495	0.266	舒適感 27%
車級	5	7	3	1	3.201	0.570	車　級 57%

縱向合計：5.615

4.4 比重的綜合化

我們的目的是決定 *A* 車、*B* 車、*C* 車的那一種車子好呢？此處與它的作業有關。以前節的結論來說，各評價項目的比重分別是「價格」54%，「燃料費」31%，「舒適感」10%，「車級」5%。因此按各評價項目進行 *A* 車、*B* 車、*C* 車的比較。該方法與前節相同。首先就「價格」比較 *A* 車、*B* 車、*C* 車。表 4.9 即爲它們的比較。價格較低者獲得較高的評價值。如比較 *A* 車與 *B* 車時，*B* 車只高一點，因之在空格中填入「2」。*A* 車與 *C* 車兩者之中，*C* 車稍高些，因之當作「3」。*B* 車與 *C* 車之中，*C* 車只高一些，因之當作「2」。根據此一對比較表以第一種方式計算各車的比重時，知對於價格來說 *A* 車、*B* 車、*C* 車所具有的比重，分別爲 0.54，0.30，0.16。當然比重愈大愈好。對「燃料費」、「舒適感」、「車級」進行相同的比較，所得出之表分別爲表 4.10、表 4.11、表 4.12。

接著由這些進行比重的總合評價。因之將 *A* 車、*B* 車、*C* 車的和各評價項目的得分（比重）整理成一個表看看（表 4.13）。

表 4.9　有關「價格」的各車評價

價格	A 車	B 車	C 車	幾何平均	比重
A 車	1	2	3	$\sqrt[3]{1\times2\times3}=1.817$	1.817/3.367=0540
B 車	1/2	1	2	$\sqrt[3]{\frac{1}{2}\times1\times2}=1.000$	1.000/3.367=0.297
C 車	1/3	1/2	1	$\sqrt[3]{\frac{1}{3}\times\frac{1}{2}\times1}=0.550$	0.550/3.367=0.163

縱向合計：3.367

表 4.10　有關「燃料費」的各車評價

燃料費	A 車	B 車	C 車	幾何平均	比重
A 車	1	1/5	1/2	$\sqrt[3]{1\times\frac{1}{5}\times\frac{1}{2}}=0.464$	0.464/4.394=0.106
B 車	5	1	7	$\sqrt[3]{5\times1\times7}=3.271$	3.271/4.394=0.744
C 車	2	1/7	1	$\sqrt[3]{2\times\frac{1}{7}\times1}=0.659$	0.659/4.394=0.150

縱向合計：4.394

表 4.11　有關「舒適感」的名車評價

舒適感	A 車	B 車	C 車	幾何平均	比重
A 車	1	3	2	1.817	0540
B 車	1/3	1	1/2	0.550	0.163
C 車	1/2	2	1	1.000	0.297

縱向合計：3.367

表 4.12　有關「車級」的名車評價

舒適感	A 車	B 車	C 車	幾何平均	比重
A 車	1	1/2	1/2	0.630	0.2
B 車	2	1	1	1.260	0.4
C 車	2	1	1	1.260	0.4

縱向合計：3.15

表 4.13　累計表綜合得分

	價格 (0.54)	燃料費 (0.31)	舒適感 (0.10)	車級 (0.05)
A 車	0.540	0.106	0.540	0.2
B 車	0.297	0.744	0.163	0.4
C 車	0.163	0.150	0.297	0.4

將此表與各評價項目之比重相乘整理成表 4.14。由此表即可得出總合性的評價數字。最後將此表的數值橫向相加，即可得出各車的總合得分。此即爲總合的比重。*A* 車的總合比重爲 0.39，*B* 車爲 0.43，*C* 車爲 0.19，知喜歡的順序依次爲 *B* 車、*A* 車、*C* 車。

表 4.14　綜合得分

	價格	燃料費	舒適感	車級	總合得分
A 車	.540×.54 0.292	.106×.31 0.033	.540×0.10 0.054	.2×.05 0.01	0.389
B 車	.297×.54 0.160	.744×031 0.231	.163×.10 0.016	.4×.05 0.02	0.427
C 車	.163×.54 0.088	.150×.31 0.047	.297×.10 0.030	.4×.05 0.02	0.185

4.5 整合度的求法與判定

利用一對比較所得到的數值畢竟是二個項目的價值比較，以整體來說是否具有首尾一貫的整體性不得而知。譬如，如有人認爲「價格」比「燃料費」重要，「燃料費」比「舒適性」重要的話，那麼當然他會將「價格」看得比「舒適性」重要，在兩者的一對比較上，如判斷「舒適感」較重要時，就不能不說在判斷上整體欠缺整合性。另外，在設定此種重要性的順序方面，判斷即使是首尾一貫而數值的選法也會有顯著的偏差。

可是，所說的不整合性的程度可根據一對比較表與由此所得到的比重加以調整。試根據表 4.1 來計算判斷的整合度看看。表 4.15 是說明該方法。如使用後面將會說明的矩陣的特徵值，即可更正確的判斷，此處所敘述的方法即爲它的近似法。

步驟 1 ⏭ 將各項目的比重乘上對比較表(a)的縱向數值，作出表(b)。

表 4.15 整合度的計算

(a)

項目→ 比值→	價格 0.54	燃料費 0.31	舒適感 0.1	車級 0.05
價　格	1	3	5	7
燃料費	1/3	1	5	7
舒適感	1/5	1/5	1	3
車　級	1/7	1/7	1/3	1

對各比較值乘上比重
↓

(b)

				橫向合計		橫向合計／比重
0.54	0.93	0.5	0.35	2.32		2.32/0.54 = 4.296
0.180	0.31	0.5	0.35	1.34		1.34/0.31 = 4.323
0.108	0.062	0.1	0.15	0.42	→	0.42/0.1 = 4.200
0.077	0.044	0.033	0.05	0.204		0.204/0.05 = 4.080

↓
和 16.899
↓
平均 16.899/4
= 4.225

(c)　$整合度 = \frac{平均 - 項目數}{項目數 - 1} = \frac{4.225 - 4}{4 - 1} = 0.075$

步驟 2 ⏭　求表(b)各橫向數值的合計。

步驟 3 ⏭　以比重除它的合計。計算如此所求得之四個值(4.296，4.323，4.200，4.080)的平均。

步驟 4 ⏭　利用公式(c)得出整合度 0.075。

當一對比較表具有完全的整合性時，此值為 0（其意義容後說明），一般來說其值為正，愈是不整合的表，其值就愈大。

表 4.16

價格	A 車 0.540	B 車 0.297	C 車 0.163
A 車	1 0.540	2 0.597	3 0.489
B 車	1/2 0.27	1 0.297	2 0.326
C 車	1/3 0.18	1/2 0.149	1 0.163

1.623/0.540 = 3.01
0.893/0.297 = 3.01　平均 3.013
0.492/0.163 = 3.02

$$整合度 = \frac{3.013 - 3}{2} = 0.007$$

燃料費	A 車 0.11	B 車 0.74	C 車 0.15
A 車	1 0.11	1/5 0.148	1/2 0.075
B 車	5 0.55	1 0.74	7 1.05
C 車	2 0.22	1/7 0.106	1 0.15

0.33/0.11 = 3.02
2.34/0.74 = 3.16　平均 3.117
0.476/0.15 = 3.17

$$整合度 = \frac{3.117 - 3}{2} = 0.059$$

它能容許的限度為 0.1，依目的而異可以容許到 0.15 左右。如比它還大時，建議應重新檢討一對比較表。

爲了慎重起見，將表 4.9、表 4.10、表 4.11、表 4.12 的整合度表示在表 4.16 中。任一者均比 0.1 小，故知此判斷具有充分的整合性。

表 4.16（續）

舒適感	A 車 0.54	B 車 0.16	C 車 0.30
A 車	1 0.54	3 0.48	2 0.6
B 車	1/3 0.18	1 0.16	1/2 0.15
C 車	1/2 0.27	2 0.32	1 0.3

1.62/0.54 = 3.000
0.49/0.16 = 3.060
0.89/0.30 = 2.967
平均 3.009

$$整合度 = \frac{3.009 - 3}{2} = 0.0045$$

車級	A 車 0.2	B 車 0.4	C 車 0.4
A 車	1 0.2	1/2 0.2	1/2 0.2
B 車	2 0.4	1 0.4	1 0.4
C 車	2 0.4	1 0.4	1 0.4

0.6/0.2 = 3.00
1.2/0.4 = 3.00
1.2/0.4 = 3.00
平均 3

$$整合度 = \frac{3 - 3}{2} = 0$$

4.6 如何使用結果

此處就一般的利用法加以敘述。

(1) 如車子的例子所瞭解的，從幾個的替代案之中可以找出比重（優先度）最高的車子。

(2) 不僅是與最優，也可與次優、次次優以數值比較它們的比重。另外，由表 4.14 按各評價基準可以比較比重與其順位，因之可以進行更深入的檢討。

(3) 汽車經銷商也可利用此計算結果。亦即，根據該地區住民的價值感來製作一對比較表，然後計算總合性的比重，依其比重來彙集各車種的話，對營業活動將會是有利的。

(4) 可以檢核判斷的整合性。未使 用所說的方式，光是依據直觀進行決策時，往往流於欠缺整合性的決策。

【註】 整合度的評價

矩陣 A 有 n 個特徵值，知其和爲 n。設 λ_{max} 爲其中最大值，由於 $\lambda_{max} \geqq n$ 恆成立(證明省略)，因之

$$\lambda_{max} - n$$

可以看成是一種指標，用以表示除 λ_{max} 以外的特徵值大小。

由於(n−1)個特徵值具有此指標，所以每一個的平均即爲

$$\frac{\lambda_{max} - n}{n - 1}$$

矩陣 *A* 具有完全的整合性時，此時爲 0。如它愈大，不整合性即可看成愈高。因之，此值稱爲「整合度」(consistency index)，使用記號 C.I.來表示。即

$$C.I. = \frac{\lambda_{max} - n}{n - 1}$$

C.I.的值如果是 0.1（有時是 0.15）以下時，可視爲合格。

4.7 整合性不佳時的處理

如前面所敘述的，當計算一對比較矩陣的各項目的重要度時，如果它的矩陣的整合度不好時——具體來說整合度 C.I.在 0.1～0.15 以上時——必須重新檢討一對比較矩陣之值。對於此種情形，重要度的數值本身恐怕是缺少可靠性之緣故吧，查明那一對比較值有違於全體的整合性並非相當簡單，以下的步驟是此種情形的一個對策。試以簡單的例題爲基礎進行說明。

以下的一對比較矩陣 A 的各項目的重要度與整合度如下所示。

A=

	1	2	3	4	重要度	
1	1	4	6	7	0.587	$= w_1$
2	1/4	1	3	8	0.245	$= w_2$
3	1/6	1/3	1	7	0.130	$= w_3$
4	1/7	1/8	1/7	1	0.038	$= w_4$

C.I.=0.15

C.I.之值，有一點大，知判斷的整合性是值得懷疑的。可按如下步驟檢查。

步驟 1 ⏭ 依據所計算的重要度 w_1、w_2、w_3、w_4，得出 w_i / w_j 作爲(i, j)成分的矩陣 W。

W=

	1	2	3	4
1	1	2.40	4.51	<u>15.45</u>
2		1	1.88	6.45
3			1	<u>3.42</u>
4				1

步驟 2 ⏭ 比較 A 與 W 的各成分，注意差異較大者(下線部)再重新進行一對比較。

結果，假定得出如下的 W_1。此次呈現良好的整合性。

	1	2	3	4	重要度
W_1 = 1	1	4	6	9	0.611
2		1	3	8	0.244
3			1	4	0.106
4				1	0.039

C.I.=0.07

(5) 由小組決定

以小組為單位使用 AHP 的情形也有。譬如，品管圈、俱樂部會董事會等。像此種情形，構成人員分別實行 AHP，將結果各自提出，經檢討之後提出結論也是一種方式。可是，從小組取得共識此點來看，一對比較之值也是需要以小組來決定。譬如，董事會上各自從個人電腦終端機輸入數值等的情形也是有的。像此種情形成員之間往往發生一對比較值不同之情形。只要是各人的立場或價值觀不同就當然會有所不同。雖然彙集成一個數值是可以的，但是怎麼也無法取得同意時可如下加以處理。

以簡單的例子來說明。X 氏、Y 氏、Z 氏就某一共同問題作出一對比較矩陣，如下表所示，有一個部位(下線部)的比較值不同，假定怎麼也無法整理成一個數值。

X氏=

1	4	<u>5</u>	7
	1	2	3
		1	2
			1

Y氏=

1	2	<u>3</u>	7
	1	2	3
		1	2
			1

Z氏=

1	4	<u>6</u>	7
	1	2	3
		1	2
			1

像此種情形，就 3 氏的之數值取幾何平均，亦即，

$$\sqrt[3]{5\times3\times6}=\sqrt[3]{90}=4.48$$

如此一來，與此部位對稱的三個數值其幾何平均剛好是上面幾何平均之倒數，亦即

$$\sqrt[3]{\frac{1}{5}\times\frac{1}{3}\times\frac{1}{6}} = \sqrt[3]{\frac{1}{90}} = \frac{1}{4.48}$$

如果取算術平均的話，此種倒數關係一般不成立。在上面的例子中，

$1/3(5 + 3 + 6) = 4.67$
$1/4.67 = 0.214$，而
$1/3(1/5 + 1/3 + 1/6) = 0.233$

對稱位置的數值不成立倒數關係。

如 AHP 的理論中所說明的，此方法是以對稱位置的數值具有倒數關係作爲前提的，因之算術平均就不合適。

4.8 AHP 的步驟與實施上的注意

1. AHP 的步驟

今將 AHP 的步驟與用語彙總解說。

步驟 1 ⏭ 製作階層圖。

【**解說**】由於是基於階層構造分析問題，因之必須製作階層圖。階層圖是由水準、要素(或稱項目)與連結上下要素之連線所構成的。上面的要素稱爲母要素，下面的要素稱爲子要素。階層圖大略可分成如下三種。

(1) 完全型(圖 4.3)：上位水準的要素與下位水準的要素全爲親子關係。

(2) 分歧型(圖 4 .4)：上位水準的要素與下位水準的要素之間有部份的親子關係。

(3) 短路型(圖 4 .5)：跳過某水準相結合的親子關係。

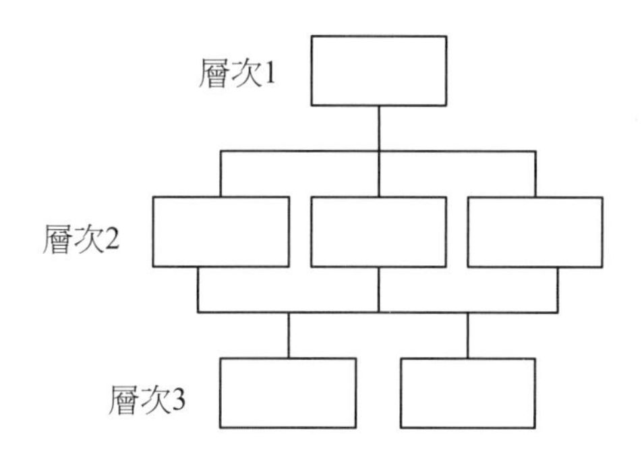

圖 4.3　完全型

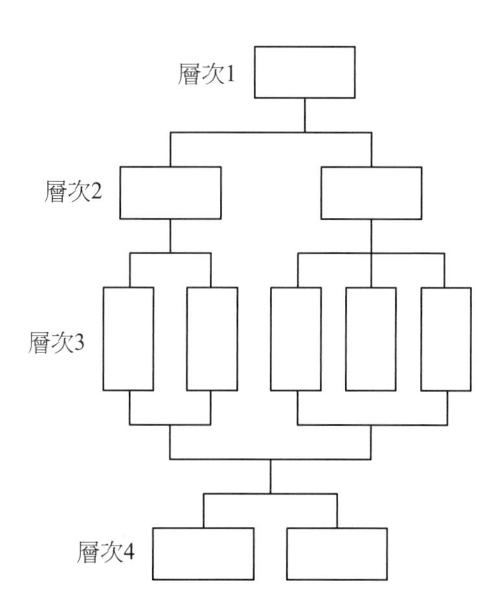

圖 4.4　分歧型

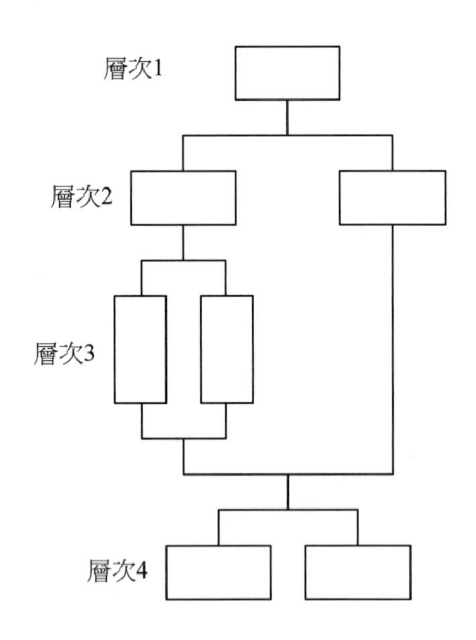

圖 4.5　短路型

表 4.17　一對比較矩陣

親要素		子要素								
		I_1	I_2	$\cdots$	I_i	$\cdots$	I_j	$\cdots$	I_n	
子要素	I_1	1	a_{12}	$\cdots$	a_{1i}	$\cdots$	a_{1j}	$\cdots$	a_{1n}	
	I_2	a_{21}	1	$\cdots$	a_{2i}	$\cdots$	a_{2j}	$\cdots$	a_{2n}	
	$\vdots$	$\vdots$	$\vdots$	$\ddots$	$\vdots$		$\vdots$		$\vdots$	
	I_i	a_{i1}	a_{i2}	$\cdots$	1	$\cdots$	a_{ij}	$\cdots$	a_{in}	
	$\vdots$	$\vdots$	$\vdots$		$\vdots$	$\ddots$	$\vdots$		$\vdots$	
	I_j	a_{j1}	a_{j2}	$\cdots$	a_{ji}	$\cdots$	1	$\cdots$	a_{jn}	
	$\vdots$	$\vdots$	$\vdots$		$\vdots$		$\vdots$	$\ddots$	$\vdots$	
	I_n	a_{n1}	a_{n2}	$\cdots$	a_{ni}	$\cdots$	a_{nj}	$\cdots$	1	

步驟 2 ⏭ 對各水準的要素，進行與母要素有關的一對比較。然後求出一對比較矩陣的最大特徵值與特徵向量。

【解說】當屬於某母要素的要素設爲 $I_1, I_2, \cdots, I_n$ 時，一對比較矩陣 A 即爲(n×n)型的矩陣(表 4.17)。A 的成分 a_{ij} 具有如下意義。

a_{ij} ＝(要素 I_i 之重要度)／(要素 I_j 之重要度)

此數值原則上使用 1, 2, ……9 以及它的倒數。數字的意義如表 3.1 所示。一般具有如上性質，即

$$a_{ii} = 1$$
$$a_{ji} = 1/a_{ij}$$

求矩陣 A 的最大特徵值 λ_{max} 與特徵向量 v。特徵向量的成分 v_i，係表示要素 I_i 的重要度。以其他的表現方式來說，也有說成比重、優先度、喜好度等。同時根據 λ_{max} 求出整合度(C.I.)，此用以表示一對比較的整合性。這些值如在 0.1～0.15 以上時，重新進行一對比較。

步驟 3 ⏭ 基於階階層進行重要度的合成。

【解說】按 k = 1, 2,……, L−1 的順序進行如下操作，並合成重要度。此處 L 表水準的數目。

今假定水準 k 與水準 k+1 之間有親子關係的要素如圖 4.6 所示。水準 k 的要素 I 的重要度設爲 w_{ki}，另外在步驟 2 所求出的，水準 k + 1 的子要素對母要素 I 的重要度設爲 v_{ij}。此時可利用

$$w_{k+1\,i} = \sum_{ikFj} w_{ki} v_{ij} \quad (F_j \text{是 j 的親要素的集合}) \qquad (1)$$

求水準 k + 1 的要素 j 的合成重要度，但是此計算方式可如下加以整理。如設

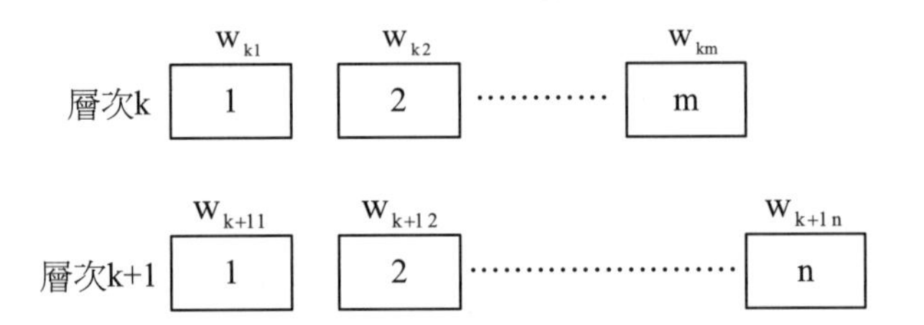

圖 4.6 重要度的合成

$$\mathbf{w}_k = (w_{k1}, \cdots, w_{km}) \tag{2}$$

$$\mathbf{w}_{h+1} = (w_{h+11}, \cdots, w_{hn}) \tag{3}$$

$$V = [v_{ij}] \quad (i \in F_j, j \in K_i) \qquad (K_i \text{ 是 } i \text{ 的子要素的集合}) \tag{4}$$

則 $$\mathbf{w}_{k+1} = \mathbf{w}_k V \tag{5}$$

w 是表示最終水準的要素(替代案、方案等)其總合性的重要度。

2. 實施上的注意

今就實施 AHP 必須要注意的事項敘述如下。

a. 引進同一水準的要素(項目)採用相互之間獨立性高者。

b. 一對比較的對象要素數目，以 7 個為限，至多 9 個。

c. 對一對比較沒有自信時，可對該值進行感度分析。

d. 總合的重要度通常是表示喜好度，對替代案的喜好程度，則依此值的大小而改變，對於此值之差(原本是應該以比來考慮問題)應該注意並需要處理。1/100 程度之差毫無意義。總合重要度的判定是實施者進行的最後工作。有時，除非重要度低的要素，再實施 AHP 也是需要的。此乃是 AHP 的多階段性使用。

e. 以圈的方式實施 AHP 時，一對比較值可以使用成員之值的幾何平均值或以眾數來決定亦可。

參考文獻

1. 松田正一，經營のための數學，森北出版社，1988
2. 高木監譯，經濟、經營のための基礎數學，紀伊國屋，1963
3. 阪井章，理工系の線形代數入門，共立出版，1999
4. 戶田盛和，行列と一次變換，岩波書店，1998
5. 寺田文行，線形代數，サイエンス社，1987
6. 甘利俊一，線形代數，講談社，1988
7. 伏見正則，確率と確率過程，講談社，1995
8. 尾崎俊治，確率モデル入門，朝倉書店，1996
9. 伊理正夫，最適化の數學，共立出版，1995
10. 寺田文行，演習行列·微積分，サイエンス社，1988
11. 寺田文行，演習微分方程式，サイエンス社，1990
12. 寺田文行，演習確率·統計，サイエンス社，1989
13. 西本勝之，基礎應用ラプラス變換演習，アース社，1982
14. 謝志雄，線性代數，三民書局，1980
15. 吳冬友、楊玉坤，管理數學，華泰出版公司，1995
16. 謝志雄，管理數學，三民書局，1985
17. 楊錦洲，應用線性代數，東華書局，1994
18. 張保隆，管理數學，中興管理顧問公司，1990
19. 方世杰譯，矩陣的原理與方法，曉園出版社，1984
20. 吳英格譯，集合、矩陣與群，徐氏基金會，1980
21. 陳耀茂譯，機率過程導論，五南圖書公司，1998
22. 陳光賢譯，機率導論，華泰出版公司，1995

國家圖書館出版品預行編目資料

管理數學／陳耀茂編著.
一三版.一臺北市：五南， 2010.09
面； 公分.
參考書目:面
ISBN 978-957-11-6079-5（平裝）
1.管理數學
319 99015886

5B74

管理數學

編　著 — 陳耀茂(270)
發行人 — 楊榮川
總編輯 — 龐君豪
主　編 — 黃秋萍
責任編輯 — 陳俐穎
出版者 — 五南圖書出版股份有限公司
地　址：106台北市大安區和平東路二段339號4樓
電　話：(02)2705-5066　傳　真：(02)2706-6100
網　址：http://www.wunan.com.tw
電子郵件：wunan@wunan.com.tw
劃撥帳號：01068953
戶　名：五南圖書出版股份有限公司

台中市駐區辦公室/台中市中區中山路6號
電　話：(04)2223-0891　傳　真：(04)2223-3549
高雄市駐區辦公室/高雄市新興區中山一路290號
電　話：(07)2358-702　傳　真：(07)2350-236

法律顧問　元貞聯合法律事務所　張澤平律師

出版日期　2002年2月初版一刷
　　　　　2005年8月二版一刷
　　　　　2010年9月三版一刷

定　價　新臺幣500元